机械电气安全技术

主　编　石一民　冯武卫
副主编　张仁坤　姚齐国　李　林

海洋出版社
2016年 · 北京

内 容 简 介

主要内容：本书是为了适应新时期经济社会发展对安全专业人才的需求而编写，内容紧扣应用型人才培养目标和需求。全书分为机械安全技术和电气安全技术两部分，包括机械安全基础、通用机械安全技术、化工机械安全技术、电气安全基础、雷电、静电及其防护以及电气防火防爆技术等内容。

本书特色：知识点安排合理，突出实用性；结构严谨，层次分明，突出重点与适用性；反映最新教学改革成果，突出行业特色；紧扣国家最新技术标准，与行业要求紧密衔接。

适用范围：本书可供全国高等院校安全类、石油化工类、机电类等工程技术专业本、专科学生选作教材，也可作为相关工程技术人员和申请报考国家注册安全工程师执业资格考试的人员业务学习用书或参考资料。

图书在版编目（CIP）数据

机械电气安全技术/石一民，冯武卫主编. —北京：海洋出版社，2016. 9（2019. 7 重印）
ISBN 978-7-5027-9559-7

Ⅰ. ①机… Ⅱ. ①石… ②冯… Ⅲ. ①机械设备-电气安全 Ⅳ. ①TH188

中国版本图书馆 CIP 数据核字（2016）第 194234 号

责任编辑：郑跟娣
责任校对：肖新民
责任印制：赵麟苏
出版发行：海洋出版社
地　　址：北京市海淀区大慧寺路 8 号
邮　　编：100081
开　　本：787mm×1092mm 1/16
字　　数：300 千字
发 行 部：010-62132549 010-68038093
总 编 室：010-62114335
网　　址：www.oceanpress.com.cn
承　　印：北京朝阳印刷厂有限责任公司
版　　次：2016 年 9 月第 1 版
印　　次：2019 年 7 月第 3 次印刷
印　　张：13. 25
定　　价：38. 00 元

本书如有印、装质量问题可与本社发行部联系调换

本社教材出版中心诚征教材选题及优秀作者，邮件发至 hyjccb@ sina.com

前　言

机械设备是现代化生产必不可少的生产工具，种类繁多，应用广泛。随着现代科学技术的高速发展，机械设备的功能和数量不断增加，使用范围不断扩大，机械在给人们带来高效、快捷、方便的同时，也带来了不安全因素。电能是现代化的基础，是国民经济和人民生活必需的二次能源，广泛应用于国民经济的各个部门和人们的日常生活之中。随着我国经济的发展和机电设备的广泛使用，机械安全和电气安全问题越来越突出。

机械安全和电气安全是整个安全生产工作的重要组成部分，直接关系到广大人民群众的生命和财产安全。对企业来说，机电安全已成为安全、稳定和绿色生产的重要先决条件。近年来，我国针对安全生产和管理制定了一系列的制度措施，并推行注册安全工程师执业资格制度，各类重大安全事故总体上呈下降趋势。但我国机电安全形势依然严峻，重大人身伤害和设备事故时有发生。“安全第一，预防为主”，要遏阻事故的发生，实现安全生产，关键在“科学预防”。机械电气安全技术就是预防发生机械事故和电气事故的安全技术，是消除机械事故与电气事故隐患，预防事故发生，使机电设备始终处于正常运转的技术措施。

本书内容分为机械安全技术和电气安全技术两个方面。目前国内出版的有关这两方面的教材已有好几种，但这些教材内容大多相对陈旧，近 3 年出版的不多，尤其是将机械安全技术和电气安全技术这两部分内容融为一体，又适合石油化工行业特点的教材更为稀缺。随着教学改革的深入，本课程的课时数较前已大为缩减，因此需要将上述两部分内容有机地融为一体，并突出地方特色，以适应地方高校安全工程专业教学改革的需要。

编者长期从事机械电气安全和石油化工安全的教学和科研工作，根据新时期经济和社会发展对安全工程专业应用型人才的需求，结合编者多年的教学经验以及近几年的安全工程专业教学改革成果，通过参阅大量最新机电安全资料和相关教材，编写了本书。

本书注重应用性，紧密结合高校应用型人才培养的实际需要，力求提高教材的科学性、实践性、先进性和实用性。本书具有以下特色。

（1）融机械安全技术知识与电气安全技术知识为一体，以“必需”和“够用”为度，侧重于与实际工作任务密切相关的实用技术，以提高本书的实用性和教学效率。

（2）将化工机械安全技术内容单独设置一章，并在其他各章中充分体现石油化工特色。

（3）充分融合最新的机械安全和电气安全技术标准规定，同时考虑到使用本书的读者今后可能还会报考全国注册安全工程师执业资格考试，因此，本书在内容编排上尽量涵盖注册安全工程师执业资格者应具备的相关知识和能力要求。

（4）本书在编写过程中力求结构严谨，层次分明，概念叙述准确，内容通俗易懂，并配以一定的图例和表格，以便于教学。

（5）在每章的开始明确提示“学习目标”，在各章最后有“本章小结”，有利于读者对本章知识点及重点的把握，提高学习效率。各章习题尽量选用近几年全国注册安全工程师执业资格考试科目《安全生产技术》的考试真题。

本书共分 6 章，第 1 章至第 3 章属于机械安全技术的内容，涉及机械安全基础知识、通用机械安全技术和化工机械安全技术，主要研究各种常用机械在生产过程中可能引起的伤害以及相应的防护技术措施；第 4 章至第 6 章属于电气安全技术的内容，涉及电气安全基础，雷电、静电及其防护和电气防火防爆技术，主要研究电击、雷电、静电等伤害，相应的防护技术措施以及相关的安全用电知识。

本书建议学时数为 32～48 学时。以 32 学时为例，各章学时分配如下。

第 1 章　机械安全基础知识，4 学时；第 2 章　通用机械安全技术，8 学时；第 3 章　化工机械安全技术，4 学时；第 4 章　电气安全基础，8 学时；第 5 章　雷电、静电及其防护，4 学时；第 6 章　电气防火防爆技术，4 学时。

本书涉及内容较广，实践性较强。因此，教师在讲授时应理论联系实际，避免照本宣科或空泛地讲授。例如，以实际案例为依托，引出基本知识，使学生易于理解，并能提高他们的学习兴趣。读者在自学过程中，应结合每章的内容，注意查阅课外参考资料；有条件时可到相关企业参观，了解机电设备的使用和安全技术应用现状，以取得良好的学习效果。

本书第 1 章由石一民编写，第 2 章由石一民、叶继红编写，第 3 章由张仁坤、张华文编写，第 4 章由冯武卫编写，第 5 章由姚齐国编写；第 6 章由李林、张红玉编写，石一民负责全书的统稿和修改工作，全书由浙江海洋大学朱根民教授主审。

本书可供全国高等院校安全类、石油化工类、机电类等工程技术专业本、专科学生选作教材，也可作为相关工程技术人员和申请报考国家注册安全工程师执业资格考试的人员业务学习用书或参考资料。

本书在编写过程中，参考了大量相关文献资料，在此向这些参考文献的作者表示真诚的感谢，同时本书能顺利出版还得益于浙江海洋大学教材出版基金的资助。

由于编者水平有限，书中难免存在不妥之处，恳请广大读者批评指正。

编　者

2016 年 2 月

目　录

第1篇　机械安全技术

第2篇　电气安全技术

第 1 篇
机械安全技术

第 1 章　机械安全基础知识

☞［教学目标］

1. 了解机械和机械安全的基本概念。
2. 熟悉机械的危险因素和伤害类型。
3. 熟悉机械传动机构安全防护措施和预防机械伤害的对策。
4. 掌握实现机械安全的途径以及实现机械安全所采取的技术措施。

机械是现代化生产中各行各业必不可少的生产设备。机械是用来代替或减轻人的劳动强度的，它的发展经历了一个由简单到复杂的过程。机械在给人们带来高效、快捷和方便的同时，在其制造及运行、使用过程中，也会带来撞击、挤压、切割等机械伤害和触电、噪声等非机械伤害。机械安全技术的任务是采取系统措施，在生产和使用机械的全过程中保障工作人员的安全和健康，使其免受各种不安全因素的危害。

1.1　机械安全概述

在机械安全技术领域，机械与机器的定义是一样的，都是指由若干相互联系的零部件按一定规律装配起来，能够完成一定功能的机械产品，但在使用上又有所区别，机器是指某种具体的机械产品，而机械常被用来泛指各类机械产品，如化工机械、起重机械等。为叙述统一，本书对二者不加以严格区分，一般情况下均称为机械。

1.1.1　机械产品的主要类别

机械产品种类很多，机械行业的主要产品包括以下 12 类。

（1）农业机械：拖拉机、播种机、收割机械等。

（2）重型矿山机械：冶金机械、矿山机械、起重机械、装卸机械、工矿车辆、水泥设备等。

（3）工程机械：叉车、铲土运输机械、压实机械、混凝土机械等。

（4）石油化工等通用机械：石油钻采机械、炼油机械、化工机械、泵、风机、阀门、气体压缩机、制冷空调机械、造纸机械、印刷机械、塑料加工机械、制药机械等。

（5）电工机械：发电机械、变压器、电动机、高低压开关、电线电缆、蓄电池、电焊机、家用电器等。

（6）机床：金属切削机床、锻压机械、铸造机械、木工机械等。

（7）汽车：载货汽车、公路客车、轿车、改装汽车、摩托车等。

（8）仪器仪表：自动化仪表、电工仪器仪表、光学仪器、成分分析仪、汽车仪器仪表、电料装备、电教设备、照相机等。

（9）基础机械：轴承、液压件、密封件、粉末冶金制品、标准紧固件、工业链条、齿轮、模具等。

（10）包装机械：包装机、装箱机、输送机等。

（11）环保机械：水污染防治设备、大气污染防治设备、固体废物处理设备等。

（12）其他机械。

1.1.2 机械的组成和工作机制

各种机械的构造、性能和用途虽然各不相同，但从机械组成的最基本规律来看，一部完整的机械（机器）通常由动力系统、执行系统、传动系统、控制系统和支承装置等部分组成，如图 1-1 所示。

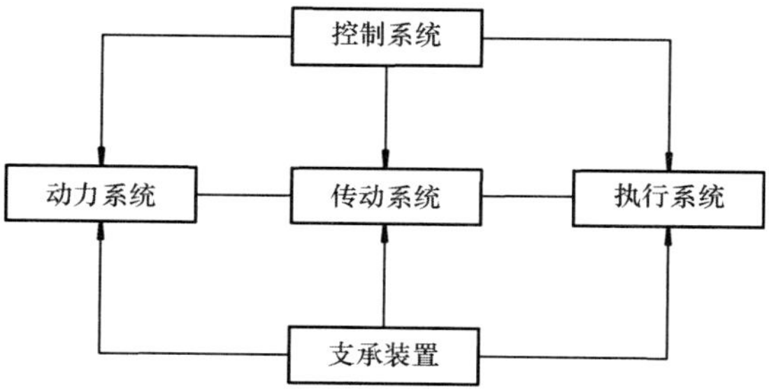

图 1-1 机械的组成

1. 动力系统

动力系统是机械工作运动的动力源，将其他形式的能量转换为机械能，如电动机、内燃机、气缸和液压缸等。

2. 执行系统

执行系统处于整个机械系统的终端，它通过刀具或其他器具与物料的相对运动或直接作用来改变物料的形状、尺寸、状态或位置。执行系统是一台机械区别于另一台机械的最有特性的部分。执行系统及其周围区域是操作者进行作业的主要区域，称为操作区。

3. 传动系统

传动系统介于动力系统和执行系统之间，将动力系统的运动和动力传递给执行系统。常见的传动机构有齿轮传动、带传动、链传动、曲柄连杆机构等。

4. 控制系统

控制系统用来控制、协调动力系统、传动系统和执行系统的工作，如控制机械的启动、制动、换向、调速等运动，控制机械的压力、温度、速度等工作状态。它包括各种操纵器和显示器。由于信息技术的飞速发展，现代机械的控制系统中，计算机已居于主导地位。

5. 支承装置

支承装置是用来连接、支承机械的各个组成部分，承受工作外载荷和整个机械重量的装置，是机械的基础部分。支承装置的变形、振动和稳定性不仅影响加工质量，还直接关系到作业的安全。

就大多数机械而言，传动系统和执行系统集中了机械上几乎所有的可动零部件，是机械的危险区。由于传动部分不与作业对象直接作用，不需要操作者频繁接触，因此常用各种防护装置隔离或封装起来；而执行部分在作业过程中直接与作业对象发生作用，并需要操作人员不断介入，这使操作区成为机械伤害的高发区，因而是安全防护的重点。

1.1.3　机械安全的基本概念

安全问题伴随人类的生产活动而产生，是人类生存和生产的基本要求和前提。机械作为人类进行生产活动的主要工具，其安全问题越来越受到人们的关注和重视。随着科学技术的发展，人们对机械安全提出了更高的要求。

1. 安全

安全泛指没有危险、不受威胁和不出事故的状态。《韦氏大字典》将安全定义为：“没有伤害、损伤或危险，不遭受危害或损害的威胁，或免除了危害、伤害或损失的威胁。”

从职业安全与安全工程学角度考虑，安全是指消除能导致人员伤害、疾病、死亡或引起设备破坏、财产损失及环境危害的条件。

世界上没有绝对安全的事物，任何事物中都包含有不安全因素。因此，安全是一个相对的概念。当客体受到的冲击在允许范围内时，就可以认为是安全的。

2. 机械本质安全

机械安全是指机器在规定的使用条件下和寿命期间内执行其预定功能，并且在对其进行运输、安装、调试、维修、拆卸和报废处理时，不致对操作者造成损伤或危害其健康的能力。现代机械安全技术的目标主要是追求和探讨包括软件在内的机械产品的本质安全性，也就是在设计阶段就采取本质安全的技术措施，进行安全设计，使机械设备本身达到本质安全。

所谓机械本质安全，是指机械的设计者，在设计阶段采取措施消除机械危险的一种实现机械安全的方法。具有本质安全的机械产品的特征是：机械设置在预定的使用条件下，除具有稳定、可靠的正常安全防护功能外，其设备本身还兼具自动保障人身安全的功能与设施，一旦发生操作者的误操作或判断错误，人身不会受到伤害，设备和生产系统仍能保证安全。

机械本质安全的内容包括：①在设计中消除危险部件；②减少或避免在危险区工作；③提供自动反馈设备并使运动的部件处于密封状态等。

3. 机械安全特性

现代机械安全具有以下几方面的特性。

（1）系统性。现代机械的安全建立在心理、信息、控制、可靠性、失效分析、环境学、劳动卫生、计算机等科学技术基础上，并综合与系统地运用这些科学技术。

（2）防护性。通过针对机械危险的智能设计，应使机械在整个寿命周期内发挥预定功能，包括误操作时机械和人身两者安全，使人对劳动环境、劳动内容和主动地位的保障得到不断改善。

（3）友善性。机械安全设计涉及人和人所控制的机器，它在人与机械之间建立起一套满足人的生理特性、心理特性，充分发挥人的功能、提高人机系统效率的技术安全系统，在设计中通过减少操作者的紧张和体力消耗来提高安全性，并以此改善机械的操作性能和提高其可靠性。

（4）整体性。现代机械的安全设计必须全面、系统地对可能导致危险的因素进行定性、定量分析和评价，寻求整体上降低风险的最优设计方案。

1.1.4 机械安全技术的发展

1. 机械安全技术的发展历程

人类使用机械已有几千年的历史，但将机械安全作为一门技术或学科来研究，则是20世纪60年代以后的事情。机械安全技术起源于发达国家，是一个基础科学、工程技术以及管理科学的交叉学科，它以系统工程理论为指导，以实现机械设备的安全化和无害化即本质安全化为目标，以最大限度地预防和控制机械设备本身的不安全、不可靠而引起的事故和经济损失为最终目的。其研究内容主要涉及机械故障诊断技术、机械安全设计和机械安全技术法规与标准3个方面。

1）机械故障诊断技术

机械安全技术源于机械故障诊断技术，美国是其发源地。早在1967年，美国就成立了机械故障预防小组（Mechanical Fault Prevention Group，MFPG），开始专门研究机械故障。随后，美国机械工程师协会（ASME）、美国电力研究院（EPRI）等著名组织与机构也成立了专门的机构从事机械故障方面的研究。在欧洲，英国最早开展这项活动，成立了英国机器保健中心（MHMC）。其他欧洲国家，如瑞典、丹麦、法国、挪威、葡萄牙等国在机械故障诊断领域也取得了很大的进展。在亚洲，日本于20世纪70年代初开始研究这项技术，我国于20世纪70年代末开始引进和吸收国外机械诊断技术，真正应用是在20世纪90年代。

2）机械安全设计

机械安全设计是机械安全技术又一个重要组成部分。机械安全设计的概念发轫于 20 世纪 80 年代，它是国外通过对传统安全工程设计方法的反思，在常规的机械设计基础上提出的。其思想是在设计时尽量采用当代最先进的机械安全技术，事先对机械系统内部可能发生的安全隐患及危险进行识别、分析和评价，然后再根据其评价结果来进行具体结构的设计。这种设计是力图保证所设计的机械能安全地度过整个生命周期。经过 30 多年的发展，机械安全设计在国外已形成一套比较成熟的方法。从 20 世纪 90 年代开始，欧盟和美国将机械安全设计正式列入国家先进制造技术体系之中，并将其作为重点扶植的研究领域。美国在 20 世纪 90 年代已建立起一套机械安全设计——风险评价模式和设计程序，其目的是尽可能地将机械的隐患与危险消除在设计过程的各环节上，从而保证机械安全。

3）机械安全技术法规与标准

机械安全技术法规与标准也是机械安全技术的一个重要组成部分。为了推进机械安全技术，欧洲共同体（欧盟的前身）理事会于 1985 年与欧洲标准化委员会（CEN）达成协议，由 CEN 负责机械安全标准的制定工作，并成立了机械安全技术委员会 TC114，该委员会先后制定了 600 多项机械安全方面的标准。此外，欧洲共同体理事会还专门制定了有关机械安全方面的法规，有力地推动了机械安全学科的发展。

在欧共体带动下，国际标准化组织（ISO）与 CEN 先后签订了“技术信息交换协议”（《里斯本协议》）、“技术合作协议”（《维也纳协议》），并于 1991 年成立了“机械安全技术委员会”（ISO/TC 199）。ISO/TC 199 成立以后，在欧洲现有机械安全 A 类和 B 类标准的基础上，迅速制定了一批机械安全基础、通用国际标准，逐步建立了以 ISO 12100 为核心，A、B、C 3 类标准组成的国际机械安全标准体系，使机械安全国际标准在保护人员安全和健康等方面发挥着举足轻重的作用。

我国的机械安全标准化技术委员会（SAC/TC 208）成立于 1994 年，隶属于国家标准化管理委员会，是 ISO/TC 199 的正式成员。目前 SAC/TC 208 起草并归口的现行国家标准共有 46 项。我国的机械安全基础标准涉及机械安全设计原理（GB/T 15706 系列）、风险评价方法（GB/T 16856 系列）、安全控制系统（GB/T 16855 系列；GB 16754、GB/T 19671；GB/T 19670）、安全装置（GB/T 17454 系列、GB/T 18831、GB/T 8196）、危险区及距离（GB 12265 系列、GB 17888 系列）、机器排放（GB/T 18569 系列）、人体工效学要求（GB/T 18717）、设计中的卫生要求（GB 19891）以及安全标准的编写及理解（GB/T 16755）等。这些机械安全标准为实现机械全生命周期的安全提供了基础保障。

2. 机械安全技术的发展趋势

20 世纪 80 年代，人工智能得到迅猛发展，其中专家系统被广泛应用于各个领域。以信息处理技术为基础的现代故障诊断技术开始向基于知识的智能诊断技术方向发展。

目前许多机械工程专家正在研究一些新的机械故障诊断理论与方法，如小波包变换诊断的理论与方法、人工神经网络模型方法、虚拟现实技术、非线性模型理论与技术等。

现代机械的发展方向为大型化、高速化、智能化。由于集“三化”于一体，涉及安全的因素众多，仅靠单一学科的理论与方法很难解决问题。为此人们提出了建立机械安全保障体系的思路。机械安全保障体系是建立在以机械学、力学、现代智能测试、信息和控制技术、计算机技术等学科基础上的新型体系，主要由以下几个部分构成：①感知部分；②信息传输、提取与处理部分；③诊断分析、预警系统；④安全反应系统；⑤自诊断系统。

1.2 机械危险与机械事故

在机械使用的各个环节和不同状态，都有危险有害因素存在。这些危险有害因素既可在机械预定使用期间经常存在，如危险运动件的运动，焊接时的电弧等，也可能意外出现，使人们不得不面临受到各种伤害的风险。要实现机械安全，首先需要辨识危险源，然后采取相应措施对这些危险源进行消除和控制，避免其对人造成伤害，或对设备造成损害。

1.2.1 机械在各种状态下的危险性

机械设备在规定的使用条件下执行其功能过程中以及在运输、安装、调整、维修、拆卸和处理时，无论处于哪个阶段，处于哪种状态，都存在着危险性，有可能对操作人员造成危害。

1. 正常工作状态

在机械完成预定功能的正常运转过程中，存在着各种不可避免的但却是执行预定功能所必须具备的运动要素，有些可能产生危害后果。例如，大量形状各异的零部件的相互运动、刀具锋刃的切削、起吊重物、机械运转的噪声等，在机械正常工作状态下就存在着碰撞、切割、重物坠落、使环境恶化等对人身安全不利的危险因素。

2. 非正常工作状态

非正常工作状态是指在机械运转过程中，由于各种原因引起的意外状态、故障状态和检修保养状态。

（1）意外状态。例如，意外启动、运动和速度变化失控，外界磁场干扰使信号失灵，瞬时大风造成起重机倾覆倒地等。意外状态往往没有先兆，会直接导致或轻或重的伤害事故。

（2）故障状态。设备的故障，不仅可能造成局部或整机的停转，还可能对人员构成危险。例如，电气开关故障会产生不能停机的危险，砂轮片破损会导致砂轮碎片飞出伤人的危险，速度或压力控制系统出现故障会导致速度或压力失控的危险等。

（3）检修保养状态。机械的检修保养一般都是在停机状态下进行，但其作业的特殊性往往迫使检修人员采用一些非常规的做法，例如，攀高、钻坑、将安全装置短路、进入正常操作不允许进入的危险区等，从而使维护或修理过程容易出现正常操作不存在的危险。

3. 非工作状态

非工作状态是指机械停止运转，处于静止状态。在正常情况下，这个时候机械基本是安全的，但也不排除发生事故的可能性。例如，由于环境照度不够而导致人员发生碰撞，室外机械在风力作用下发生滑移或倾翻，堆放的易燃、易爆原材料发生燃烧、爆炸，结构垮塌等。

1.2.2　由机械产生的危险

由机械产生的危险是指在使用机械的过程中，可能对人的身心健康造成损伤或危害的起源，一般可分为机械危险、电气危险、温度危险、噪声危险、辐射危险、振动危险、材料与物质产生的危险和忽略人类工效学原则而产生的危险等。

1. 机械危险

机械危险指机械设备运动或静止部件、工具、工件或飞溅的固体、流体物质的机械作用可能产生伤害的各种物理因素以及与机械设备有关的滑绊、倾倒和跌落危险。

2. 电气危险

电气危险的主要形式是电击、燃烧和爆炸。例如，机电设备绝缘不良，错误接线或误操作等原因造成触电伤害事故或其他危害；在机械加工过程中产生的有害静电，可能引起火灾、爆炸、电击伤害事故等。

3. 温度危险

温度危险产生的条件有环境温度、热源辐射或接触高温物（材料、火焰或爆炸物）等。一般将 29℃以上的温度称为高温，−18℃以下的温度称为低温。

（1）高温可对人体造成高温烧伤、烫伤，使人体出现高温生理反应。

（2）低温可对人体造成低温冻伤，使人体出现低温生理反应。

（3）高温可引起燃烧或爆炸。

4. 噪声危险

噪声可以导致人体永久性听力丧失、耳鸣、疲劳、压力和其他影响（如失去平衡、失去知觉）；此外，会干扰语言通信或对听觉信号的接收。噪声主要包括机械性噪声、流体动力性噪声和电磁性噪声 3 类。

机械性噪声是由于机械的撞击、摩擦或质量不平衡旋转等机械力作用下引起固体部件振动所产生的噪声，如各种车床、电锯、电刨、球磨机和砂轮机等发出的噪声。流体动力性噪声是由于压力突变或流体流动而产生的，如液压机械、气压机械设备等在运转过程中发出的噪声。电磁性噪声是由于磁场脉动、磁致伸缩、电源频率脉动等引起电气部分的振动而产生的，如电动机、变压器等产生的噪声。

5. 辐射危险

某些辐射源可杀伤人体细胞和机体内部的组织，引起人体各种病变甚至死亡。各种辐射源可分为电离辐射和非电离辐射两类。

（1）电离辐射，如放射性物质、X 射线装置、γ 射线装置等的电离辐射危害。

（2）非电离辐射是指紫外线、可见光、红外线、激光和射频辐射等，如从高频加热装置中产生的高频电磁波或激光加工设备中产生的强激光等的非电离辐射危害。

6. 振动危险

振动对人体可造成生理和心理的影响，造成损伤和病变。按照振动作用于人体的方式，可分为局部振动和全身振动。

（1）局部振动。如以手接触振动工具，振动通过振动工具、振动机械或振动工件传向操作者的手和臂，从而给操作者造成振动危害。

（2）全身振动。由振动源通过身体的支承部分将振动传布全身而引起的振动危害。

7. 材料与物质产生的危险

材料和物质产生的危险有以下几类：①接触或吸入有害物（如有毒、腐蚀性或刺激性的液体、气体、雾气、烟雾和粉尘等）所导致的危险；②火灾与爆炸危险；③生物（如霉菌）和微生物（如病毒或细菌）危险。

8. 忽略人类工效学原则而产生的危险

由于机械设计或环境条件不符合人类工效学原则的要求，存在机械与人的生理或心理特征、能力不协调之处，可能会产生以下危险。

（1）对生理的影响。负荷（体力负荷、听力负荷、视力负荷、其他负荷等）超过人的生理范围，长期静态或动态型操作姿势、劳动强度过大或过分用力所导致的危险。

（2）对心理的影响。对机械进行操作、监视或维护而造成心理负担过重或准备不足、紧张等而产生的危险。

（3）对人操作的影响。表现为操作偏差或失误而导致的危险等。

1.2.3 机械设备的危险因素与危险部位

机械设备的危险因素主要来源于运动、能量、锐利边缘等。生产作业中，机械设备的运动部分是最危险的部位，尤其是那些操作人员易接触到的运动零部件。此外，机械加工设备的加工区也是危险部位。

机械设备的危险因素，按其运动形式一般可分以下几类。

1. 静止危险

静止危险指机械设备处于静止状态时，当人接触或与静止设备做相对运动时可能引起的危险，包括：①切削刀具的刀刃；②机械加工设备较长的突出部位，如设备表面凸出的螺栓、键、吊钩、手柄等；③毛坯、工具和设备边缘锋利飞边与粗糙表面，如未打磨的毛刺、锐角、毛边等；④引起滑跌、坠落的工作平台，当平台有水或油时尤为危险。

2. 旋转运动的危险

旋转运动的危险指人体或衣服卷进旋转机械部位引起的危险，包括以下几方面。

（1）单独旋转运动机械部件的危险，如主轴、连接器、芯轴、卡盘、丝杠等单独旋转的机械部件以及磨削砂轮、各种切削刀具（如铣刀、锯片）等加工刀具。当轴旋转的时候，无论其多么光滑，都可能会将松散的衣服等挂住，并将其缠绕在轴上，如图 1-2 所示。

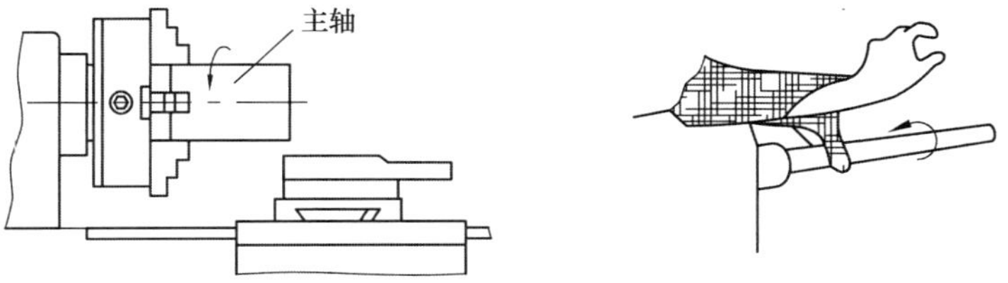

图 1-2　机床旋转主轴的危险

（2）旋转运动中两个机械部件间的危险，如朝相反方向旋转的两个轧辊之间、相互啮合的齿轮之间，如图 1-3 所示。

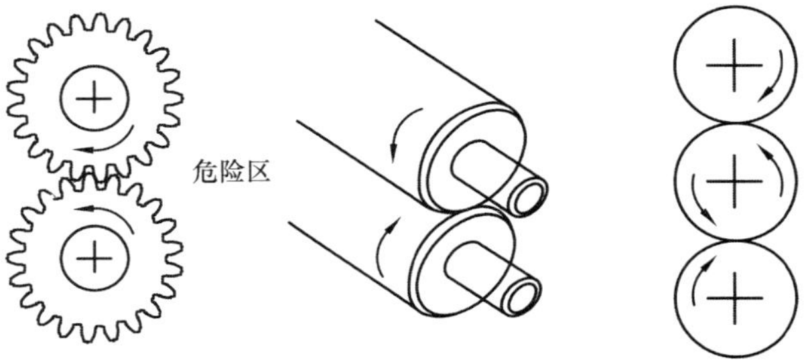

图 1-3　两个旋转部件间的危险部位

（3）旋转机械部件与呈切线运动部件间的危险，如皮带与皮带轮、链条与链轮、齿条与齿轮等，如图 1-4 所示。

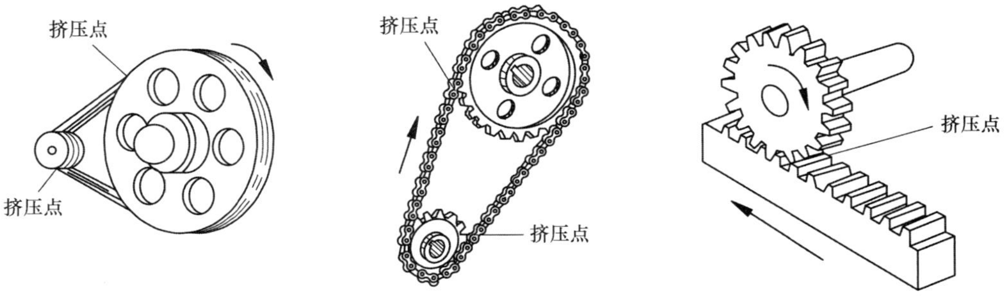

图 1-4　旋转部件与呈切线运动部件间的危险部位

（4）旋转机械部件与固定部件间的危险，如砂轮与砂轮支架之间、辐条手轮或飞轮和机床床身之间、旋转螺杆与壳体之间、旋转搅拌机和无保护开口装置与搅拌机外壳之间等，如图 1-5 所示。

图 1-5　旋转部件与固定部件间的危险部位

（5）旋转运动部件上凸出物和孔处的危险，如具有凸出物或孔的旋转轴、风扇叶、凸轮、飞轮等，如图 1-6 所示。

（6）旋转运动加工件打击或绞轧的危险，如伸出机床的细长加工件，如图 1-7 所示。

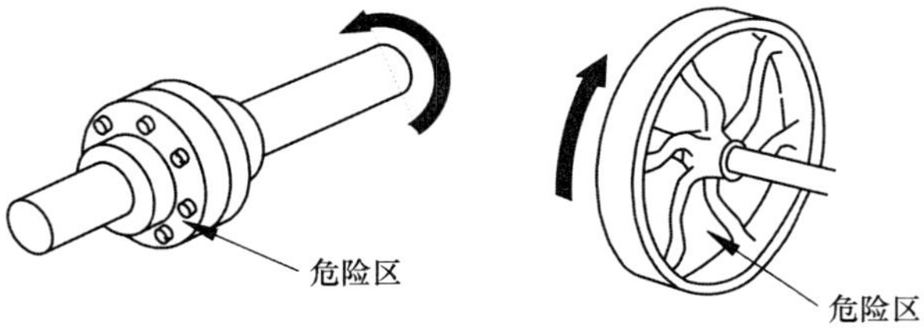

图 1-6　旋转的凸块和孔处的危险部位

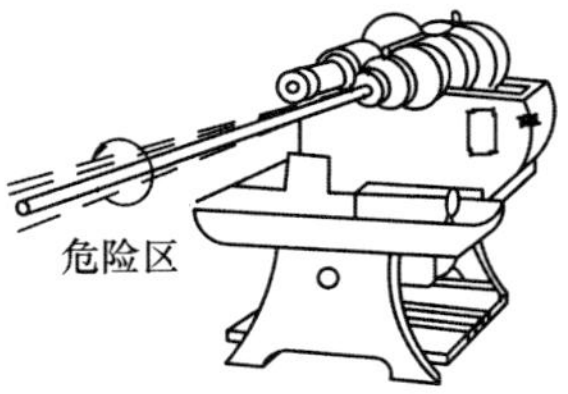

图 1-7　旋转加工件打击危险

（7）旋转部件与滑动部件之间的危险，如某些平板印刷机面上的机构、纺织机床等。

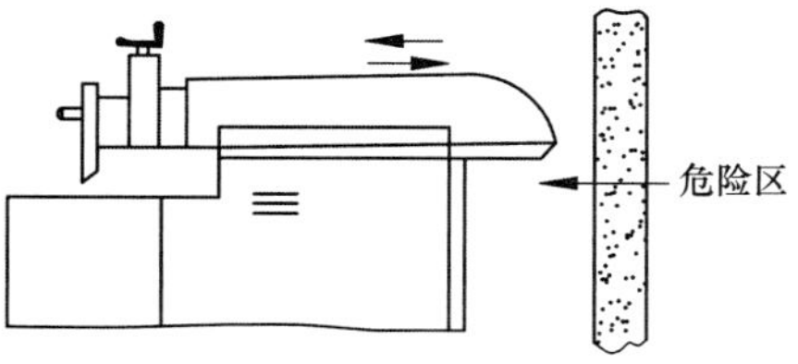

图 1-8　接近式的危险部位

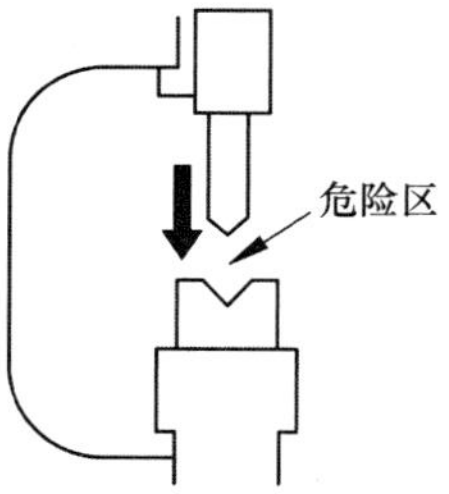

图 1-9　经过式的危险部位

3. 直线运动的危险

直线运动的危险指做直线运动的机械所引起的危险，又可分为接近式的危险和经过式的危险。

（1）接近式的危险。当机械进行往复的直线运动时，若人处在机械直线运动的正前方而未及时躲让，将受到运动机械的撞击或挤压。龙门刨床的工作台、牛头刨床的滑枕、外圆磨床的往复工作台等在做往复运动时，如果与墙、柱间距小，易造成挤压，如图 1-8 所示。

（2）经过式的危险。指人体经过运动中的部件引起的危险。包括：①单纯做直线运动的部位，如运转中的带链、冲模，如图 1-9 所示；②做直线运动的凸起部分，如运动时的凸起金属接头；③运动部位和静止部位的组合，如工作台与底座的组合，压力机的滑块与模具；④做直线运动的刃物，如牛头刨床的刨刀、带锯床的带锯。

4. 飞出物打击的危险

飞出物打击的危险包括：①飞出的刀具或机械部件，如未夹紧的刀片、紧固不牢的接头、破碎的砂轮片等；②飞出的切屑或工件，如连续排出或破碎而飞散的切屑、锻造加工中飞出的工件。

5. 坠落物的危险

坠落物的危险是指以足够的动能在重力作用下坠落的物体引起的危险，如吊运物件的坠落、检修大型设备的工作平台上放置的工具或零件坠落。

1.2.4　机械传动机构的安全防护措施

常见的机械传动机构有齿轮传动、带传动、链传动和联轴器等。这些机构中的旋转零件高速旋转着，人体某一部位或衣服有可能被带进去而造成伤害事故。例如，在链传动和皮带传动中，链轮、带轮容易把工具或人的肢体卷入；当链与带断裂时，容易发生接头抓钩人体，皮带飞起伤人。因此，需要把这些传动机构危险部位可靠地加以防护，以保护操作者的安全。

1. 齿轮传动的安全防护

啮合传动有齿轮（直齿轮、斜齿轮、锥齿轮、齿轮齿条）传动、蜗杆传动、链条传动等。在此仅对齿轮传动的防护装置进行讨论。

在齿轮传动机构中，两轮开始啮合处最危险，如图 1-10（a）中箭头所指部位。为了保证安全，啮合齿轮不允许裸露在机器外部，齿轮传动机构必须装置在全封闭型的防护装置中。在设计和制造机器时，应尽量将齿轮装入机座内，而不使其外露。对于一些老设备，如发现啮合齿轮外露，则必须进行改造，加装防护罩，如图 1-10（b）所示。齿轮传动机构没有防护罩不得使用。

(a) 加装防护罩前

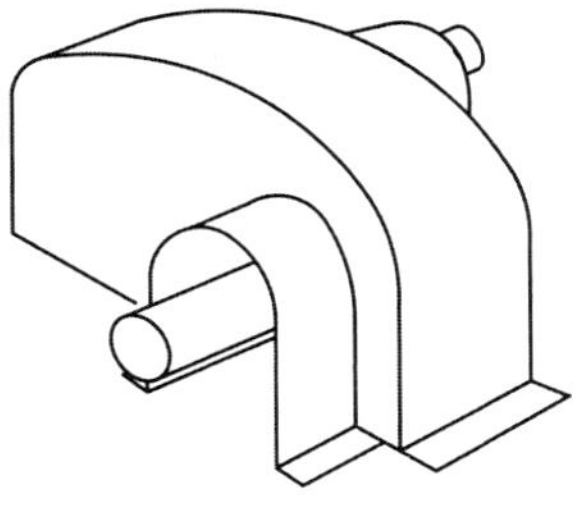

(b) 加装防护罩后

图 1-10　齿轮传动的防护措施

防护装置的材料可采用钢板或有金属骨架的铁丝网。防护装置必须安装牢靠，并保证在机械运行中不发生振动。防护罩的外壳与传动机构的外形相符，同时要便于开启和机械的维护保养。防护罩内壁应涂成红色，表示防护罩开启时工作是危险的，以引起操作人员的注意。最好装电气联锁装置，使得防护罩在未关闭时，机械不能运转。另外，防护罩壳体本身不应有尖角和锐利部分，并尽量使之既不影响机械的美观，又起到安全作用。

2. 皮带传动的安全防护

皮带传动机构因传动平稳，噪声小，结构简单，维护方便，广泛应用于机械传动中。但由于皮带摩擦后易产生静电放电现象，故不适用于易发生燃烧或爆炸的场所。

不管使用何种类型的皮带，皮带开始进入到皮带轮的部位最危险。此外，皮带接头处也较危险，如图 1-11 中箭头所指部分，因此要加以防护。皮带传动机构的防护可采用将皮带全部遮盖起来的方法，或采用防护栏杆防护。焊接金属网是一种适用的防护，如图 1-12 所示。

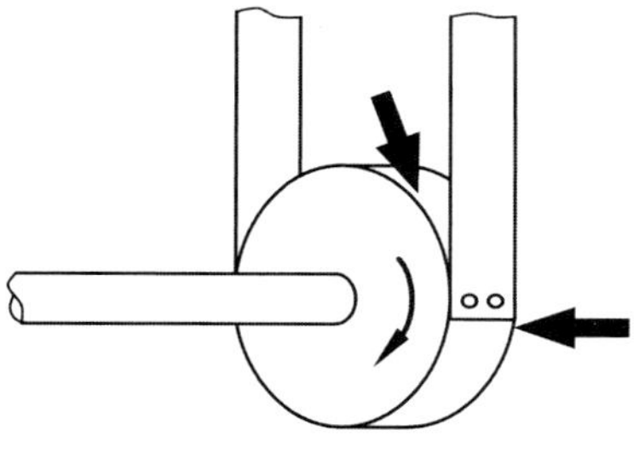

图 1-11 皮带传动的危险部位

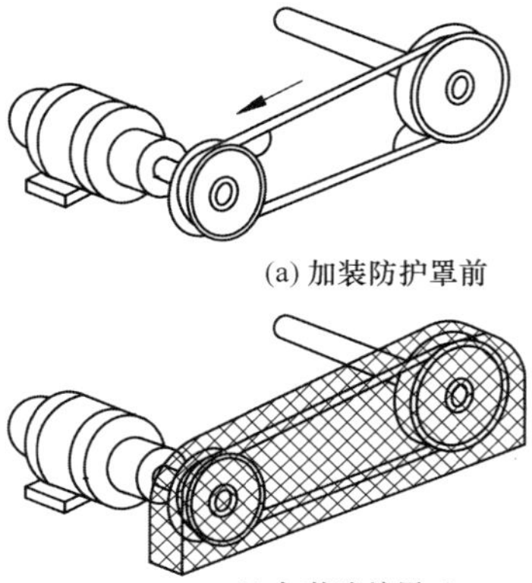

(a) 加装防护罩前

(b) 加装防护罩后

图 1-12 皮带传动的防护措施

皮带防护罩与皮带的距离应不小于 50 mm，应能保证手指不会触及皮带。一般传动机构离地面 2 m 以下，要设防护罩。但在下列 3 种情况下，即使在 2 m 以上也应加以防护：①皮带轮之间的距离在 3 m 以上；②皮带宽度在 15 cm 以上；③皮带回转的速度在 9 m/min 以上。这样，万一皮带断裂时也不至于落下伤人。皮带的接头一定要牢固可靠，安装皮带时要做到松紧适宜。

3. 轴、联轴器等的安全防护

一切凸出于轴面而不平滑的部件（键、固定螺钉等）均增加了轴的危险性。因此，轴上的键及固定螺钉等必须加以防护。为了保证安全，螺钉一般应采用沉头螺钉，使之不突出轴面，更加安全的方法则是增设防护装置。

联轴器上凸出的螺钉、销、键等均可能给操作人员带来伤害，例如，联轴器上裸露的凸出部分有可能钩住人的衣服等。因此，对联轴器的安全要求是其上没有凸出的部分，即采用安全联轴器，但这样并没有彻底排除隐患。根本的办法就是加装防护罩，如图 1-13 所示。

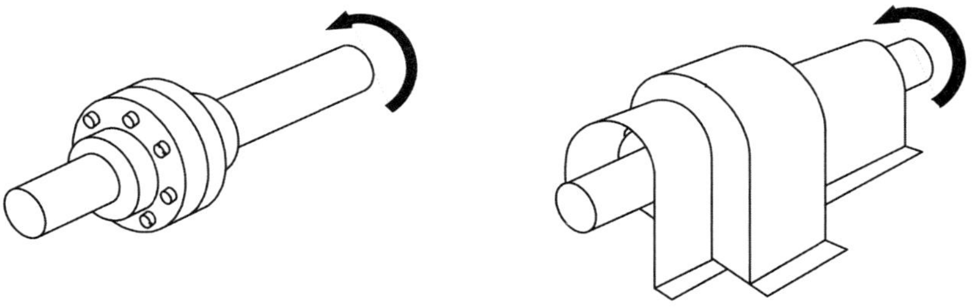

(a)加装防护罩前　　(b)加装防护罩后

图 1-13　轴、联轴器的安全防护措施

1.2.5　机械伤害的基本形式

机械通常是由人来使用和维护的，在机械的能量传递和转换过程中，如果有能量意外释放并作用到人体上，并超过了人的承受能力时，便会对人体造成伤害。机械伤害的形式有很多种，其基本形式有以下几种。

（1）挤压。这种危险是在两个零部件之间产生的，其中一个或两个是运动零部件。最典型的挤压伤害来自于压力机，当压力机的冲头下落时，如果人手正在安放工件或调整模具，就会受伤。还有刨床、磨床，如果在工作台一端与墙之间或与相邻的另一台机械之间的距离太小时，就可能产生挤压。这种危险不一定两个部件完全接触，只要距离很近，人的肢体就有可能受挤压。除直线运动部件外，人手还可能在螺旋输送机、塑料注射成型机中受挤压。如果安装距离过近或者操作不当，在转动阀门的平轮或关闭防护罩时也会受到挤压。

（2）碰撞、冲击。这种危险主要来自于两个方面，一个是比较重的做往复直线运动部件的碰撞、冲击，较为典型的是人受到前进方向刨床床角的碰撞、冲击，对人的伤害程度与运动部件的质量和运动速度的乘积即部件的动量有关；另一个是物体坠落打击。处于高位置的物体具有势能，当它们意外坠落时，势能转化为动能，造成伤害。例如，高处掉下的零件、工具或其他物体；悬挂物体的吊挂零件破坏或夹具夹持不牢引起物体坠落；由于质量分布不均衡，重心不稳，在外力作用下发生倾翻、滚落；运动部件运行超行程脱轨导致的伤害等。另外，弹性元件的位能引起的弹射也属于此类，例如弹簧、皮带等的断裂，在压力、真空下的液体或气体位能引起的高压流体喷射等。

（3）剪切。当一个具有锐利边刃的部件相对另一个具有锐利边刃的部件做直线相对运动时，能产生剪刀作用，就有可能产生剪切危险。例如，剪板机、切纸机等在工作时会产生剪刀作用，如果操作不当，可能会对人体造成严重的后果。

（4）卷入（咬入）。这种危险主要来自相互配合的运动副。例如，相互啮合的齿轮之间以及齿轮与齿条之间，皮带与皮带轮、链与链轮进入啮合部位的咬入点，两个做相对回转运动的辊子之间的夹口等引发的卷入。一般是两个运动部件直接接触，将人的肢体卷入运转中的咬入点。

（5）绞绕。做旋转运动的机械部件（如联轴节、主轴、丝杠等轴类零件）、旋转件上的凸出物和开口（如轴上的凸出键、调整螺栓或销）、圆轮形零件（链轮、齿轮、皮带轮）的轮辐、手轮上的手柄等，在运动情况下，可能将人的头发、饰物、手套、肥大衣袖或下摆卷缠，从而对人造成严重的伤害。

（6）甩出。这种危险主要来自于高速旋转的零部件、工具、加工件高速甩出。例如，装配在轴上的皮带轮、飞轮、齿轮或其他运动零部件由于轴的破坏而引起坠落或飞出，螺栓的松动或脱落引起被它紧固的运动零部件脱落或飞出，高速运动的零件因自身破裂造成碎块甩出，车床卡盘夹不牢在旋转时将工件甩出，切削废屑的崩甩等。虽然这类物件往往质量不大，但由于其转速高，因此动能很大，对人体造成的伤害也比较大。

（7）切割、切断。当人体与机械或工具上的尖角或锐边（如零件表面的毛刺，工件或废屑的锋利飞边，机械设备的尖棱、利角和锐边、切削刀具的锋刃等）进行相对运动时，这种危险就可能发生。当机械上有锐边、尖角的部件高速转动时，这种危险带给人的伤害就会更大，如正在工作着的车、铣、刨、钻、圆盘锯等。

（8）刺扎。操作人员使用的较为锋利的工具刃口、金工车间的切屑等，能对人未加防护的部位造成刺伤或扎伤的危险。

需要指出的是，一种机械可能同时存在多种危险，即同时造成多种伤害形式。

1.2.6 机械事故产生的原因

机械的安全隐患可存在于机械的设计、制造、运输、安装、使用、报废、拆卸及处理等全生命周期的各个环节。机械事故的发生往往是多种因素综合作用的结果，以安全系统的认识观点，机械事故产生的原因可归结为物的不安全状态、人的不安全行为、环境的不安全因素和安全管理缺陷4个方面。

1. 物的不安全状态

物的不安全状态是引发事故的直接原因。这里，物包括机械设备、工具、原材料、中间与最终产成品、排出物和废料、作业环境与场地等。物的不安全状态构成生产中的客观安全隐患和风险。物的不安全状态包括以下5个方面。

（1）机械本质安全性差，设备、设施、工具附件有缺陷。

（2）防护、保险、信号等装置缺乏或有缺陷。

（3）个人防护用品、用具缺少或有缺陷。

（4）不符合安全人机工程要求。

（5）生产（施工）场地环境不良。

2. 人的不安全行为

人作为控制、操纵机械的主体，其不安全行为是引发事故的另一个重要的直接原因。人的不安全行为主要表现为以下几方面。

（1）违章作业、操作（或指挥）错误；忽视安全、忽视警告。

（2）拆除或人为造成安全装置失效。

（3）使用不安全设备或用手代替工具操作。

（4）物体（指成品、半成品、材料、工具、切屑和生产用品等）存放不当。

（5）冒险进入危险场所，攀、坐不安全位置（如平台护栏、汽车挡板、吊车吊钩等），在起吊物下作业、停留。

（6）机械运转时进行测量工件、加油、修理、检查、调整、焊接、清扫等工作。

（7）穿戴不安全装束，在必须使用个人防护用品用具的作业或场合中，忽视其使用。

（8）对易燃易爆等危险品处理错误。

总之，人的行为受生理、心理、个性和环境等各种因素的影响，其表现是多种多样的。缺乏安全意识、违章作业和安全技能差是导致操作失误、引发事故的主要原因。

3. 安全管理缺陷

安全管理缺陷是指领导的安全意识、对设备（特别是对危险设备）的监管、对人员的安全教育和培训、安全规章制度的建立和执行等方面存在的缺陷和隐患。安全管理缺陷是事故发生的间接原因。

1.2.7　预防机械伤害的对策

机械危害风险的大小除取决于机械的类型、用途、使用方法和人员的知识、技能、工作态度等因素外，还与人们对危险的了解程度和所采取的避免危险的措施有关。正确判断什么是危险和什么时候会发生危险是十分重要的。预防机械伤害包括两方面的对策。

1. 实现机械本质安全

实现机械本质安全的主要措施包括以下几个方面。

（1）消除产生危险的原因。

（2）减少或消除接触机器的危险部件的次数。

（3）使人们难以接近机器的危险部位，或提供安全装置，使得接近这些部位不会导致伤害。

（4）提供保护装置或者个人防护装备。

注意，上述措施是依次序给出的，也可以结合起来应用。

2. 保护操作者和有关人员安全

保护操作者和有关人员安全的主要措施包括以下几个方面。

（1）通过培训，提高人们辨别危险的能力。

（2）通过对机械的重新设计，使危险部位更加醒目，或者使用警示标志。

（3）通过培训，提高避免伤害的能力。

（4）采取必要的行动增强避免伤害的自觉性。

1.3　机械安全的基本要求

为规范机械安全标准，避免和减少事故，国家各级标准技术委员会在借鉴相应的国际标准和欧洲标准的基础上，制定了几百项机械安全标准，它们对机械设计、制造、使用和管理等各方面都提出了相关要求，是保障机械安全的最基本要求。对于那些尚未制定有安全标准的专业机械设备，可以参照《生产设备安全卫生设计总则》（GB 5083—1999）对其设计和改造提出相应的安全要求。

1.3.1 机械设备的本质安全要求

机械设备在规定的整个使用期内，不得发生由于机械设备自身缺陷所引起的、目前已为人们认识的各类危及人身安全的事故和对健康造成损害的职业病，避免给操作者带来不必要的体力消耗、精神紧张和疲劳。

本质安全的机械设备必须满足以下基本条件。

（1）具有足够的抗破坏能力、良好的可靠性和对环境的适应性。机械设备必须具有合理的结构型式，不得因结构设计不合理而造成机械故障和事故。机械各受力零部件应具有能承受预定最大载荷的强度、刚度和稳定性。对使用环境（如温度、湿度、压力、振动、负载等）具有足够的适应能力，同时具有良好的机械可靠性。

（2）不得产生超过标准规定的有害物质。设计时应采用对人无害的材料和物质，对不可避免的毒害物，应控制其成分与浓度低于产品安全卫生标准，不得有害于人体健康，也不得对环境造成污染和二次污染。

（3）可靠有效的安全防护。在预定的使用条件下，除具有稳定、可靠的正常安全防护功能外，设备本身还应兼具自动保障人身安全的功能与设施。当设备或操作的某些环节出现问题时，靠机械自身的各种安全技术装置和措施能避免事故的发生，保障人员和设备的安全。

（4）履行人类工效学的要求。机械设备的人机界面、工作位置、显示控制装置、人的作业空间、位置和作业环境等，最大限度地减轻操作人员的体力和脑力消耗，缓解精神紧张状态。

（5）保证维修的安全性。机器出现故障后，在规定的条件下，按规定程序或手段实施维修时，应能保持或恢复其执行预定功能的状态，同时能保证维修人员的安全。

1.3.2 主要结构的安全要求

机械设备的主要结构安全要求包括对设备外形、运动部件、加工区、工作位置、操作位置等方面的技术要求。

（1）在不影响正常使用的前提下，凡人体易接近的机械外形结构应平整、光滑，不应有易引起损伤的锐角、尖角、凸出物、粗糙表面和可能刮伤人体、扯裂衣服的开口。

（2）凡易造成伤害事故的运动部件均应封闭或屏蔽，或采取其他避免操作人员接触的防护措施。以操作人员所站立平面为基准，凡高度在 2 m 以内的各种传动装置，都必须设防护装置。

（3）为避免挤压伤害，直线运动部件之间或直线运动部件与静止部件（包括墙、柱）之间的距离，必须符合《机械安全　防止上（下）肢触及危险区的安全距离》

（GB 12265.1—1997、GB 12265.2—2000）、《机械安全　避免人体各部位挤压的最小间距》（GB 12265.3—1997）中有关安全距离的要求。

（4）凡加工区易发生伤害事故的设备，均应采取有效的安全防护措施，以防止身体的任一部分进入加工危险区，或进入时设备能自动停止运行。

（5）机械设备的工作位置应安全可靠，并应保证操作人员的头、手、臂、腿、脚有充分的活动空间。

（6）设计操作位置时，必须充分考虑人员脚踏和站立的安全性，防止滑倒和从高处坠落。

1.3.3　控制系统的安全要求

机械设备的控制系统由信号、显示器、控制器和控制线路构成。

（1）生产设备上易发生故障或危险性较大的区域，应配置声、光或声、光组合的信号、报警装置。信号应满足《机械电气安全　指示、标志和操作　第 1 部分：关于视觉、听觉和触觉信号的要求》（GB 18209.1—2010）的要求。

（2）设计、选用和配置操纵器应与人体操作部位的特性（特别是功能特性）以及控制任务相适应，并符合《操纵器一般人类工效学要求》（GB/T 14775—1993）、《机械电气安全　指示、标志和操纵　第 3 部分：操纵器的位置和操作的要求》（GB 18209.3—2010）等规定，此外，生产设备关键部位的操纵器，一般应设电气或机械联锁装置；对可能出现误动作或被误操作的操纵器，应采取必要的保护措施。

（3）控制装置应保证，当动力源发生异常（偶然或人为地切断或变化）时也不会造成危险。必要时，控制装置应能自动切换到备用动力源和备用系统。控制系统的设计应满足《机械安全　控制系统有关安全部件　第 1 部分：设计通则》（GB/T 16855.1—2008）的要求。

1.3.4　安全防护装置的安全要求

当机械设备的设计不能满足安全可靠性要求时，为了消除危险，必须增设安全防护装置。

1. 机械安全防护装置设计通则

设计机械安全防护装置时需要考虑以下几点。

（1）考虑人类工效学的因素，减少操作者的疲劳。包括合理布置各种控制操作装置，正确选择工作平台的位置及高度，提供座椅及出入作业地点要方便。

（2）考虑强度、刚度、稳定性和耐久性。

（3）考虑对机器可靠性的影响。例如，固定的安全装置有可能使机器过热。

（4）考虑对机器危险部位的可视性。

（5）对其他危险的控制。例如选择特殊的材料来控制噪声的强度。

2. 通用机械安全防护装置的技术要求

通用机械安全防护装置的技术要求主要有以下几点。

（1）安全防护装置应结构简单、布局合理，不得有锐利的边缘和凸缘。

（2）安全防护装置应具有足够的可靠性，在规定的寿命期限内有足够的强度、刚度、稳定性、耐腐蚀性、抗疲劳性，以确保安全。

（3）安全防护装置应与设备运转联锁，保证安全防护装置未起作用之前，设备不能运转；安全防护罩、屏、栏的材料及其至运转部件的距离，应符合《机械安全 防护装置 固定式和活动式防护装置设计与制造一般要求》（GB/T 8196—2003）的规定。

（4）光电式、感应式等安全防护装置应设置自身出现故障的报警装置。

（5）紧急停车开关应保证瞬时动作时能终止设备的一切运动；对有惯性运动的设备，紧急停车开关应与制动器或离合器联锁，以保证迅速终止运行。

（6）紧急停车开关的形状应区别于一般开关，颜色为红色。

（7）紧急停车开关的布置应保证操作人员易于触及，不发生危险。

（8）设备由紧急停车开关停止运行后，必须按启动顺序重新启动才能重新运转。

3. 通用机械安全防护罩的技术要求

通用机械安全防护罩的技术要求如下。

（1）只要操作人员可能触及的活动部件，在防护罩未闭合前，活动部件就不能运转。

（2）采用固定防护罩时，应使操作人员触及不到运转中的活动部件。

（3）防护罩与活动部件之间有足够的间隙，避免防护罩和活动部件之间的任何接触。

（4）防护罩应牢固地固定在设备或其基础上，拆卸、调节时必须使用工具。

（5）开启式防护罩打开时或一部分失灵时，应使活动部件不能运转，或运转中的部件停止运动。

（6）使用的防护罩不允许给生产场所带来新的危险。

（7）不影响操作，在正常操作或维护保养时不需拆卸防护罩。

（8）防护罩必须坚固可靠，以避免与活动部件接触造成损坏和工件飞脱造成的伤害。

（9）防护罩一般不准脚踏和站立，必须做平台或阶梯时，应能承受 1 500 N 的垂直力，并采取防滑措施。

4. 通用机械安全防护网的技术要求

通用机械安全防护网的技术要求如下。

（1）防护罩应尽量采用封闭结构，当现场需要采用网状结构时，应满足《机械安全 防护装置 固定式和活动式防护装置设计与制造一般要求》（GB/T 8196—2003）对安全距离（防护罩外缘与危险区域之间的直线距离）的规定。

（2）不同网眼开口尺寸的安全距离见表 1-1、图 1-14。

表 1-1　不同网眼开口尺寸的安全距离　　　　单位：mm

防护人体通过部位	网眼开口宽度（直径及边长或椭圆形孔短轴尺寸）	安全距离
手指尖	<6.5	≥35
手指	<12.5	≥92
手掌（不含第一掌指关节）	<20	≥135
上肢	<47	≥460
足尖	<76（罩底部与所站面间隙）	150

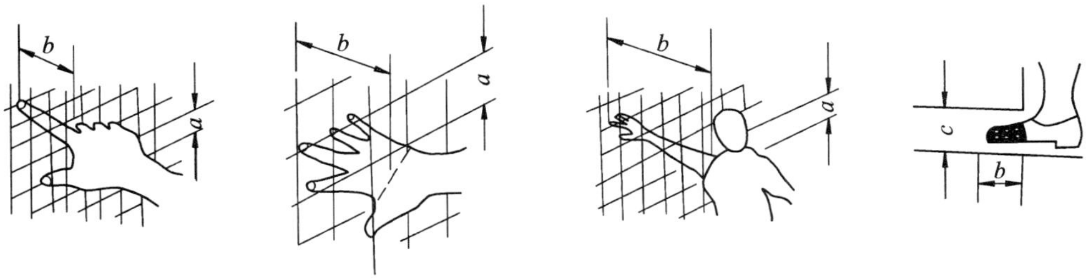

图 1-14　不同网眼开口宽度的安全距离示意图

a—网眼尺寸；b—安全距离；c—离地间隙

1.4　实现机械安全的途径

机械设备安全应考虑其全生命周期内的各个阶段，包括设计、制造、安装、调整、使用、查找故障和维修、拆卸及报废处理等。实现机械安全的措施，可分为设计阶段（即由设计者采取的安全措施）和使用阶段（即由用户采取的安全措施）两个阶段的措施。由设计者采取的安全措施包括本质安全技术、安全防护、使用信息和附加预防措施，由用户采取的安全措施包括个人劳动防护用品、作业环境的安全性和安全管理措施等。决定机械设备安全性的关键是设计（机械产品设计和工艺设计）阶段采取的安全措施，故本节重点讨论由设计者采取的安全措施。

1.4.1　本质安全技术

本质安全技术是指在机械预定功能设计中采用的、不需要额外的安全防护装置而直接把安全问题解决的措施，因此也称为直接安全技术措施。本质安全技术是机械设计优先考虑的措施。无论是机械预定功能的设计还是安全防护的设计，都应该遵循以下两个基本途径：①通过设计减小风险；②通过减少操作者涉入危险区的需要，限制人们面临的危险。

1. 通过设计减小风险

通过设计减小风险，是指在机械设计阶段，从零部件材料到零部件的合理形状和相对位置，从限制操纵力、运动件的质量和速度到减少噪声和振动，采用本质安全技术与动力源，应用零部件间的强制机械作用原理，履行人类工效学原则等多项措施，通过选用适当的设计结构，尽可能避免或减小危险。

1）采用本质安全技术

本质安全技术是机械设计优先考虑的措施。机械设计本质安全技术措施包括以下几项。

（1）避免锐边、尖角和凸出部分。在不影响预定使用功能的前提下，人员易接近的机械设备及其零部件应避免设计成会引起损伤的锐边、尖角、粗糙的表面、凸出部分和可能刮伤人体部位或衣服的开口。特别对金属薄片，其边缘应除去毛刺、折边或倒角。对可能引起刮伤的开口端，应进行包覆。

（2）保证足够的安全距离。利用安全距离防止人体触及危险部位或进入危险区，这是减小或消除机械风险的一种方法。在规定安全距离时，必须考虑使用机器时可能出现的各种状态、有关人体的测量数据、技术和应用等因素。

（3）确定有关物理量的限值。在不影响使用功能的情况下，根据各类机械的不同特点，限制某些可能引起危险的物理量值来减小危险。例如，将操纵力限制到最低值，使操作件不会因破坏而产生机械危险；限制运动件的质量或速度，以减小运动件的动能；限制噪声和振动等。

（4）使用本质安全的工艺过程和动力源。所谓本质安全的工艺过程和动力源，是指这种工艺过程和动力源自身是安全的。对预定在爆炸环境中使用的机器，应采用全气动或全液压控制操纵机构，或采用本质安全型防爆电气装置；也可采用电压低于“功能特低电压”的电源以及在机器的液压装置中使用阻燃和无毒液体。

2）限制机械应力

组成机械的所有受力零部件，应保证足够的安全系数，使其机械应力不超过许用值，以防止由于零件应力过大而发生破坏或失效，避免故障或事故的发生。

（1）限制连接应力。对诸如螺栓连接、焊接等，通过采用正确计算、结构设计和紧固方法来限制应力，防止运转状态下连接松动、破坏而使紧固失效。

（2）防止超载应力。通过在传动链预先采用“薄弱环节”预防超载来限制应力。例如，采用“易熔”塞、限压阀、断路器、力矩限制装置等限制应力，避免主要受力件因超载而被破坏。

（3）避免零件疲劳。避免在可变应力（主要是周期应力）作用下零件产生疲劳。例如，钢丝绳滑轮组的钢丝绳在缠绕时，尽量避免其反向弯折导致疲劳破坏。

（4）回转件的平衡。设计时，对材料的均匀性和回转精度应做出规定，并在使用前经过静平衡或动平衡试验，防止在高速旋转时引起振动，或使回转件的应力加大，甚至造成碎裂（如砂轮）。

3）提高材料和物质的安全性

用以制造机器的材料、燃料和加工材料在使用期间不得危及面临人员的安全或健康。

（1）承载能力。材料的力学特性，如抗拉强度、抗剪强度、抗弯强度、冲击韧性、屈服极限等，应能满足执行预定功能的载荷作用的要求。

（2）对环境的适应性。材料应有良好的环境适应性，在预定的环境条件下工作时，应有抗腐蚀、抗老化和抗磨损的能力，不致因物理性、化学性和生物性的影响而失效，从而避免事故的发生。

（3）材料的均匀性。应保证材料的均匀性，防止由于工艺设计不合理，使材料的金相组织不均匀而产生残余应力，防止由于内部缺陷（如夹渣、气孔、异物、裂纹等）而埋下安全隐患。

（4）材料的安全性。在设计和制造选材时，应避免采用有毒性的材料或物质；应能避免机器本身或由于使用某种材料而产生的气体、液体、粉尘、蒸气或其他物质造成的火灾和爆炸风险；对可燃、易爆的液体及气体材料，应设计使其在填充、使用、回收或排放时减小危险或无危险。

4）履行人类工效学原则

在机械设计中，通过在合理分配人机功能、适应人体特性、人机界面设计、作业空间的布置等方面履行人类工效学原则，提高机械设备的操作性能和可靠性，使操作者的体力消耗、心理生理压力和紧张程度降到最低，从而降低操作出错概率。

5）正确设计控制系统

机械在使用过程中，典型的危险工况有：意外启动、速度变化失控、运动中的零部件不能停止、可动零部件或夹紧的工件脱落或飞出、安全保护装置功能受阻造成的机器动作等。为了防止机器危险工况的出现，控制系统的设计应考虑各种作业的操作模式或采用故障显示装置，使操作者可以安全简单地采取措施，并遵循以下几条原则和方法。

（1）重新启动原则。动力中断后重新接通时，如果机械自发启动会产生危险，应采取措施，使动力重新接通时，机械不会自行启动，只有再次操作启动装置，机械才能运转。

（2）关键件的冗余原则。控制系统的关键零部件，可以通过备份的方法减小机械故障率，即当一个零部件失效时，用备用件接替以实现预定功能。

（3）定向失效模式。这是指部件或系统主要失效模式是预先已知的，而且只要失效总是这些部件或系统，这样可以事先针对其失效模式采用相应的预防措施。

6）防止气动和液压系统的危险

当采用气动、液压、热能等装置的机械时，必须通过设计来避免由于这些能量意外释放而带来的各种潜在危险。设计时应考虑：借助限压装置控制管路中最大压力不超过允许值，不因压力损失、压力降低或真空度降低而导致危险；所有元件（尤其是管子和软管）及其连接应密封，不因泄漏或元件失效而导致流体喷射；当机器与动力源断开后，储气罐、蓄气罐或类似容器应能自动卸压，若无法实现，则应提供隔离、局部卸压及压力显示的措施；所有在机器与动力源断开后仍保持压力的部件，都应提供清晰标识的排空装置以及对机器进行任何调整设定或维护前必须对这些部件卸压的警示牌，以防剩余压力造成危险。

7）预防电气危害

用电安全是机械安全的重要组成部分，机械中电气部分应符合有关电气安全标准的要求。预防电气的危险尤其应注意防止电击、短路、过载和静电。

2. 减少或限制操作者涉入危险区的需要

除通过设计减小风险外，也可以通过提高设备的可靠性、操作机械化或自动化程度以及实行在危险区之外的调整、维修等措施，避免或减小危险。

1）设备的可靠性

可靠性是指机器或其零部件在规定的使用条件下和规定期限内执行规定的功能而不出现故障的能力。

（1）规定的使用条件。这是指机械设计时考虑的空间限制，包括环境条件（如温度、压力、湿度、振动、大气腐蚀等）、负荷条件（载荷、电压、电流等）、工作方式（连续工作或断续工作）、运输条件、存储条件及使用维护条件等。

（2）规定的时间。这是指机械设备在设计时规定产品的时间性指标，如使用期、有效期、行驶里程、作用次数等。

（3）规定的功能。这是指机械设备的性能指标，是该机械若干功能的总和，而不是其中一个元件或一部分的功能。

可靠性应作为安全功能完备性的基础，这一原则适用于机器的零部件及机械各组成部分。提高机械的可靠性可以降低危险故障率，减少需要查找故障和检修的次数，不因为失效使机器产生危险的误动作，从而可以减少操作者面临危险的概率。

2）采用机械化和自动化技术

在生产过程中，用机械设备来补充、扩大、减轻或代替人的劳动，该过程便称为机械化过程。自动化则更进了一步，即机械具有自动处理数据的功能。机械化和自动化技术可以使人的操作岗位远离危险或有害现场，从而减少工伤事故，防止职业病；同时，也对操作人员提出了较全面的素质要求。

（1）操作自动化。在比较危险的岗位或被迫以机器特定的节奏连续参与的生产过程，使用工业机器人或机械手代替人的操作，以改善操作者的工作条件。

（2）装卸搬运机械化。装卸机械化可通过工件的送进滑道、手动分度工作台等措施实现；搬运的自动化可通过采用工业机器人、机械手、自动送料装置等实现。这样可以限制由搬运操作产生的风险，减少重物坠落、磕碰、撞击等接触伤害。装卸应注意防止由于装置与机器零件或被加工物料之间阻挡而产生的危险以及检修故障时产生的危险。

3）调整、维修的安全

在设计机器时，应尽量考虑将一些易损而需经常更换的零部件设计得便于拆装和更换；提供安全接近或站立措施（梯子、平台、通道）；锁定切断的动力。机器的调整、润滑、一般维修等操作点配置在危险区外，这样可减少操作者进入危险区的需要，从而减少操作者面临危险的概率。

1.4.2 安全防护

安全防护是通过采用防护装置、安全装置或其他手段，对一些机械危险进行预防的安全技术措施，其目的是防止机器在运行时产生各种对人员的接触伤害，防护的重点是机械的传动部分、操作区、高处作业区、机械的其他运动部分、移动机械的移动区域以及某些机器由于特殊危险形式需要采取的特殊防护等。如果通过本质安全设计措施（直接安全技术措施）不能合理消除危险或充分减小风险，就必须对机械设备采取安全防护措施。安全防护措施也称为间接安全技术措施。

1. 安全防护装置的类别

安全防护装置的种类很多，常用的安全防护装置有以下几种类型。

1）固定安全防护装置

固定安全防护装置是用来防止操作人员接触机器危险部件的一种固定的安全装置，如固定的防护网、罩等。装置应能自动地满足机器运行的环境及过程条件，装置的有效性取决于其固定的方法和开口的尺寸以及在其开启后距危险点有足够的距离。安全装置应设计成必须用改锥、扳手等专用工具才能拆卸，不能徒手打开。

2）联锁安全装置

联锁安全装置的基本原理是：只有安全装置关合时，机器才能运转；而只有当机器的危险部件停止运动时，安全装置才能开启。联锁安全装置可采取机械、电气、液压、气动或组合的形式。在设计联锁装置时，必须使其在发生任何故障时，都不使人员暴露在危险之中。例如，利用光电作用，人手进入冲压危险区，冲压动作立即停止。该装置大多用于传动机构、旋转部件和压力机等。

3）控制安全装置

要求机器能迅速地停止运动，可以使用控制装置。控制装置的原理是：只有当控制装置完全闭合时，机器才能开动。当操作人员接通控制装置后，机器的运行程序才开始工作。如果控制装置断开，机器的运动就会迅速停止或者反转。通常，在一个控制系统中，控制装置在机器运转时，不会锁定在闭合的状态。

4）自动安全装置

自动安全装置的机制是把任何暴露在危险中的人体部分自动从危险区域中移开。此种装置仅能使用在有足够的时间来完成这样的动作而不会导致伤害的环境下。因此，仅限于在低速运动的机器上采用。

5）隔离安全装置

隔离安全装置是一种阻止身体的任何部分靠近危险区域的设施，例如固定的栅栏等。

6）可调安全装置

一种具有可以调节部分的固定安全装置。在无法实现对危险区域进行隔离的情况下，可以使用这种装置。它可能起到的保护作用在很大程度上依赖于操作者的使用和对安全装置正确的调节以及合理的维护。

7）自动调节安全装置

自动调节装置由于工件的运动而自动开启，当操作完毕后又回到关闭的状态。

8）跳闸安全装置

跳闸安全装置的作用是在操作到危险点之前，自动使机器停止或反向运动。该类装置依赖于敏感的跳闸机构，同时也有赖于机器能够迅速停止（使用刹车装置可以做到这一点）。

9）双手控制安全装置

这种装置迫使操纵者要用两只手来操纵控制器，使人手在启动设备时不可能进入危险区，从而保证人员安全。但它只能对操作者提供保护，不能对其他有可能靠近危险区的人员提供保护。因此，还要设置能为所有人提供保护的安全装置。

除上述安全防护装置外，常用的还有止-动操纵装置、点动-有限运动操纵装置、自动停机装置、故障保险装置和可控防护装置等。

2. 安全防护装置的选择

选择安全防护装置的型式时，应考虑所涉及的机械危险和其他非机械危险，根据运动件的性质和人员进入危险区的需要确定。对特定机器安全防护应根据对该机器的风险评价结果进行选择。

1）机械正常运行期间操作者不需要进入危险区的场合

操作者不需要进入危险区的场合，应优先考虑选用固定安全防护装置，包括进料、取料装置，辅助工作台，适当高度的栅栏及通道防护装置等。还可选用联锁安全装置、自动停机装置等。

2）机械正常运转时需要进入危险区的场合

当操作者需要进入危险区的次数较多、经常开启固定安全防护装置会带来不便时，可考虑采用联锁安全装置、自动停机装置、可调安全装置、双手控制安全装置和可控防护装置等。

3）非运行状态等其他作业期间需进入危险区的场合

对机器的设定、示教、过程转换、故障排查、清洗或维护等作业，防护装置必须移开或拆除，或安全装置功能受到抑制，可采用手动控制模式、止-动操纵装置或双手控制安全装置、点动-有限运动操纵装置等。

有些情况下，可能需要几个安全防护装置联合使用。

1.4.3 使用信息与附加预防措施

1. 使用信息

本质安全技术和安全防护都无效或不完全有效的那些风险，可通过使用文字、标记、信号、符号或图表等安全使用信息，向用户做出说明，提出警告，并将遗留风险通知用户。使用信息也称为指导性安全技术措施。

1）使用信息的一般要求

（1）通知和警告使用者有关无法通过设计和安全防护装置消除或减小的遗留风险。机械的安全信息应明确机械的预定用途，要求使用者按其规定和说明合理地使用机械，也应对不按使用信息中的要求使用机械或误用的潜在风险提出警示，提示在人员培训、个体防护、附加防护装置等方面的要求。

（2）使用信息不应用于弥补设计缺陷，不能代替应该由设计来解决的安全问题。

（3）使用信息应贯穿一台机械使用的全过程，包括机械的运输、装配和安装、试运转、使用（设定、示教/编程或者过程转换、操作、清洗、故障排查和维护）以及必要时的停用、拆除和处置。

2）使用信息的类别

（1）信号和警示装置。

（2）标志、符号（象形图）、安全色和文字警示。

（3）随机文件。

3）使用信息的位置

应根据风险、使用者需要使用信息的时间和机器的构造情况，在以下位置提供使用信息或者部分信息。

（1）在机器内或者机器上。

（2）在随机文件中（尤其是在操作手册中）。

（3）在包装上。

（4）其他手段（如机器外的信号和警示）。

4）信号和警示装置

信号包括视觉信号（如闪亮灯）和听觉信号（如报警器），它的功能是提醒注意，如机械启动、起重机开始运行等；显示运行状态或发生故障，如故障显示等；危险事件的警示，如超速的报警、有毒物质泄漏的报警。

（1）这两种信号必须满足如下基本要求：①在危险事件出现之前发出；②含义明确，一种信号只有一种含义；③能被明确地察觉和识别，并且与所用的其他信号相区分。

（2）警告装置的设计、配置应便于检查，操作手册应对检查规定做出说明。

（3）防止由于视觉或听觉信号过多而引起混乱，或显示频繁而导致“敏感度”降低。

5）标志、符号和文字警示

机械应具有如下必要标志。

（1）识别用标志，如制造厂家的名称和地址，系列或者型号说明。

（2）符合强制性要求的标志，如印记和文字性描述（如预定在潜在爆炸氛围中使用的机器）。

（3）安全使用的标志，如旋转部件的最高转速、工具的最大直径、机器本身和（或）可拆卸部件的质量、最大工作载荷、穿着个人防护用品的必要性，防护装置的调整数据，检查频次等。

标志、符号和文字警示信息应易于理解且含义明确，特别是与机械功能相关的部分，应优先使用易于理解的图形符号。

6）随机文件（尤其是操作手册）

操作手册或其他文字说明应包括以下内容。

（1）关于机器的运输、搬运和储存的信息。

（2）机器安装和试运转的有关信息。

（3）关于机器自身的信息。

（4）有关机械使用的信息。

（5）维护信息。

（6）关于停用、拆卸和处置的信息。

（7）关于紧急状态的信息。

2. 附加预防措施

附加预防措施指在机械设计时，除了通过本质安全设计，采用安全防护措施和提供各种安全信息外，还应另外采取的有关安全措施。例如，急停措施，当陷入危险时的人员躲避和援救措施，机械的维修措施，断开动力源与能量泄放措施，机械及其重型零部件安全搬运措施，安全进入机器的措施、机器及其零部件稳定性措施等。这些附加预防措施是在设计机械时应当考虑的。附加预防措施要根据机械的具体情况，考虑是否需要一种或几种附加预防措施的组合。

1）着眼于紧急情况的预防措施

每台机械都应装备有一个或多个急停装置，以使已有或即将发生的危险状态得以避开，但用急停装置无法减少其风险的机械除外。

急停装置必须显眼，便于识别，并可使操作者能迅速接近手动操纵器；能尽快抑制危险过程，同时不产生附加危险；需要时，允许触发某类安全装置动作。

急停装置操纵器被驱动后必须保持接合状态，只有通过适当操作，才能使其脱开，脱开操纵器不应使机器重新启动，而只允许启动时才能启动。电动急停装置的设计应符合相应电气装置标准的规定。

2）人陷入危险时的躲避和援救保护措施

这些措施包括诸如在可能使操作者陷入各种危险的设施中，应备有逃走路径和屏障；当机器紧急停机后，可用手动安排某些元件运动；某些零件能做反向运动等。

3）保证机器的可维修性

设计机器时，应考虑一些可维修性因素，例如，内部零件的可接近性；容易搬动并有可能用人力搬动；工作位置适当；限制专用工具或装备的数量；便于察看。

4）断开动力源和能量泄放措施

机器应装备有能与动力源断开的技术措施和泄放残存能量的措施。这些措施应能做到以下几点。

（1）使机器与所有动力源或其他供给系统断开。断开必须做到既可见（动力源连续性明显中断），又能通过允许检查断开装置上操纵器位置而得到确认，并且还必须明确表示出机器的哪些部分已被断开。

（2）如果需要（如在大型机器或设施中），应将所有切断装置锁定在“断开”位置。

（3）保证在断开点的“下游”不再有位能（如电能、可以释放的液压或机械能）和动能（如通过惯性可以继续运动的部件）。切断机器电源的措施应符合相应电气安全标准的规定。

5）机器及其重型零部件容易且安全地搬运措施

不能移动或不能通过人力搬动的机器及其零、部件应装有适当的附属装置，以供借助起吊设备搬动这类零、部件，这些附属装置或措施如下。

（1）具有吊环、吊钩、吊环螺栓或起重用螺孔的标准起吊装置。

（2）当不可能安装附件时，采用具有起重吊钩的自动抓取装置。

（3）为叉车搬运用的导向槽。

（4）在机器上和其某些可拆卸的零、部件上标明以千克（kg）为单位的质量。

（5）使起吊装置与机器成为一体。

6）安全进入机器的措施

机器应设计得使执行操作和日常调整、维修等所有工作都尽可能在地面上进行。不能这样做的场合，机器应具有机内平台、阶梯或其他设施，以便为执行这些任务备置安全通道。但应注意保证这些平台或阶梯不会导致操作者接近机器的危险区。

在工作条件下使用的步行区应用防滑材料制造，并应根据其距地面的高度提供适当的扶手、栏杆、踏板、把手等。在大型自动化设备中应特别注意给出如通道、跨越桥等安全进入的措施。

7）机器及其零部件稳定性措施

机器及其零部件应设计得稳固，不能由于振动、风力、冲击或其他可预见的外力或因内部运动力（惯性力、电动力等）作用而翻倒和产生不可预测的运动。

如果不能做到这些，则应通过采用专门的安全措施达到稳定性，如限制机器零部件的运动量，一旦危及机器稳定性时，用指示器、报警器发出警告或提供联锁装置防止倾倒，或将机器牢固地紧固到基础上。

本章小结

由机械产生的危险包括机械危险和非机械危险。机械危险主要来源于运动、能量、锐利边缘等。生产操作中，机械设备的运动部分是最危险的部位，尤其是那些操作人员易接触到的运动零部件。

预防机械伤害包括两方面的对策：实现机械本质安全，保护操作者和有关人员安全。机械本质安全是指机械的设计者在设计阶段采取措施消除机械危险的一种实现机械安全的方法。

实现机械安全的措施主要分为设计阶段的措施（即由设计者采取的安全措施）和使用

阶段的措施（即由用户采取的安全措施），其中设计阶段的措施是主要的。设计阶段的安全措施主要分为直接措施（即本质安全技术）、间接措施（即安全防护措施）和指导性措施（即使用信息）3类。

练习与思考

说明：凡在题目前面标明年份者，均为该年全国注册安全工程师执业资格考试科目《安全生产技术》的考试真题；其中多项选择题，在每题的备选项中，有2个或2个以上符合题意，至少有1个错项。各章均同，后面不再说明。

一、单项选择题

1.【2014年】联轴器是用来把两轴连接在一起的常用机械传动部件。下列关于联轴器的安全要求中，错误的是（　　）。

A. 联轴器上应安装“Ω”形防护罩

B. 安全型联轴器上不应有凸出的螺钉

C. 联轴器应能保证只有机器停车并将其拆开后两轴才能分离

D. 任何情况下，联轴器都不允许出现径向位移

2.【2014年】机器安全防护装置主要用于保护人员免受机械性危险伤害。下列关于机械安全防护装置的说法中，正确的是（　　）。

A. 隔离安全装置可以阻止身体任何部位靠近危险区域

B. 自动安全装置仅限在高速运动的机器上使用

C. 跳闸安全装置依赖于敏感的跳闸机构和机器能快速启动

D. 双手控制安全装置可以对操作者和协作人员提供防护

3.【2014年】机械伤害风险的大小除取决于机械的类型、用途、使用方法和人员的知识、技能、工作状态等因素外，还与人们对危险的了解程度和所采取的避免危险的措施有关。下列措施中，属于实现机械本质安全的是（　　）。

A. 通过培训，提高人们辨别危险的能力

B. 通过培训，提高避免伤害的能力

C. 减少接触机器危险部件的次数

D. 通过对机器的重新设计，使危险部位更加醒目

4.【2013年】机械失效安全和定位安全都属于机械本质安全设计的范围。下列做法中，不属于机械失效安全设计的是（　　）。

A. 设计操作限制开头

B. 将机械的危险部件安置到不可触及的地点

C. 预设限制不应该发生的冲击及运动的制动装置

D. 设置预防下落的装置

5.【2013年】安全防护罩是预防机械伤害的常用装置，现场应用十分普遍。设计安全防护罩必须全面考虑各项技术要求。下列技术要求中，错误的是（　　）。

A. 只有防护罩闭合后，传动部件才能运转

B. 对于固定安装的防护罩，操作人员身体的任何部位不能触及运动部件

C. 防护罩与运动部件之间有足够的间隙

D. 为了便于调整，应安装开启防护罩的按键式机构

6.【2012 年】齿轮、齿条、皮带、联轴器、蜗轮、蜗杆等都是常用的机械传动机构。机械传动机构在运行中处于相对运动的状态，会带来机械伤害的危险。下列机械传动机构的部位中，属于危险部位的是（　　）。

A. 齿轮、齿条传动的齿轮与齿条分离处

B. 带传动的两带轮的中间部位

C. 联轴器的突出件

D. 蜗杆的端部

7.【2012 年】通过设计无法实现本质安全时，应选用安全装置消除危险，在安全装置设计中不必考虑的是（　　）。

A. 强度、刚度、稳定性和耐久性　　B. 对机器可靠性的影响

C. 机器危险部位具有良好的可视性　　D. 工具的使用

8.【2011 年】在齿轮传动机械中，两个齿轮开始啮合的部位是最危险的部位，不管啮合齿轮处于何种位置都应装设安全防护装置，下列关于齿轮安全防护的做法中，错误的是（　　）。

A. 齿轮传动机构必须装有半封闭的防护装置

B. 齿轮防护罩的材料可利用有金属骨架的铁丝网制作

C. 齿轮防护罩应能方便地打开和关闭

D. 在齿轮防护罩开启的情况下机器不能启动

9.【2010 年】机器的安全装置包括固定安全防护装置、联锁安全装置、控制安全装置、自动安全装置、隔离安全装置等。其中，利用固定的栅栏阻止身体的任何部分接近危险区域的装置属于（　　）。

A. 隔离安全装置　　B. 联锁安全装置

C. 自动安全装置　　D. 固定安全防护装置

10.【2010 年】机械的本质安全设计是在设计阶段采取措施来消除机械危险的一种安全设计方法。下列设计要素中，不属于本质安全的是（　　）。

A. 应用安全人机工程学原则　　B. 限制机械应力

C. 保证材料的安全性　　D. 设计机械安全防护装置

11.【2009 年】机械设备可造成碰撞、夹击、剪切、卷入等多种伤害。所以，识别机械设备的危险部位非常重要。下列机械设备部位，不属于危险部位的是（　　）。

A. 旋转部件和呈切线运动部件间的咬合处

B. 金属刨床的工作台

C. 机床底座

D. 旋转的凸块

12.【2008 年】旋转部件和呈切线运动部件间的咬合处是机械设备的危险部位之一。下列危险部位中，属于这种危险部位的是（　　）。

A. 金属刨床的工作台与床身　　B. 锻锤的锤体

C. 传动皮带与皮带轮　　D. 剪切机的刀刃

13. 【2007 年】下列机械安全防护装置中，仅能对操作者提供保护的是（　　）。

A. 联锁安全装置　　B. 双手控制安全装置

C. 自动安全装置　　D. 隔离安全装置

二、多项选择题

1. 【2014 年】机械伤害的危险性与机器的类型、用途和操作人员的技能、工作态度密切相关。预防机械伤害包括两方面对策：一是实现机械本质安全，二是保护操作者及有关人员安全。下列措施中，属于保护操作者及有关人员安全的措施是（　　）。

A. 通过对机器的重新设计，使危险部位更加醒目

B. 通过培训，提高避免伤害的能力

C. 采用多人轮班作业的劳动方式

D. 采取必要的行动增强避免伤害的自觉性

E. 通过培训，提高人们辨别危险的能力

2. 【2014 年】机械安全是指机器在预定使用条件下执行其功能和在对其进行运输、安装、调试、运行、维修、拆卸和处理时，不致对操作者造成损伤或危害其健康的能力。机械安全的特性包括（　　）。

A. 系统性　　B. 友善性　　C. 防护性　　D. 局部性　　E. 整体性

3. 【2011 年】在无法通过设计达到本质安全时，为了消除危险，应补充设计安全装置。设计安全装置时必须考虑的因素有（　　）。

A. 有足够的强度、刚度和耐久性　　B. 不能影响机器运行的可靠性

C. 不影响对机器危险部位的可视性　　D. 一般用绝缘材料制作

E. 一般用金属材料制作

三、简答题

1. 什么是机械安全？机械安全的特性是什么？

2. 什么是本质安全？本质安全的内容包括哪些？

3. 设计阶段的措施分为哪几类？各有什么特点？

4. 实现机械设计本质安全的措施有哪些？

5. 机械伤害的基本类型有哪些？

6. 机械伤害预防的对策有哪些？

7. 如何选择安全防护装置？

第2章　通用机械安全技术

☞［教学目标］

1. 了解金属切削机床及砂轮机的危险因素、故障检测和安全防护措施。
2. 熟悉冲压机械、剪板机的危险因素及安全技术要求。
3. 熟悉木工机械的危险特点、安全装置及安全技术要求。
4. 理解起重机械的分类和主要零部件。
5. 掌握起重机械的安全防护要求及装置。

通用机械是各行业机械加工的基础设备，主要有金属切削机床、锻压机械、冲压（剪）机械、起重机械、铸造机械、木工机械和农业机械等。本章重点介绍金属切削机床及砂轮机、冲压（剪）机械、木工机械和起重机械的安全生产技术。

2.1　金属切削机床及砂轮机的安全技术

金属切削机床是利用切削方法将毛坯加工成机器零件的设备，由于金属切削机床在工业中起着工作母机的作用，它的应用范围非常广泛。在金属切削过程中存在发生机械性伤亡事故的危险，因此，金属切削机床的安全问题不容疏忽。

2.1.1　金属切削机床基本知识

1. 金属切削机床的种类

金属切削机床的种类很多，分类方法也很多。《金属切削机床型号编制方法》（GB/T 15375—2008）按机床的工作原理，将其划分为以下11个大类。

（1）车床。用来对工件的旋转表面进行加工。车床工作时，工件旋转为主运动，刀具移动为进给运动。

（2）钻床。用来对工件的孔进行加工。工作时，钻头旋转为主运动，钻头移动为进给运动，工件固定不动。

（3）镗床。用来对复杂工件的孔进行加工。工作时，刀具旋转为主运动，刀具或工件移动为进给运动。

（4）磨床。是一种用砂轮做刀具的精加工机床，用来磨削工件内圆、外圆和平面等。

工作时，砂轮高速旋转为主运动，工件低速旋转和移动为进给运动。

（5）齿轮加工机床。包括滚齿机、插齿机、磨齿机等，用来加工齿轮的齿。以滚齿机为例，工作时，刀具旋转为主运动，刀具移动和工件旋转为进给运动。

（6）螺纹加工机床。包括丝杠车床、螺纹铣床、螺纹磨床等，用来加工螺纹和丝杠。

（7）铣床。用来加工工件的表面、沟槽等。工作时，刀具旋转为主运动，工件移动为进给运动。

（8）刨插床。包括牛头刨床、龙门刨床、插床等。功用和铣床相同，但生产效率较铣床低些。牛头刨床工作时，刀具往复运动为主运动，工件间歇移动为进给运动；龙门刨床工作时的运动，与牛头刨床正好相反。

（9）拉床。用来拉削工件的沟槽（如键槽）及内外表面。工作时，刀具直线运动为主运动。大多数拉床没有进给运动（进给运动包含在拉刀刀齿的结构中）。

（10）锯床。包括圆锯床、带锯床、弓锯床等，主要用来切断圆钢、角钢、工字钢、钢管及有色金属等型材。

（11）其他机床。是指没有包括在上述各类机床中的一些机床，如管子加工机床、刻线机、切断机和多功能机床等。

除上述基本分类方法外，机床还可以按通用程度、加工精度、机床质量和机床主要工作部件的数目等方式来分类。

2. 金属切削机床的基本结构和工作特点

不同种类的机床，其结构也不尽相同，但各种机床的基本结构和基本装置都是一致的，主要组成部分包括以下几项。

（1）机座（床身或机架）。机座上装有支承和传动的部件，将被加工的工件和刀具固定夹牢并带动它们做相对运动，这些部件主要有工作主轴、拖板、工作台、刀架等。由导轨、滑动轴承、滚动轴承等导向。

（2）传动机构。将动力传到各运动部件，传动部件有丝杠、螺母、齿轮齿条、曲轴连杆机构、液压传动机构、齿轮及链传动机构和皮带传动机构等。为了改变工件和刀具的运动速度，机床上都设有有级或无级变速机构，一般是齿轮变速箱。

（3）动力源。一般是电动机及其操纵器。

（4）润滑及冷却系统。

图 2-1 为普通车床的外形图。普通车床的结构有主轴箱、进给箱、托板箱（溜板箱）、床身、床尾、床腿、光杠、丝杠、电机和电气等。普通车床的工作原理是：电动机将动力传给主轴箱，经变速箱变速，主轴带动工件做旋转运动，为切削提供主运动。进给箱带动丝杠旋转，并带动溜板上的大托板、中托板和小托板做直线运动，从而带动刀架运动，为切削提供进给运动。

图 2-2 为其他一些金属切削机床的外形图。这些切削机床的切削加工过程跟车床基本相同，即将被加工的工件和切削工具都固定在机床上，机床的动力源通过传动系统将动力和运动传给工件和刀具，使两者产生相对运动（旋转、直线运动）。此时，切削工具将工件表面多余的材料切去，加工出符合设计尺寸精度要求的零件。金属切削机床由于切削的

对象是金属，因此，具有旋转速度快、切削工具（刀具）锋利的特点。能否正确、安全地操作机床，不仅影响产品质量和加工效率，而且关系到操作者的人身安全。

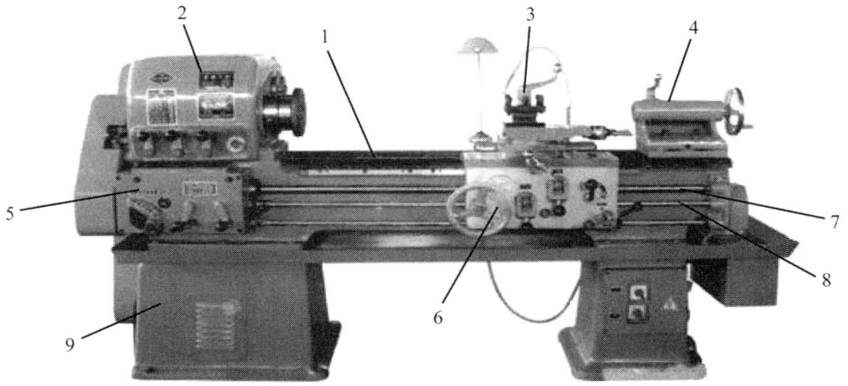

图 2-1　普通车床

1—床身；2—主轴箱；3—刀架；4—尾座；5—进给箱；6—溜板箱；7—丝杠；8—光杠；9—床腿

(a) 铣床

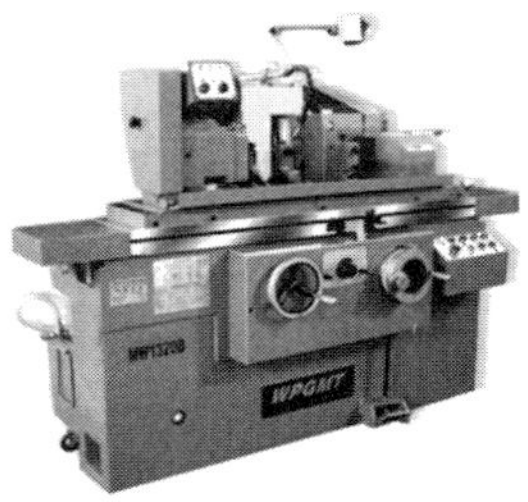

(b) 磨床

(c) 钻床

(d) 刨床

(e) 镗床

(f) 锯床

图 2-2　常见的金属切削机床

2.1.2　金属切削机床的危险因素

机床上的危险部位主要是高速运动的执行部件（工件和刀具）以及传动部件，如车床主轴上的卡盘和工件，钻床和铣床上的刀具，磨床主轴上的砂轮等。

1. 机床的危险因素

机床上常见的危险因素包括以下几项。

（1）静止部件的危险。切削刀具与刀刃，突出较长的机械部分（如卧式铣床立柱后方突出来的悬梁），毛坯、工具和设备边缘锋利飞边及表面粗糙部分，引起滑跌、坠落的工作台等。

（2）单纯旋转部件的危险。单纯旋转运动部分，如轴、齿轮、车床的光杆，车削的工件；旋转运动凸块，如凸出在卡盘外圆周上的卡爪、露在轴外圆上的键或定位螺钉的头部；旋转运动的孔，如带辐条的齿轮；切削刀具和研磨工具，如各种铣刀、镗刀、砂轮、圆锯片等。

（3）内旋转咬合的危险。对向旋转部件的咬合，如相互啮合的齿轮；旋转部件和成切线运动（直线运动）部件面的咬合，如链轮与链条、齿轮与齿条、皮带轮与皮带；旋转部件和固定部件的咬合，如手轮的轮辐与机床床身。

（4）直线运动的危险。单向直线运动，如运动中的皮带、链条；往复直线运动或线性滑动，如牛头刨床的滑枕、龙门刨床和外圆磨床的工作台、冲床的滑块等；旋转与滑动组合，振动（机构部件的一些结构可以呈现出如振动体一样的振动，有引起被动体部件夹住的危险）。

（5）飞出物的危险。飞出的装夹具或机械部件，飞出的切屑或工件、飞出的刀具。

2. 不安全行为引起的危险

由于操作人员违反安全规程而发生的机械事故很多。例如，未戴防护帽而使长发卷入丝杠，未穿工作服使领带或过宽松的衣袖被卷入机械转动部分，戴手套作业被旋转钻头或切屑与手一起卷入危险部位。

3. 金属切削机床的常见事故及其控制措施

在操作机床过程中，操作者与机床形成了一个运动体系。如果机床存在设计、制造上的缺陷或使用不当，就会使这一体系的某一方面超出正常范围，发生意想不到的人机冲突，造成事故。常见的机床伤害事故有触电、绞缠、挤压、碾压和飞出伤人等。

金属切削机床的常见事故及控制措施见表 2-1。

表 2-1　金属切削机床的常见事故及其控制措施

常见事故	控制措施
设备接地不良、漏电，照明未采用安全电压，发生触电事故	设备可靠接地，照明采用安全电压
旋转部位楔子、销子突出，未加防护罩，易绞缠人体	楔子、销子不能突出表面
清除铁屑无专用工具，操作者未戴护目镜，发生刺割事故及崩伤眼球	用专用工具，戴护目镜
加工细长杆轴料时，尾部无防弯装置或托架，导致长料甩击伤人	尾部安防弯装置及设料架
零部件装卡不牢，可飞出击伤人体	零部件装卡牢固
防护保险装置、防护栏、保护盖不全或维修不及时，造成绞伤、碾伤	及时维修安全防护、保护装置
砂轮有裂纹或装卡不合规定，发生砂轮碎片伤人事故	选用合格砂轮，装卡合理
操作旋转机床时戴手套，易发生绞手事故	加强检查，杜绝违章现象，穿戴好劳动防护用品

2.1.3　金属切削机床的故障及其检测

机床正常运转时，各项参数均稳定在允许范围内；当各项参数偏离了正常范围，就预示系统或机床本身或设备某一零件、部位出现故障，必须立即查明变化原因，防止事态发展引起事故。

1. 金属切削机床常见异常现象

金属切削机床的常见异常现象有以下几类。

（1）温升异常。常见于各种机床所使用的电动机及轴承齿轮箱。温升超过允许值时，说明机床超负荷或零件出现故障，严重时能闻到润滑油的恶臭和看到白烟。

（2）转速异常。机床运转速度突然超过或低于正常转速，可能是由于负荷突然变化或机床出现机械故障。

（3）振动和噪声过大。机床由于振动而产生的故障率占整个故障的 60%～70%。其原因是多方面的，如机床设计不良、机床制造缺陷、安装缺陷、零部件动作不平衡、零部件磨损、缺乏润滑、机床中进入异物等。

（4）出现撞击声。零部件松动脱落、进入异物、转子不平衡均可能产生撞击声。

（5）输入输出参数异常。表现为：加工精度变化；机床效率变化（如泵效率）；机床消耗的功率异常；加工产品的质量异常（如球磨机粉碎物的粒度变化）；加料量突然降低，说明生产系统有泄漏或堵塞；机床带病运转时输出改变等。

（6）机床内部缺陷。包括组成机床的零件出现裂纹、电气设备设施绝缘质量下降、由于腐蚀而引起的缺陷等。

对于事故前兆和隐患，除一些明显的现象（如冒烟、噪声、振动、温度变化等）可以利用人的听觉、视觉和感觉检测到外，主要应使用安装在生产线上的控制仪器、测量仪表或专用测量仪器进行监测。

2. 运动机械中易损件的故障检测

运动机械的故障往往都是指易损件的故障。提高易损件的质量和使用寿命，及时更换报废件，是预防机床事故的重要任务。

（1）零部件故障检测的重点。包括传动轴、轴承、齿轮、叶轮，最常见的是滚动轴承和齿轮的损坏。

（2）滚动轴承的损伤现象及故障。损伤现象有滚珠砸碎、断裂、压坏、磨损、化学腐蚀、电腐蚀、润滑油结污、烧结、生锈、保持架损坏、裂纹等；检测参数有振动、噪声、温度、磨损残余物分析和组成件的间隙。

（3）齿轮装置故障。主要有齿轮本体损伤（包括齿和齿面损伤），轴、键、接头、联轴器的损伤，轴承的损伤；检测参数有噪声、振动，齿轮箱漏油、发热。

2.1.4　金属切削机床的安全防护装置

装设安全防护装置的目的是为了防止操作者在与机床运动部件、切削刀具和被加工件接触时造成伤害以及防止操作者因误操作或设备超负荷运行而发生伤害事故。

1. 机床的防护装置

机床的防护装置是机床结构的组成部分，主要有以下 3 种。

（1）防护罩。主要用于隔离外露的旋转部件，如皮带轮、链轮、齿轮、链条、旋转轴、法兰盘和轴头等。

（2）防护挡板。用于隔离切屑、磨屑和润滑冷却液，避免其飞溅伤人。一般用钢板、铝板和塑料板作材料。为不妨碍操作人员的视线，挡板可用透明的材料制作。

（3）防护栏杆。不能在地面上操作的机床，操纵台周围应设高度不低于 0.8 m 的栏杆；容易伤人的大型机床运动部位，如龙门刨床床身两端，也应加设栏杆，以防工作台往复运动时撞人。

机床的防护装置可以是固定式的，如防护栏杆；或平日固定，仅在机修、加油润滑或调整时才取下，如防护罩；也可以是活动式的，如防护挡板。在需要时还可以用一些大尺寸的轻便挡板（如金属网）将不安全场地围起来。

2. 机床的安全保险装置

为确保设备和人身安全，必须从设备结构和控制上采取技术措施。常用的安全保险装置有以下几种。

（1）机床过载保险装置。此类装置种类很多，通常由感受元件、中间环节和执行机构 3 部分组成。感受元件记录所检参数的变化，并通过中间环节传令给执行机构以实现保险。所有这些部分可以组成一个部件，成为一个直接作用的保险装置，或位于保险对象的不同位置而成为间接作用的保险系统。

（2）机床限位保险装置。为使运动部件、刀具完成行程，到达预定位置后能自动停下，常采用行程限位保险装置。当工作台到达预定位置时，挡块压下行程开关，工作台就自动停止或返回。

（3）动作联锁装置。用于控制各运动按顺序进行，上一个动作未完成前，下一个动作不能进行。还可用于控制机构互锁，如车床溜板箱内设置的互锁机构，能防止丝杆、光杆同时传动。

（4）意外事故联锁保险装置。当突然断电时，装置的补偿机构（如蓄电器、止回阀等）立即起作用，使机床停车。

（5）制动装置。为迅速停机以装卸被加工工件以及在发生突然事故时及时停机，都需要使机床立即停止运转的制动装置。制动装置类型很多，按结构分有块状闸、具有活动套圈的圆筒闸或内块状闸、带闸、锥形闸及圆盘闸等；按制动力分有手动、液压、电气或气压等。可根据使用要求及其特点来选用。

此外，所有变速、换向机构应有明显的档位标志牌以及可靠的定位装置。

2.1.5 金属切削机床安全操作要点

金属切削机床安全操作要点包括工作前、工作中和工作后。

1. 开始工作前的要求

开始工作前应注意以下几点。

（1）穿工作服，扎紧袖口，配戴护目镜，头发压在工作帽内。

（2）检查工作场地，了解前班中机床运转情况。

（3）检查脚踏板和手工工具（如锉刀、扳手等）。

（4）布置工作场地，按左、右手习惯放置工具、刀具等，原材料、毛坯、零件等要堆放好。

（5）检查本机床专用起重设备状态。

（6）检查机床状况：固定式防护装置的牢固性，电机导线、操作手把、手轮、冷却润滑软管等是否和机床运动件及回转刀具相碰等。

（7）合闸，接上电源，打开照明灯。

（8）空车检查启动及停止按钮、手把、润滑冷却系统。进一步根据工艺条件调好机床。

2. 工作时的要求

工作时应注意以下几点。

（1）被加工件质量大于 20 kg 时，应使用起重设备。为了移动方便，可使用专用的吊装夹紧附件，并且只有在机床上装卡可靠后，才可松开吊装用的夹紧附件。

（2）在工件回转或刀具回转的情况下，严禁戴手套操作。

（3）紧固工件、刀具或机床附件时要站稳，勿用力过猛。

（4）每次开动机床前都要确认对任何人都无危险，机床附件、加工件以及刀具均已固定可靠。

（5）当机床已在运转时，不能变动手柄和进行测量、调整以及清理等工作。操作者应观察加工进程。

（6）如果加工过程中有飞起的切屑，应放置防护挡板。从工作地和机床上清除切屑和防止切屑缠绕在被加工件或刀具上，不能直接用手拿，也不能用压缩空气吹，而要用专门的工具。

（7）正确地安放被加工件，不要堵塞机床附近通道，要及时清除切屑。工作场地特别是脚踏板上，不能有冷却液和油。

（8）经常检查零件在工作地或库房内堆放的稳固性，将这些零件移到运箱中时，要确保其位置稳定以及运箱本身稳定。堆垛高度：小件不应超过 0.5 m，中件不超过 1.0 m，大件不超过 1.5 m。

（9）机床运转时，操作者不能离开操作岗位。离开机床，即使是短时间离开，也一定要关断电门停车。

（10）当出现电绝缘发热气味，发现运转声音不正常时，要迅速停车检查。

3. 工作结束时的要求

工作结束时应注意以下几点。

（1）关闭机床，整理工作场地，放置好刀具、附件、测量工具并擦净。

（2）将切屑扫集到盘中或簸箕中，禁止使用压缩空气来清理切屑。

（3）擦拭机床，在导轨面上涂防锈油。

（4）关闭机床上照明灯，并将机床从电网上拉闸切断。

2.1.6 砂轮机的安全技术

砂轮机是用来刃磨各种刀具和工具的机械设备，常见的外形结构如图 2-3 所示。砂轮质脆易碎，转速高，使用频繁，极易伤人，尤其是因各种原因造成砂轮破碎，使碎块崩出，造成严重的伤害事故。因此在实际使用中必须引起足够的重视。

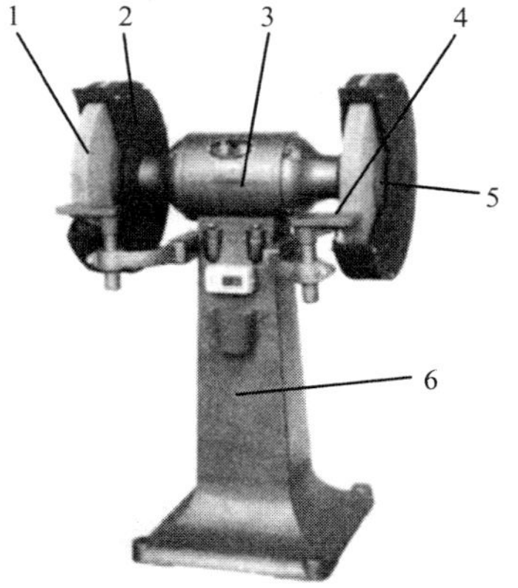

图 2-3　砂轮机

1—砂轮；2—防护罩；3—电动机；4—托架；5—法兰盘；6—砂轮基座

1. 砂轮机安装过程中的注意事项

1）安装位置

砂轮机禁止安装在正对着附近设备及操作人员或经常有人过往的地方。一般较大的车间应设置专用的砂轮机房。如果因厂房地形的限制不能设置专用的砂轮机房，则应在砂轮机正面装设不低于 1.8 m 高度的防护挡板，并且挡板要求牢固有效。

2）砂轮的平衡

砂轮不平衡主要是由砂轮的制造和安装不准确，使砂轮重心与回转轴不重合而引起的。造成的危害主要表现在两个方面：一是在砂轮高速旋转时，引起振动；二是加速了主轴和轴承的磨损，严重时会造成砂轮的破裂。砂轮越大，因不平衡带来的后果越严重。因此，直径≥200 mm 的砂轮装上法兰盘后，应先进行静平衡调试。砂轮在经过整形修整后或在工作中发现不平衡时，应重复进行调试直到平衡。

3）砂轮与法兰盘的匹配

一般砂轮的电动机两端轴上各有一对法兰盘，砂轮片夹装在法兰盘中间的电动机轴上，并用螺母压紧。按标准要求，法兰盘直径不得小于被安装砂轮直径的 1/3，且规定砂轮磨损到直径比法兰盘直径大 10 mm 时应更换新砂轮。此外，在砂轮与法兰盘之间还应加装直径大于法兰盘直径 2 mm、厚度为 1~2 mm 的软垫。

4）砂轮机的防护罩

防护罩是砂轮机最主要的防护装置，其形状有圆形和方形两种。其作用是当砂轮在工作中因故破坏时，能有效地罩住砂轮碎片，保证人员的安全。防护罩开口角度在砂轮主轴水平面以上部分不准超过 65°；防护罩的安装应牢固可靠，不得随意拆卸或丢弃不用。防护罩在主轴水平面以上开口不小于 30°时必须设挡屑屏板，以遮挡磨削飞屑，避免伤及操作人员。挡屑屏板安装于防护罩开口正端，宽度应大于砂轮防护罩宽度，并且应牢固地固定在防护罩上。此外，砂轮圆周表面与挡板的间隙应小于 6 mm。

5）砂轮机的工件托架

托架是砂轮机常用的附件之一。砂轮直径在 150 mm 以上的砂轮机必须设置可调托架。砂轮与托架之间的距离应小于被磨工件最小外形尺寸的 1/2，但最大不应超过 3 mm。

6）砂轮机的接地保护

砂轮机使用动力线，因此砂轮机的外壳必须有良好的接地保护装置。

2. 砂轮机安全操作要点

砂轮机操作应注意以下几点。

（1）禁止侧面磨削。用圆周表面做工作面的砂轮不能使用侧面进行磨削，因为这种砂轮径向强度较大，轴向强度很小，当受到不平衡的侧向力作用时，如果操作者用力过大就会造成砂轮破碎。

（2）不准正面操作。使用砂轮机磨削工件时，操作者应站在砂轮的侧面，不得在砂轮的正面进行操作，以免砂轮破碎时飞出伤人。同时应注意磨削时用力不可过大、过猛。

（3）不准共同操作。两人或多人共用一台砂轮机同时操作，是一种严重的违章操作，应严格禁止。

2.2　压力加工机械的安全技术

压力加工是指利用金属在外力作用下所产生的塑性变形，来获得具有一定形状、尺寸和力学性能的原材料、毛坯或零件的加工方法。金属压力加工的基本方法有锻造、冲压（剪）、轧制、挤压和拉拔等。压力加工是危险性较大的加工方法。本节主要介绍冲压（剪）机械和锻压机械的安全技术。

2.2.1　冲压机械的结构和加工特点

冲压是指靠压力机和模具对毛坯材料（如板材、带材、管材和型材等）施加外力，使之产生塑性变形或分离，从而获得所需形状和尺寸的工件（冲压件）的成形加工方法。冲压是一种无切削的压力加工方法，板料、模具和设备是冲压加工的三要素。其使用的设备种类很多，主要有机械压力机、液压机、弯板机和剪板机等。图 2-4 为开式压力机（俗称冲床）的外形结构图。

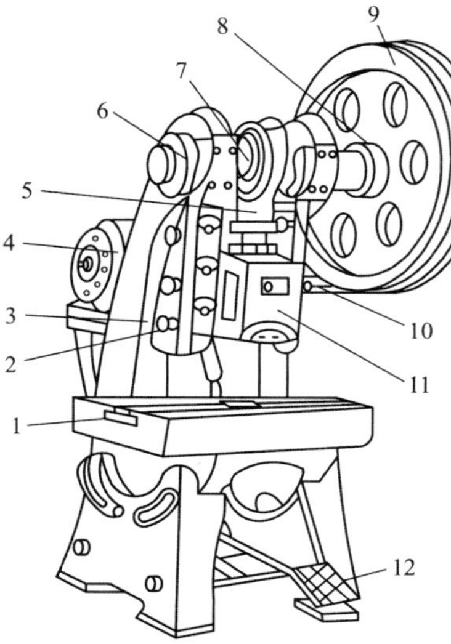

图 2-4　开式压力机

1—工作台；2—导轨；3—床身；4—电动机；5—连杆；6—制动器；
7—曲轴；8—离合器；9—带轮；10—三角胶带；11—滑块；12—踏板

该设备的加工过程是这样的：电动机通过减速系统带动大带轮转动。当踩下踏板后，离合器闭合并带动曲轴旋转，再经连杆带动滑块沿导轨做上下往复运动，完成冲压动作。冲模的上模装在滑块的下端，随滑块上下运动，下模固定在工作台上，被加工材料则放于下模上。当冲模上下闭合一次即完成一次冲压过程。踏板踩下后立即抬起，滑块冲压一次后便在制动器作用下，停止在最高位置，以便进行下一次冲压。如果踏板不抬起，则滑块进行连续冲压。

冲压加工的特点是速度快、生产效率高、工序简单，易使操作者疲劳而发生失误动作，造成人身与设备事故。据有关资料介绍，在冲压机械上出现的人身事故比一般机械高 3 倍。为此，对于冲压机械的安全防护必须给予充分重视。

2.2.2　冲压作业的危险因素

冲压机械与一般机械设备相比，危险性较大，事故也较多。冲压作业中的危险主要来自冲压机械设备、模具和作业方式。

1. 设备的危险

设备的危险包括以下几个方面。

（1）设备结构具有的危险。如前所述，开式压力机等冲压设备是通过上模具相对于下模具做垂直往复直线运动，来完成对加工材料的冲压；滑块每上下往复运动一次，实现一个行程。当上行程时，滑块向上移动离开下模，操作者可以伸手进入模口区（上、下模具之间形成的空间），进行出料、清理废料、送料、定料等作业；当下行程时，滑块向下运动进行冲压。目前有相当一部分冲压设备采用的是转键式刚性离合器，它只能使滑块停止在上死点，不能在行程的任意位置停止。也就是说，离合器一旦接合运行，滑块就一定要完成一个循环后才会停止。在这种情况下，操作人员必须适应于滑块速度，要在滑块上升的短时间内完成工件的装卸工作，如果滑块已开始下降而人手尚未离开模口区，或是在即将冲压瞬间手伸入模口区，就必然会发生伤手事故。对于小型冲床来说，其运动速度远远大于人的反应速度，这是造成冲压事故多发的重要原因。

（2）动作失控。目前冲压所用的设备多为曲柄压力机和剪切机，其离合器、制动器及安全装置等部件在运行中容易发生故障。如刚性离合器的转键、键柄和直键断裂，操纵器的杆件、销钉和弹簧折断，牵引电磁铁的触点粘连不能释放，中间继电器的触点粘连不动作，制动钢带断裂等，这些故障都会引起滑块运动失控而发生危险的连冲事故。所谓连冲，是指单行程压力机中滑块到达上死点后不停车，连续开始下行程的故障现象，它是引起冲压事故的重要原因。

（3）开关失灵。设备的开关控制系统由于人为或外界因素引起的误动作。如敞开式脚踏开关误踏，停车开关发生故障，也会引发意外事故。

2. 模具的危险

模具担负着使工件加工成型的主要功能，是整个系统能量的集中释放部位。由于模具设计不合理或有缺陷，在操作时需要手直接或经常性地伸进模具才能完成作业，增加了受伤的可能性。有缺陷的模具则可能因磨损、变形或损坏等原因，在正常运行条件下发生意外而导致事故。

3. 作业方式的危险

作业方式的危险包括以下几个方面。

（1）手工送取料、脚踏开关操纵设备。由于操作简单和频繁，容易引起精神疲劳。特别是采用脚踏开关的情况下，容易发生误动作，造成人身设备事故。

（2）作业频率高。每班操作次数常可达成百上千次，用手工上下料精力和体力消耗大，极易造成身体疲劳，导致动作失调而发生事故。

（3）多人操作。大型冲压机械一般为多人共同操作，如果配合不好，也容易发生事故。

虽然在冲压设备的各个危险部位都有可能发生冲压事故，但实践表明，绝大多数冲压事故是在模具的下行程，操作人员在冲头下送料和从模具中用手将冲件取出来的时候，手伸进冲头和模具之间的危险区域而发生的，且伤害部位主要是作业者的手部。这是设备缺陷和人的行为错误所造成的事故，相关人员必须识别冲压作业的危险性。

2.2.3　冲压作业安全技术措施

冲压作业的安全技术措施范围很广，包括使用手用安全工具，改革冲模结构，在模具和设备上采用安全防护装置和实现送取料的机械化、自动化等。

1. 使用手用安全工具

冲压事故率最高的是发生在送取料阶段，而我国目前大多数冲压机械还仍然靠手工送取料。解决这个问题的一个廉价简便方法，就是使用手用安全工具送取料。使用安全工具操作时，用专用工具将单件毛坯放入模内并将冲制后的零件、废料取出，实现模外作业，避免用手直接伸入模口区，保证人体安全。

目前各企业使用的手用安全工具一般根据本企业的作业特点自行设计制造，因此种类很多。按其不同特点，大致可归纳为弹性夹钳、专用夹钳（卡钳）、磁性吸盘、真空吸盘和气动夹盘5大类。

2. 模具作业区防护措施

模具防护的内容包括设置防护板（罩）、扩大模具安全操作空间、设置机械进出料装置等。

1）设置防护板（罩）

在模具周围设置防护板（罩）是一项简单而可靠的安全措施。防护板（罩）的形式很多，有固定式、折叠式、弹簧式等。

（1）固定式防护板。如图2-5所示，防护挡板固定在下模上，坯料从侧面防护板下方的条缝中送入，防止操作者将手伸入模内。

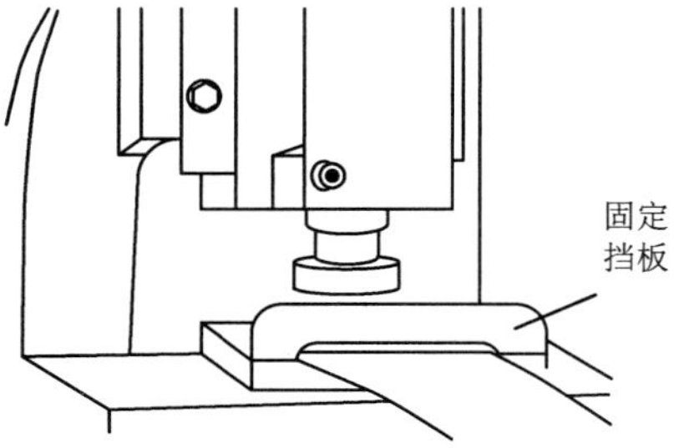

图2-5 开有送料槽孔的防护板

（2）折叠式防护罩。如图2-6（a）所示，折叠式防护罩安装在凸模上。在滑块处于上死点时，环形叠片与下模之间仅留出可供坯料进出的间隙，手指不能进入罩内；滑块下行时，防护罩轻压在坯料上面，并使环形叠片依次折叠起来。

（3）弹簧式防护罩。如图2-6（b）所示，锥形弹簧固定在下模上，滑块下行时，弹簧被压缩。在自由状态下，弹簧相邻两圈的间隙不大于8 mm，这样既封闭了危险区，又避免了弹簧压伤手指的危险。

（4）固定式防护栅栏。如图2-6（c）所示，防护栅栏固定在凹模上，由开缝的金属板或整块的透明材料等制成，可从正面和侧面将模具的危险区封闭起来。在两侧或前侧开有供进出料用的间隙。使用金属板制作栅栏时，其槽口必须竖直开设，以增加操作者的可见度。

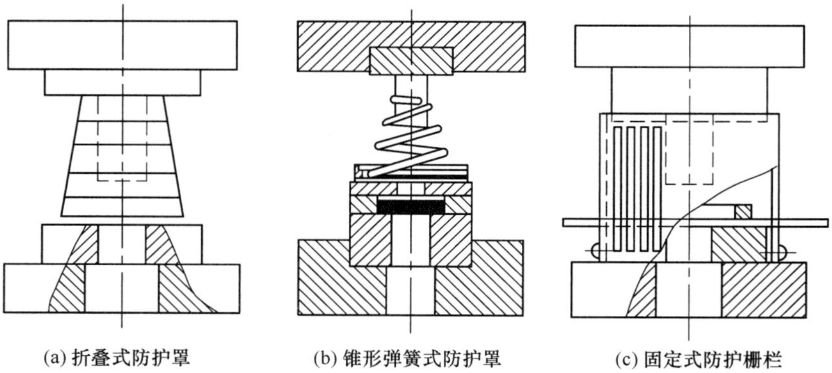
(a) 折叠式防护罩　(b) 锥形弹簧式防护罩　(c) 固定式防护栅栏

图2-6 模具防护罩

2）扩大模具安全操作空间

通过改进模具减少危险面积，扩大安全操作空间是避免压手事故的措施之一。在不影响模具强度和制件质量的情况下，可将原有的各种手工送料的单工序模具加以改进。例如，将上下模之间的合口部分改成斜面，在卸料板与凸模之间做成凹槽或斜面，以此减小危险区面积。刚性卸料板与凸模固定板之间保持不小于 30 mm 的间距（正常人手掌厚度的 1.2 倍）；在不影响定位要求时，将挡料销布置在模具的一侧；单面冲裁时，尽量将凸模的凸起部分和平衡挡块安排在模具的后面或侧面；在模具卸料板上开设宽度大于手掌宽度的空手槽。这些措施都可以扩大模具安全操作空间，避免压手事故的发生。

3）设置机械进出料装置

通常在一些中小型且外形简单的模具上增设简单的机械进出料装置，以代替手工进出料方式，将操作者的双手隔离在冲模危险区之外，实行作业保护。

常见的机械送出料装置有活动式凹模送料装置、杠杆式送料装置、滑板式出料装置、气动推杆式出件装置和弹击式出件装置等。

实践证明，采用复合模、多工位连续模代替单工序的模具，或者在模具上设置机械进出料机构，实现机械化、自动化等，都能达到提高产品质量和生产效率、减轻劳动强度、方便操作、保证安全的目的，这是冲压技术的发展方向，也是实现冲压安全保护的根本途径。

3. 冲压设备的安全装置

冲压设备的安全装置形式较多，按结构分为机械式、按钮式、光电式、感应式等。

1）机械式防护装置

机械式防护装置主要有推（拨）手式、拉手式、摆杆式、翻板式等。一般来说，机械式防护装置结构简单，制造方便，价格低廉，但对操作人员的操作有不同程度的影响（如有障碍感，增加疲劳，影响操作习惯等）。主要适用于单人操作的速度较慢的中小型冲床上。

（1）推（拨）手式保护装置。这是一种与滑块联动的机械式保护装置，如图 2-7 所示。当滑块下行时，滚动套压下摆动杆，使挡板在危险区前向另一侧摆动，将仍在危险区的手推开，同时挡住危险区，防止手再次入模。当滑块回程时，挡板恢复到原始位置，在此期间操作者可以伸手进入模口区操作。这样，当滑块上下往复运动时，挡板在危险区域边缘也相应地往复摆动，推开操作者忘记缩回的手臂。

这种装置结构简单，制造安装方便，安全可靠，不影响生产率，适用于 630 kN 以下的各种小型开式压力机。其缺点是挡板摆动对操作者视线造成干扰，挡板与手接触还可能会给操作者带来不适。

（2）拉手式安全装置。这是一种用滑轮、杠杆、绳索将操作者的手动作与滑块运动联动的装置。按绳索拉出方向分为侧拉式和背拉式两种，两者的工作原理相同。图 2-8 为侧拉式装置。压力机工作时，滑块下行，固定在滑块上的拉杆将杠杆拉下，杠杆的另一端同时将绳索往上拉动。绳索的另一端套在操作者的手臂上，因此，绳索能自动将手拉出模口危险区。滑块上行，绳索松弛，手又可以进出模口区自由操作。背拉式适用于大范围操作的情况，由于绳索的拉伸量大，增加了手的自由度。

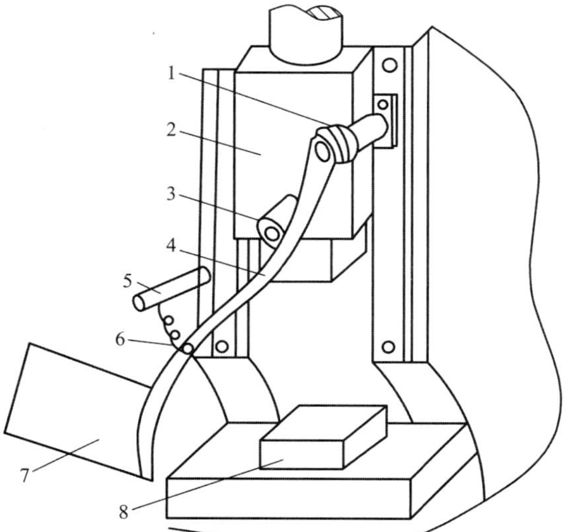

图 2-7　推（拨）手式保护装置

1—固定轴架；2—滑块；3—滚动套；4—摆动杆；5—拉簧固定柱；6—拉簧；7—挡板；8—下模

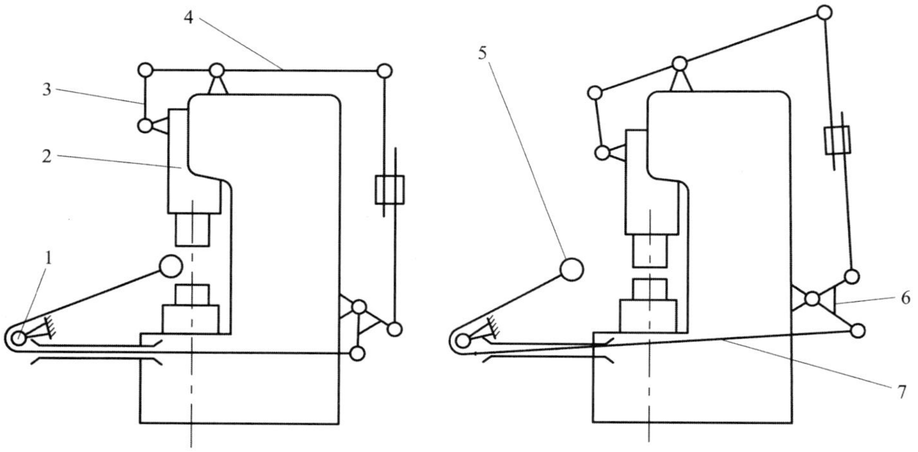

图 2-8　拉手式安全装置

1—滑轮；2—滑块；3—拉杆；4—杠杆；5—手腕套；6—摇杆；7—绳索

该装置的优点是通用性强，结构简单，动作可靠，调整方便（可根据操作者手臂长短调整），不影响生产效率，可用于行程次数不太高的各种压力机。其主要缺点是使用不方便，操作者需要离开工作区时，必须先解开拉手绳。

2）双手按钮式保护装置

双手按钮式保护装置是一种用电气开关控制的保护装置。只有操作者的双手同时按下两个启动按钮，滑块才运动；若在滑块到达下死点前，放开任意一个开关，滑块就会停止运动。其原理如图 2-9 所示，1A 为停止按钮，2A、3A 为启动按钮，J 为控制启动装置的中间继电器线圈，S 为凸轮开关（它在滑块到达下死点时闭合，在滑块到达上死点时开路）。当需要启动时，只有操作者的双手同时按下启动按钮 2A 和 3A，电流经过 1A—2A—3A—J 形成回路，中间继电器线圈 J 才有电，电磁铁动作，滑块启动并下行。在此期间，凸轮开关 S 一直处于开路状态（凸轮开关只有在滑块到达下死点后才会接通），若此时放开 2A、3A 中任何一个开关，则回路切断，电磁铁失电，滑块停止运动。因此，要想保证作业的正常进行，必须强迫双手同时按压 2A 和 3A，从而强制双手始终离开冲模危险区，起到了安全保护作用。当滑块下行到下死点位置后，凸轮开关 S 闭合，电流经过 1A—S—J 形成回路，此时即使双手都离开 2A 和 3A，也不影响滑块的运动，滑块仍能自动回程。当滑块回到上死点时，S 开路，必须双手同时按下启动按钮，开始下一次冲程。

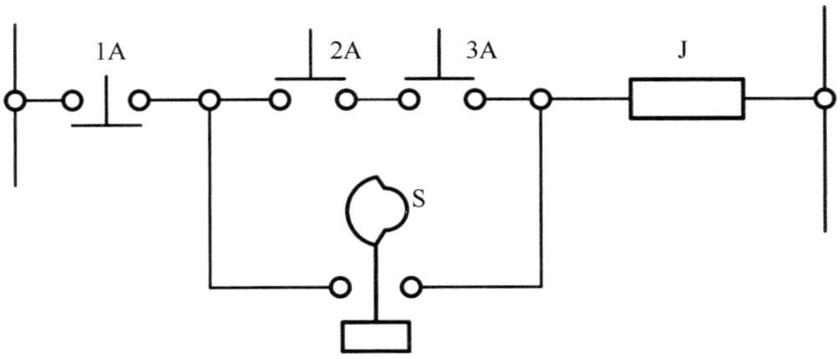

图 2-9　双手按钮式保护装置

3）光电式保护装置

这是由一套光电开关与机械装置组合而成的保护装置。它是在冲模前设置各种发光源，形成光束，将操作者前侧、上下模具处的危险区封闭。当操作者手停留或误入该区域时，使光束受阻，装置就会发出电信号，经放大器放大后，通过控制线路作用使继电器动作，最后使滑块自动停止或不能启动下行，从而保证操作者人体安全。

光电式保护装置按光源不同，可分为红外光电保护装置和白炽光电保护装置。光电式保护装置由于动作灵敏，结构简单，容易调整维修，特别是对操作者无视觉干扰，不影响生产率，因而得到广泛应用。

4. 冲压作业的机械化和自动化

冲压作业机械化是指用各种机械装置的动作来代替人工操作的动作；自动化是指冲压的操作过程全部自动进行，并且能自动调节和保护，发生故障时能自动停机。冲压作业的机械化和自动化对保证操作人员人身安全具有非常重要的意义。

1）机械化和自动化在冲压作业中的重要性

由于冲压作业程序多，有送料、定料、出料、清理废料、润滑、调整模具等操作，冲压作业的防护范围也很广，要实现不同程序上的防护是比较困难的。因此，冲压作业的机械化和自动化非常必要。

冲压生产的产品批量一般都较大，操作动作比较单调，操作者容易疲劳，特别是容易发生人身伤害事故。因此，冲压作业机械化和自动化是减轻工人劳动强度、保证人身安全的根本措施。

2）条（卷）料自动送进装置

常见的冲压机自动或半自动送（给）料与出件装置种类很多，这里仅对条（卷）料自动送进装置做简单介绍。

条（卷）料自动送进装置与其配套的供料装置以及废料处理装置的结构都已基本定型，形式比较单一，但结构和动作都比较复杂，其主要结构有拉钩式和推钩式两种。

拉钩式自动送进装置，料钩做往复直线摆动。当滑块上行时，料钩做与送进方向相反的运动，自动越过搭边进入下一个废料孔将料拉入加工位置。使用这种装置时，开始冲压要先用手送进；当条料冲出首件或头几件时，料钩进入废料孔后便可开始自动送进。

推钩式结构是在条料的一端利用推钩推动条料。推钩通常装在梭架上，将在梭架上的条料推到加工位。梭架在滑道上与冲压设备做同步往复直线运动。推钩式结构的送进步距较大，并且不需要像拉钩那样钩住条料上的废料孔，所以冲制初始时也不必用人工送进。

5. 冲压机安全操作要点

为防止各种冲压机械伤害的发生，在操作冲压机时应注意以下几点。

（1）开始操作前，必须认真检查设备防护装置是否完好，离合器、制动器按钮、脚踏板、拉杆是否灵活和安全可靠；特别是刹车系统是否可靠。确认正确后方可生产。

（2）应把工作台上的一切不必要的物件清理干净，以防工作时震落到脚踏开关上，造成设备突然启动而发生事故。

（3）操作必须使用工具，严禁用手直接伸入模口取物，手用工具不得放在模具上。

（4）工作时精神集中，注意滑块运行方向，做到“手不入模”。

（5）在模口区调整工件位置或揭取卡在模内的工件时，脚必须离开脚踏板。

（6）每次更换工件时，要把脚从踏板上移开，或把手移开杠杆。严禁其他人员在脚踏开关的周围停留。

（7）严禁拆除和损坏任何的安全装置和防护罩。

（8）两人以上操作时，做到统一指挥；一人开车时，必须通知另外的人。

（9）突然停电或操作完毕应关闭电源，并将操纵器恢复到离合器空档，制动器处在制动状态。

（10）在生产运行中发生以下异常情况时，应停止工作并报告车间：听到压力机有不正常的敲击声、压力机开始反复冲落、坯料开始咬在冲模上、发现废品、灯光熄灭等。

（11）加强设备的定期检修。发现异常应立即采取必要措施，严禁带病运转。

2.2.4 剪板机的安全技术

剪板机是机加工生产中应用比较广泛的一种剪切设备，主要用于剪切各种厚度的钢板材料。常用的剪板机分为平剪、滚剪及震动剪 3 种类型，其中以平剪床使用最多。剪切厚度小于 10 mm 的剪板机多为机械传动，大于 10 mm 的为液压传动。一般用脚踏或按钮操纵进行单次或连续剪切金属。操作剪板机时应注意以下几点。

（1）工作前应认真检查剪板机各部位是否正常，电气设备是否完好，润滑系统是否畅通，清除台面及周围放置的工具、量具等杂物以及边角废料。

（2）不应独自 1 人操作剪板机，应由 2~3 人协调进行送料、控制尺寸精度及取料等，并确定 1 个人统一指挥。

（3）应根据规定的剪板厚度，调整剪刀间隙。不准同时剪切两种不同规格、不同材质的板料，不得叠料剪切。剪切的板料要求表面平整，不准剪切无法压紧的较窄板料。

（4）剪板机的皮带、飞轮、齿轮以及轴等运动部位必须安装防护罩。

（5）剪板机操作者送料的手指离剪刀口的距离应最少保持 200 mm，并且离开压紧装置。在剪板机上安置的防护栅栏不能让操作者看不到裁切的部位。作业后产生的废料有棱角，操作者应及时清除，防止被刺伤、割伤。

2.2.5　锻压机械的安全技术

锻造是金属压力加工的方法之一，它是机械制造生产中的一个重要环节。根据锻造加工时金属材料所处温度状态的不同，锻造又可分为热锻、温锻和冷锻。热锻指被加工的金属材料处在红热状态（锻造温度范围内），通过锻造设备对金属施加的冲击力或静压力，使金属产生塑性变形而获得预想的外形尺寸和组织结构。

1. 锻造作业的危险有害因素

锻造车间里的主要设备有锻锤、压力机（水压机或曲柄压力机）、加热炉等。操作人员经常处在振动、噪声、高温灼热、烟尘以及料头、毛坯堆放等不利的工作环境中，在锻造作业中易发生伤害事故。锻造作业的危险有害因素包括机械伤害、火灾及爆炸、灼烫、噪声振动和高温热辐射等。

（1）机械伤害。锻造加工过程中，机械设备、工具或工件的非正常选择和使用，人的违章操作等，都可导致机械伤害。如锻锤锤头击伤；打飞锻件伤人；辅助工具打飞击伤；模具、冲头打崩、损坏伤人；原料、锻件等在运输过程中造成的砸伤；操作杆打伤、锻锤活塞杆断裂击伤等。

（2）火灾、爆炸。红热的坯料、锻件及飞溅氧化皮等一旦遇到易燃易爆物品，极易引发火灾和爆炸事故。

（3）灼烫。锻造加工坯料常加热至 800~1 200℃，由于有大量的手工作业，操作者一旦接触到红热的坯料、锻件及飞溅氧化皮等，必定会造成灼烫伤害。

（4）噪声、振动。锻锤以巨大的力量冲击坯料，产生强烈的低频率噪声和振动，可引起职工听力降低或患振动病。

（5）尘毒危害。火焰炉使用的各种燃料燃烧产生的炉渣、烟尘，空气中存在的有毒有害物质和粉尘微粒。

（6）热辐射。锻造作业的加热炉和灼热的钢锭、毛坯及锻件，不断地发散出大量的辐射热（锻件在锻压终了时，仍然具有相当高的温度），工人经常受到热辐射的侵害。

因此，应特别注意操作这些设备人员的安全卫生，避免在生产过程中发生各种事故，尤其是人身伤害事故。

2. 锻压机械的安全技术要求

锻压机械的结构不但应保证设备运行中的安全，而且应能保证安装、拆卸和检修等各项工作的安全；此外，还必须便于调整和更换易损件，便于对在运行中应取下检查的零件进行检查。

（1）锻压机械的机架和突出部分不得有棱角或毛刺。

（2）外露的传动装置（齿轮传动、摩擦传动、曲柄传动或皮带传动等）必须有防护罩。防护罩需用铰链安装在锻压设备的不动部件上。

（3）锻压机械的启动装置必须能保证对设备进行迅速开关，并保证设备运行和停车状态的连续可靠。

（4）启动装置的结构应能防止锻压机械意外地开动或自动开动。较大型的空气锤或蒸汽-空气自由锤一般是用手柄操纵的，应该设置简易的操作室或屏蔽装置。模锻锤的脚踏板也应置于某种挡板之下，操作者需将脚伸入挡板内进行操纵。设备上使用的模具都必须严格按照图样上提出的材料和热处理要求进行制造，紧固模具的斜楔应经退火处理，锻锤端部只允许局部淬火，端部一旦卷曲，则应停止使用或经修复后再使用。

（5）电动启动装置的按钮盒，其按钮上需标有“启动”“停车”等字样。停车按钮为红色，其位置比启动按钮高 10~12 mm。

（6）高压蒸汽管道上必须装有安全阀和凝结罐，以消除水击现象，降低突然升高的压力。

（7）蓄力器通往水压机的主管上必须装有当水耗量突然增高时能自动关闭水管的装置。

（8）任何类型的蓄力器都应有安全阀。安全阀必须由技术检查员加铅封，并定期进行检查。

（9）安全阀的重锤必须封在带锁的锤盒内。

（10）安设在独立室内的重力式蓄力器必须装有荷重位置指示器，使操作人员能在水压机的工作地点上观察到荷重的位置。

（11）新安装和经过大修理的锻压设备应该根据设备图样和技术说明书进行验收和试验。

（12）操作人员应认真学习锻压设备安全技术操作规程，加强设备的维护、保养，保证设备的正常运行。

2.3 木工机械的安全技术

进行木材加工的机械统称为木工机械。从原木到成品的生产过程中，要使用各种木工机械。木工机械加工原理与金属切削加工基本类似，但由于木工机械具有刀具切削速度快、敞开式作业和手工进料操作等特点，使得在木工机械上发生的工伤事故远远高于金属切削机床。因此，对木工机械的加工安全必须予以高度重视。

2.3.1 木工机械的种类和加工特点

木工机械按机械的加工性质和使用的刀具种类，大致可分为制材机械、细木工机械和附属机具 3 类。制材机械包括圆锯机、带锯机、框锯机等；细木工机械包括刨床、铣床、开榫机、钻孔机、榫槽机、车床、磨光机等；附属机具包括锯条开齿机、锯条焊接机、锯条辊压机、压料机、锉锯机、刃磨机等。其中，圆锯机、带锯机和平刨床（平刨机）是事故发生率较高的 3 种木工机械，它们的外形见图 2-10。

(a) 圆锯机　(b) 带锯机　(c) 平刨床

图 2-10　木工机械

木工机械的加工对象木材为天然生长物，许多特性与金属不同，这使得木材加工有别于金属加工的特殊性。

（1）刀轴转速高。由于木材天然纤维分布和导热性差的特点，必须通过刀具的高速切削来获得较好的加工表面质量。因此，木工机械的工作刀轴转速很高，一般都要达到 2 500 r/min 以上，圆锯片可达 4 000 r/min。

（2）多刀多刃。由于对木材加工所需的切削力比金属加工小得多，因此木工机械一般都采用多刀多刃进行切削。

（3）手工进料。木材是易切削材料，刀轴转速又高，切削起来省力，因此在加工木材时都是手工直接推送木料进行切削。

（4）自动化水平低。木材的天然特性和不规则形状，给封闭式作业造成困难，因此，木工机械作业大多是暴露敞开式的，木材加工的机械化、自动化水平普遍不高。

（5）切削过程中噪声大，振动大，粉尘大，作业环境差。

（6）工人的劳动强度大，易疲劳。

2.3.2　木工机械的危险因素

由于木工机械具有上述特点，加之操作人员不熟悉木工机械性能和安全操作技术，或不按安全操作规程操作机械，没有安全防护装置或安全防护装置失灵等种种原因，导致木工机械伤害事故多发。

1. 机械伤害

木材加工中常见的机械伤害类型有：刀具的切割伤害、木料的冲击伤害、飞出物的打击伤害等。造成这些事故的原因有：木工机械多采用手工送料，当用手推压木料送进时，往往遇到疖疤、弯曲或其他缺陷，而使手与刀刃接触，造成割伤甚至断指事故。锯切木料时，剖锯后木料向重心稳定的方向运动；木料含水率高、木纹、疖疤等缺陷而引起夹锯；

在刀具水平分力作用下，木料向侧面弹开；经加压处理变直的弯木料在加工中发生弹性复原等，这些原因都可能导致木料反弹冲击伤人。刀具自身有缺陷（如裂纹、强度不够等）；刀具安装不正确，如锯条过紧或刨刀刀刃过高；废旧木料重新加工时上面的钉子等杂物未清理干净等，也会导致刀具损坏崩飞伤人。

2. 火灾和爆炸

木材是易燃物，木屑、刨花更易着火。火灾危险存在于木材加工全过程的各个环节，木工作业场所是防火的重点。悬浮在空间的木粉尘在一定情况下还会发生爆炸。

3. 木粉尘危害

木料加工过程中会产生大量木粉尘，小颗粒木粉尘悬浮在空气中，极易被人吸入，沉积在鼻腔或肺部，可导致鼻黏膜功能下降，甚至导致木肺尘埃沉着病（俗称尘肺）。

4. 木材的生物、化学危害

木材中的真菌和有些树种（如雪松、桑科等）含有的刺激作用物等，使木材与人接触会导致有毒性、过敏性、生物活性等生物效应，可引起人体许多不同发病症状和过程，例如皮肤症状、视力失调、对呼吸道黏膜的刺激和病变、过敏症状以及各种混合症状。化学危害是因为木材防腐和粘接时采用了多种化学物质，其中很多会引起中毒、皮炎或损害呼吸道黏膜，甚至诱发癌症。

5. 噪声和振动危害

木工机械操作时，噪声大，振动大，如截锯机和圆锯机运行时的噪声分别达到 104~111 dB（A）和 93~115 dB（A）。噪声和振动使作业环境恶化，影响健康且使操作者产生失误发生工伤事故。这是木工机械较为突出而且较难治理的问题。

在木材加工的诸多危险因素中，机械伤害的危险性大，发生概率高，其中尤以刀具的切割伤害后果最为严重。其他危险因素对人体健康的损害作用是长期累积的效果，这些问题应在木材加工行业的综合治理中统筹考虑。

2.3.3 木工机械安全装置

大多数木工机械都有不同程度的危险或危害，因此在设计时就应使木工机械具有完善的安全装置，包括安全防护装置、安全控制装置和安全报警信号装置等。

1. 配置原则

木工机械安全装置的配置原则如下。

（1）按照“有轮必有罩、有轴必有套，锯片有罩、锯条有套、刨（剪）切有挡，安全器送料”的安全要求，对各种木工机械配置相应的安全防护装置，并制定与其配套的安全装置技术标准。尤其是对徒手操作者，必须要有相应的安全防护措施。国产定型的木工机械，供货时必须配有完备的安全装置，并供应维修时所需的安全配件，以便在安全防护装置失效后予以更新。

（2）对产生噪声、木粉尘或挥发性有害气体的机械设备，应配置与其机械运转相连接的消声、吸尘或通风装置，以消除或减轻职业危害。

（3）木工机械的刀轴与电器应有安全联控装置，在装卸或更换刀具及维修时，能切断电源并保持在断开位置，以防止误触电源开关或突然供电启动机械，造成人身伤害事故。

（4）针对木材加工作业中的木料反弹危险，应采用安全送料装置或设置分离刀、防反弹安全屏护装置，以保障人身安全。

（5）在装设正常启动和停机操纵装置的同时，还应专门设置遇事故紧急停机的安全控制装置。

（6）对早期进口或自制、非定型、缺少安全装置的木工机械，使用单位应组织力量研制和配置相应的安全装置，使所用的木工机械都有安全装置，特别是对操作者有伤害危险的木工机械。对缺少安全装置或安全装置失效的木工机械，应禁止使用。

2. 常见的安全装置

由于木工机械种类繁多，各具特点，结构上也有较大的差异，其加工过程中危险性也不尽相同，因此，木工机械上的安全装置多为专用设施，具有比较明显的针对性。

1）带锯机安全装置

带锯机是进行木料加工时最常用的设备之一，也是木工机床中较为危险的机器。其伤人事故通常有两种：一种是操作者接触到运行中的锯条而受到伤害；另一种是锯条断裂飞出伤人。为防止这类事故的发生，采取的安全措施主要如下。

（1）带锯机的各个部分（锯卡、导向辊的底面到工作台之间的工作部分除外），都应用防护罩封闭。锯轮应完全封闭，锯轮罩的外圆面应该是整体的。锯卡与上锯轮罩之间的防护装置应罩住锯条的正面和两侧面，并能自动调整，随锯卡升降。带锯机主要采用液压可调式封闭防护罩遮挡高速运转的锯条，使裸露部分与锯割木料的尺寸相适应，即在保证能有效锯割的前提下，使裸露的锯片越少越好，以防止在锯条“放炮”或断条、掉锯时，锯条崩溅、乱扎对操作者造成伤害，同时可以防止工人在操作过程中手指误触锯条造成伤害事故。

（2）对锯条裸露的切割加工部位，为便于操作者观察和控制，还应设置相应的网状防护罩，防止加工锯屑等崩弹，造成人身伤害事故。

（3）带锯机停机时，由于受惯性力的作用将继续转动，此时若手不小心触及锯条，就会造成误伤。为使其能迅速停机，应装设锯盘制动控制器。带锯机破损时，也可使用锯盘制动器使其停机。

2）圆锯机安全装置

圆锯机安全装置通常由分离刀（松口刀）、防护罩、导板和防木料反弹挡架等组成，其主要作用一是防止操作者的手或身体触及锯片，二是防止锯割中木料反弹。

分离刀的作用是扩张过锯木料的锯口，使木材不会紧贴转动的刀片，从而不会产生木料反弹，同时也有助于提高锯割效率。活动罩的作用是遮住圆锯片，防止手过度靠近圆锯片，同时也能有效防止木料反弹。弹性可调式安全防护罩可随锯割木料尺寸大小而升降，既便于推料进锯，又能控制锯屑飞溅和木料反弹。

圆锯机超限的噪声也是严重的职业危害，会直接损害操作者的健康，应安装相应的消声装置。

3）平刨床安全装置

平刨床也是一种较为危险的木工机械，操作者在徒手推木料时容易伤害手指，而且其噪声产生职业危害。平刨伤手为多发性事故，对此较为有效的保护方法是在刨切危险区域设置安全挡护装置，并限定与台面的间距，可阻挡手指进入危险区域。采用开有小孔的定位垫片可降低噪声 10~15 dB（A）。

手压平刨上发生的事故占木工机械事故中的多数，因此在手压平刨上必须有安全防护装置。同时，手压平刨刀轴的设计与安装必须符合下列要求。

（1）必须使用圆柱形刀轴，绝对禁止使用方刀轴。

（2）压力片的外缘应与刀轴外圆相合，当手触及刀轴时，只会碰伤手指皮，不会被切断。

（3）刨刀刃口伸出量不能超过刀轴外径 1.1 mm。

（4）刨口开口量应符合规定。

2.4 起重机械的安全技术

起重机械是指用于垂直升降或者垂直升降并水平移动物料、进行物料搬运作业的机电设备，其范围规定为额定起重量大于或者等于 0.5 t 的升降机，额定起重量大于或者等于 1 t，且提升高度大于或者等于 2 m 的起重机和承重形式固定的电动葫芦等。起重机械的搬运作业具有动作间歇性和作业循环性的特点，它用吊钩或其他取物装置吊挂物料，通过工作机构的组合运动，在一定空间范围内进行垂直、水平移动，循环地完成物料的搬运工作。起重机械广泛应用于输送、装卸和仓储等作业场所，是工业生产活动中不可缺少的重要工具和设备，在减轻劳动强度、节省人力和提高劳动生产率等方面起着十分重要的作用。

然而，起重机械是机械设备中蕴藏危险因素较多，易发事故概率较大的典型危险机械之一，国内外每年都因起重设备作业造成大量人身伤亡事故。我国将它与锅炉、压力容器、压力管道、电梯等列为涉及生命安全、危险性较大的特种设备。因此，掌握起重机械安全技术十分重要。

2.4.1 起重机械基本知识

1. 起重机械的分类

起重机械按其构造类型可分为轻小型起重设备、升降机和起重机。

1）轻小型起重设备

常见的有千斤顶、电动或手拉葫芦、滑车、绞车等，一般只有一个升降机构，有的电动葫芦配有可以沿单轨运动的运行机构。

2）升降机

常见的升降机有垂直升降机、电梯等，它虽然只有一个升降机构，但安全装置与其他附属装置较为完善，可靠性好，其复杂程度非轻小起重设备所能比拟，故将其单独列为一类。

3）起重机

起重机是指除了起升机构以外还有其他运动机构的起重设备。根据水平运动形式的不同，分为桥架类型起重机和臂架类型起重机两大类。

（1）桥架类型起重机。这类起重机以桥形结构作为主要承载构件，取物装置悬挂在可以沿主梁运行的起重小车上。一般有起升、小车、大车 3 个运行机构。根据结构型式不同，桥架类型起重机可分为桥式起重机、门式起重机和缆索起重机等。这类起重机广泛应用于车间、仓库、露天堆场等处。图 2-11 为部分桥架类型起重机示意图。

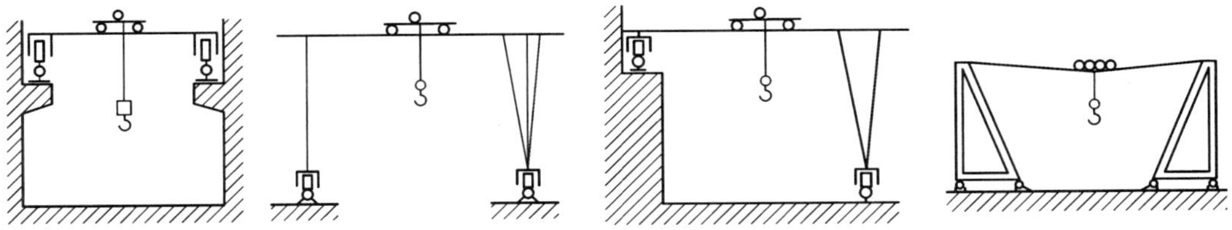

(a) 桥式起重机　(b) 门式起重机　(c) 半门式起重机　(d) 缆索式起重机

图 2-11　桥架类型起重机

（2）臂架类型起重机。其结构都有一个悬伸、可旋转的臂架作为主要受力构件，取物装置悬挂在臂架上或沿臂架运行的小车上。除起升机构和运行机构外，通常还有变幅机构、旋转机构。臂架式起重机可装设在车辆或其他运输工具上。这类起重机广泛应用于港口、船舶、铁道线路、工地、室外露天堆场等处。常见的有塔式起重机、门座式起重机、流动式起重机（包括汽车起重机、轮胎起重机、履带起重机）和铁路起重机。图 2-12 为部分臂架类型起重机示意图。

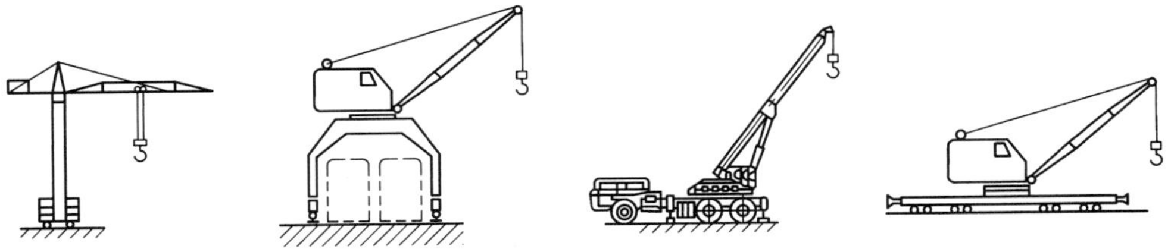

(a) 塔式起重机　(b) 门座式起重机　(c) 汽车起重机　(d) 铁路起重机

图 2-12　臂架类型起重机

2. 起重机械的作业特点和危险因素

从安全技术角度分析，起重机械具有以下一些特点和危险因素。

（1）起重机械通常具有庞大的结构和比较复杂的机构，作业过程中常常是几个不同方向的运动同时操作，操作技术难度较大。

（2）能吊运的重物多种多样，载荷是变化的。有的重物重达上百吨，体积大且不规则，还有散粒、热融和易燃易爆危险品等，吊运过程复杂而危险。

（3）需要在较大的范围内运行，活动空间较大，一旦造成事故，影响的面积也较大。

（4）有些起重机械需要直接载运人员做升降运动，其可靠性直接影响人身安全。

（5）暴露的、活动的零部件较多，且常与吊运作业人员直接接触（如吊钩、钢丝绳等），存在许多潜在、偶发的危险因素。

（6）作业环境复杂。如涉及企业、港口、工地等场所，涉及高温、高压、易燃易爆等环境危险因素，对设备和作业人员形成威胁。

（7）整个工作循环需要地面指挥人员、起重工和起重机司机等，每一次吊运循环，都必须需要多人合作完成。

3. 起重机械的基本组成

起重机械由工作机构、取物装置、驱动装置、控制系统和金属结构组成。

工作机构常见的有起升、运行、回转和变幅机构，被称为起重机的四大工作机构，根据工作的需要，起重机可以有其中的一个或几个机构。起重机通过某一机构的单独运动或多机构的复合运动，达到搬运物料的目的。

取物装置是将物料与起重机联系起来进行物料吊运的执行装置。取物装置种类繁多，在桥式、龙门式起重机械上采用最多的取物装置是吊钩。

驱动装置是用来驱动工作机构的动力设备，包括电动机、联轴器、制动器、减速器、卷筒等部件，驱动方式主要有内燃机驱动、电动机驱动和液压驱动。

控制系统是驱动和控制各工作机构进行相应动作（启动、调速、变向、制动及停止）的机构，包括各种操纵器、显示器及相关元件和线路。

金属结构是构成起重机械的躯体，是安装各机构和承受全部载荷的主体部分。

4. 起重机械的主要技术参数

起重机主要技术参数是表征起重机主要技术性能指标的参数，是起重机设计的依据，也是起重机安全技术要求的重要依据。

（1）起重量。指被起升重物的质量。可分为额定起重量、最大起重量、总起重量、有效起重量等。

（2）跨度。指桥式类型起重机运行轨道中心线之间的水平距离。

（3）幅度。旋转臂架式起重机的幅度是指旋转中心线与取物装置铅垂线之间的水平距离；非旋转类型的臂架起重机的幅度是指吊具中心线至臂架后轴或其他典型轴线之间的水平距离。

（4）提升高度。指起重机运行轨道顶面（或地面）到取物装置上极限位置的垂直距离。

（5）各机构的工作速度。指起重机各工作机构在额定载荷下稳定运行的速度，包括起升速度、大车运行速度、小车运行速度、变幅速度、行走速度、旋转速度等。

5. 起重机械的工作级别

为了经济合理地设计、选用起重机，提高其零部件通用化水平和起重机操作的安全性，根据起重机使用寿命期内工作循环次数及满负荷情况（载荷状态），将起重机分为不同的工作级别。起重机用户应根据实际情况来选择相应工作级别的起重机，如果超过工作级别的限值使用起重机，将使起重机寿命大大缩短，而且会发生危险。

根据起重机利用等级和载荷状态，将起重机划分为 A1～A8 8 个工作级别，见表 2-2。

表 2-2　起重机的工作级别

载荷状态	名义载荷谱系数 (K_P)	起重机利用等级									
		U0	U1	U2	U3	U4	U5	U6	U7	U8	U9
Q_1—轻	0.125			A1	A2	A3	A4	A5	A6	A7	A8
Q_2—中	0.25		A1	A2	A3	A4	A5	A6	A7	A8	
Q_3—重	0.5	A1	A2	A3	A4	A5	A6	A7	A8		
Q_4—特重	1.0	A2	A3	A4	A5	A6	A7	A8			

表 2-2 中所列的载荷状态表明起重机受载的轻重程度，其级别是根据载荷谱系数 K_P 来划分的。K_P 由下式计算：

$$K_P = \sum \left[\frac{n_i}{N} \left(\frac{P_i}{P_{max}} \right)^m \right]$$

式中：K_P——载荷谱系数；

n_i——载荷 P_i 的作用次数；

N——总的工作循环次数，$N = \sum n_i$；

P_i——第 i 个起升载荷，$i = 1, 2, \cdots, n$；

P_{max}——最大起升载荷；

m——指数，此处取 $m = 3$。

如果计算出来的 K_P 值介于表 2-2 所列两值之间，应取与其最接近且稍偏大的那一级的名义值。

在载荷状态的 4 种级别中，Q_1 表明很少起升额定载荷，一般起升轻微载荷；Q_2 表明有时起升额定载荷，一般起升中等载荷；Q_3 表明经常起升额定载荷，一般起升重载荷；Q_4 表明频繁起升额定载荷。

起重机利用等级表征在整个设计寿命期间的使用频繁程度，按设计寿命期内总的工作循环次数分为 10 级，见表 2-3。

表 2-3 起重机利用等级

利用等级	总的工作循环次数 N	起重机使用频繁程度	利用等级	总的工作循环次数 N	起重机使用频繁程度
U0	1.6×10^4	不经常使用	U5	5×10^5	经常中等地使用
U1	3.2×10^4		U6	1×10^6	不经常繁忙地使用
U2	6.3×10^4		U7	2×10^6	繁忙地使用
U3	1.25×10^5		U8	4×10^6	
U4	2.5×10^5	经常轻闲地使用	U9	$>4\times10^6$	

此外，为反映起重机机构工作繁忙程度和承受载荷轻重程度，将机构单独作为一个整体，按机构的 10 个使用等级和 4 个载荷状态级别，将机构划分为 M1～M8 8 个工作级别，具体可参见国家标准《起重机设计规范》（GB/T 3811—2008）有关规定。

2.4.2 起重机械主要零部件

起重机械的零部件包括通用零部件和专用零部件，通用零部件有轴、螺栓、齿轮、减速器和联轴器等，专用零件有钢丝绳、滑轮、吊钩、制动器和车轮与轨道等。起重机械的专用零部件多为易损件，其安全性能直接关系到起重设备的安全性和可靠性，本节主要介绍这些专用零部件。

1. 钢丝绳

钢丝绳是起重机械中最常用的挠性构件之一，具有强度高、卷绕性好、自重轻、耐冲击、安全可靠等优点，因此广泛应用于起重机械的各种作业场所。钢丝绳易发生金属疲劳、磨损、腐蚀等，如果钢丝绳的选择、维护、保养和使用不当，容易发生钢丝绳破断，造成死亡事故或重大险情。因此，正确使用和维护钢丝绳十分重要。

1）钢丝绳的构造

起重机械用的钢丝绳多是双绕绳，即由多层钢丝捻成股，再以绳芯为中心，用数条股围绕绳芯捻成螺旋状的绳。一般是用 6 股的钢丝绳，每股分别有 7 根、19 根、37 根和 61 根钢丝。每股的钢丝越多，钢丝绳越柔软，但耐磨性越差；每股的钢丝越少，钢丝绳越硬，耐磨性越好。按股、丝捻绕方向是否相同，双绕绳钢丝绳可分为同向捻（钢丝与股捻绕方向相同）和交互捻（钢丝与股捻绕方向相反）。交互捻钢丝绳不易打结、松散和压扁，在起重机械中用得最广。

起重机械用的钢丝绳，其绳、股截面多是圆形的。按股内相邻层钢丝之间的接触状态不同，可分为点接触和线接触，如图 2-13 所示。线接触钢丝绳由于内外层钢丝间为螺旋线接触，接触应力较低、承载能力大，磨损小，使用寿命长，在起重机中应用最广。

2）钢丝绳破断的原因

钢丝绳破断的主要原因是金属疲劳和磨损。这与钢丝绳在使用过程中要经常进入滑轮及卷筒绳槽中反复弯曲和挤压有关。钢丝绳在滑车、卷筒上每穿绕一次，钢丝绳就由直变

(a) 点接触

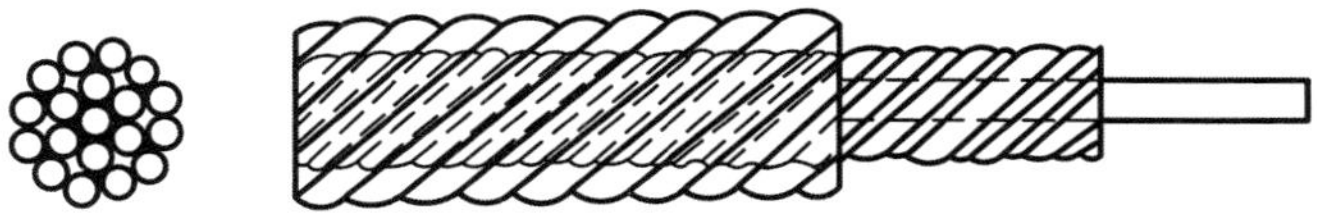

(b) 线接触

图 2-13　钢丝绳的构造

弯，再由弯变直。由于受到变化的弯曲应力和挤压应力的作用，钢丝绳在使用了一段时间后，就会引起金属疲劳与磨损，其表面的钢丝逐渐折断。钢丝绳受载越大，滑车和卷筒的直径越小（即钢丝绳越弯曲），穿绕次数越多，则钢丝绳就越容易损坏。此外，钢丝绳破断还与工作级别、使用环境（如温度、腐蚀气体）以及使用维护等因素有关，在捆绑时与钢丝绳弯曲的曲率半径有关。

3）钢丝绳的使用和维护

钢丝绳的安全寿命，很大程度上取决于维护的好坏。钢丝绳的使用和维护应注意以下几点。

（1）钢丝绳在使用前，应检查其磨损、锈蚀、拉伸、弯曲、变形、疲劳、断丝、绳芯露出的程度，确定其安全起重量。

（2）使用中应避免钢丝绳打结、扭曲、过度弯曲、划磨和碾压；减少钢丝绳弯折次数，尽量避免反向弯折。

（3）不得使钢丝绳穿过破损的滑车；不得在地面或其他易使钢丝绳损伤、腐蚀的地方拖拉钢丝绳。

（4）每次使用完毕后，应用钢丝刷将钢丝绳上的铁锈和尘垢刷净，并涂上油脂，妥加保管。

（5）钢丝绳盘好后应放在清洁干燥的地方，不得重叠堆置，以防止扭伤。

（6）钢丝绳在使用时每 4 个月至少涂油 1 次，保持其表面的清洁和良好的润滑状态。

（7）定期检验，按规程更换新绳，严禁使用严重磨损、损坏和报废的钢丝绳。

4）钢丝绳的报废标准

钢丝绳在使用过程中因金属疲劳、锈蚀磨损和变形等，外层钢丝会逐渐损坏，出现断丝。随着断丝数的增加，破坏的速度逐渐加快，到一定程度后就不能再使用。《起重机钢丝绳保养、维护、安装、检验和报废》（GB/T 5972—2009）详细列举了起重机用钢丝绳的报废的一般原则和实用标准。钢丝绳是否报废，主要取决于一个捻距（也称节距，指任一个钢丝绳股环绕一周的轴向距离）内的断丝数和其他条件。达到报废标准的断丝数，与外层股中承载钢丝的总数、钢丝绳的工作状况、工作级别、股丝捻绕方向和长度范围等有关，详见 GB/T 5972—2009。

2. 滑轮

在起重机械中，滑轮的主要作用是改变钢丝绳的方向。使用多个滑轮组成滑轮组，可起到省力的作用。

滑轮根据中心轴是否运动，分为动滑轮和定滑轮；根据制造方法，分为铸铁滑轮、铸钢滑轮、焊接滑轮、尼龙滑轮和铝合金滑轮等。

滑轮直径过小会使钢丝绳产生过大的弯曲应力和挤压应力，加速钢丝绳的损坏。滑轮直径与钢丝绳直径的比值 h_2 不应小于表 2-4 所列的数值。

表 2-4 卷筒及滑轮的钢丝绳直径相关系数 h_1 和 h_2

机构工作级别	卷筒 h_1	滑轮 h_2	机构工作级别	卷筒 h_1	滑轮 h_2
M1～M3	14	16	M6	20	22.4
M4	16	18	M7	22.4	25
M5	18	20	M8	25	28

此外，使用滑轮时应注意以下几点。

（1）缠绕钢丝绳的滑轮应经常润滑和定期检查。

（2）滑轮槽应光洁平整，不得有损伤钢丝绳的缺陷。

（3）滑轮应有防止钢丝绳脱出绳槽的装置或结构。

（4）滑轮防罩应安装牢固，要求无损坏或明显变形。

（5）金属制造的滑轮，出现下述情况之一时，应予以报废：①影响性能的表面缺陷（如裂纹等）；②轮槽不均匀磨损达 3 mm；③轮槽壁厚磨损达原壁厚的 20%；④因磨损使轮槽底部直径减少量达钢丝绳直径的 50%。

3. 卷筒

卷筒在起升机构和牵引机构中用来卷绕钢丝绳，将旋转运动转换为所需要的直线运行。

卷筒有单层卷绕与多层卷绕之分。一般起重机械大多采用单层卷绕的卷筒。单层卷绕筒的表面通常切出螺旋槽，以增加钢丝绳的接触面积，并防止相邻钢丝绳互相摩擦，从而提高钢丝绳的使用寿命。

与滑轮一样，应控制卷筒的直径不能太小。卷筒直径与钢丝绳直径的比值 h_1 不应小于表 2-4 所列的数值。

当卷筒出现下列情况之一时，应予以报废：①裂纹；②卷筒壁磨损量超过原来壁厚的 20%。

4. 吊钩

吊钩是起重机最常使用的取物装置，与动滑轮组合成吊钩组，通过起升机构的卷绕系统将被吊物料与起重机联系起来。

吊钩在起重作业中受到冲击重载荷反复作用，一旦发生断裂，可导致重物坠落，造成重大人身伤亡事故。因此，要求吊钩有足够的承载力，同时要求要有一定的韧性，避免发生突然断裂，以保证作业人员的安全和被吊运物料不受损害。

吊钩可分为单钩和双钩。一般情况下，起重量较小的起重机械采用单钩，起重量较大的则采用双钩。中小起重量的起重机械吊钩是锻造的，大起重量的吊钩则采用板式（由多片钢板叠片铆接而成）。

吊钩钩身（弯曲部分）的断面形状有：圆形、矩形、梯形与“T”字形等，从受力情况来看，“T”字形断面最合理，可以得到较轻的吊钩，但这种断面形状锻造工艺复杂。目前最常用的吊钩断面是梯形，它的受力情况比较合理，锻造也较容易。

吊钩的危险截面有 3 个：水平断面 *A—A*、垂直断面 *B—B*、钩柄螺纹根部断面 *C—C*，如图 2-14 所示。

当吊钩上吊挂一重物时，根据受力分析可知，*A—A* 断面受力最大；*B—B* 断面虽然受力不如 *A—A* 断面大，但却是吊索强烈磨损的部位，随着断面面积减少，使吊钩承载能力下降；*C—C* 断面处于螺纹根部应力集中区，容易受到腐蚀，会在缺陷处断裂。因此，这 3 个断面均属吊钩的危险断面。

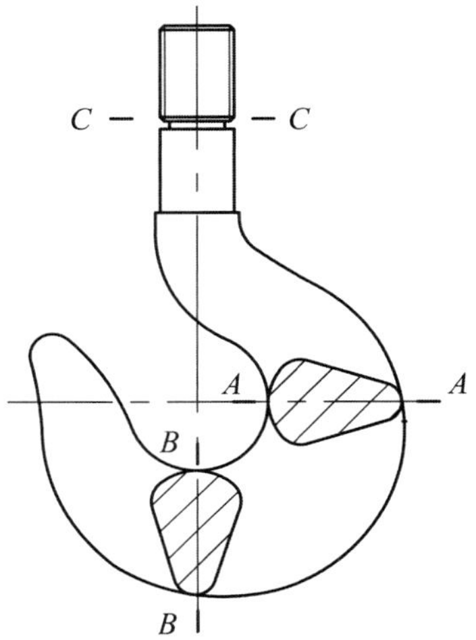

图 2-14　吊钩

吊钩的安全使用与检测要求如下。

（1）吊钩不准进行超负荷作业，使用前应检查吊钩上标注的额定起重量，实际起重量不允许大于其值。如没有标注或起重量标记模糊不清，应重新计算和通过负荷试验来确定其额定起重量。

（2）对吊钩 3 个危险断面应用火油清洗，用放大镜看有无裂纹。对板式吊钩应检查衬套、销子磨损情况。

（3）定期检查吊钩有无缺陷，吊钩表面应光滑，不能有剥裂，刻痕、锐角、接缝和裂纹等缺陷，吊钩上的缺陷不得补焊。

（4）挂吊索时要将吊索挂至吊钩底部。如需将吊钩直接钩挂在构件的吊环中，应注意避免使钩身受侧向力，产生扭曲变形。

（5）必须安装防止吊物意外脱钩的安全装置。

（6）吊钩在停止使用时，应进行仔细清洗、除锈，上好防锈油，放在通风干燥的地方。

（7）吊钩出现下列情况之一时应予以报废：①钩身特别是危险断面部分有裂纹；②危险断面磨损达原尺寸的 10%；③钩身扭转变形超过 10%；④吊钩危险断面或吊钩颈部产生塑性变形；⑤开口度比原尺寸增加 15%；⑥吊钩螺纹被腐蚀；⑦钩尾螺纹有裂纹或外径比标准尺寸减少 5%以上；⑧板式钩心轴磨损达原尺寸的 5%时，应更换心轴；⑨板式钩衬套磨损达原尺寸的 50%时，应更换衬套。

5. 制动装置

起重机械是一种间歇动作的机构，它的工作特点是经常启动和制动，因此制动器在起重机械中既是工作装置又是安全装置。制动器的作用如下。

（1）支持：使原来静止物体保持静止不动。

（2）停止：用摩擦消耗运动部分的动能，使机构迅速在一定时间或一定行程内停止运动。

（3）落重：制动力与重力平衡，使运动体以稳定的速度下降。

制动器按其构造不同可分为带式、块式、盘式与锥式制动器。按操作情况不同，可分为常闭式、常开式和综合式制动器。常闭式制动器在机构不工作期间始终是闭合的，在机构工作时由松闸装置将其分开。起重机械一般多用常闭式制动器，特别是起升机构必须采用常闭式制动器，以确保安全。常开式制动器经常处于松开状态，只有在需要制动时才使之产生制动力矩进行制动。综合式制动器是常闭式与常开式的综合体。

制动器的安全使用与检测要求如下。

（1）制动器动作应灵活、可靠，调整应松紧适度。无裂纹，弹簧无塑性变形，无端偏。

（2）制动轮松开时，制动闸瓦与制动轮各处间隙应基本相等。制动带最大开度（单侧）应不大于 1 mm，升降机应不大于 0.7 mm。

（3）制动轮制动摩擦面，不应有妨碍制动性能的缺陷或沾染油污。

（4）吊运炽热金属、易燃易爆危险品或发生溜钩后有可能导致重大危险或损失的，其升降机构应装设两套制动器。

（5）制动器零件出现下列情况之一时应报废：①裂纹；②制动衬垫厚度磨损达原厚度的 50%；③弹簧出现塑性变形；④小轴或轴孔直径磨损达原直径的 5%。

（6）制动轮出现下列情况之一时应报废：①裂纹；②起升、变幅机构的制动轮轮缘厚度磨损达原厚度的 40%；③其他机构的制动轮、轮缘厚度磨损达原厚度的 50%；④轮面凹凸不平度达 1.5 mm，修理后轮缘厚度仍不符合规定要求。

2.4.3 起重机械安全装置

起重机械的安全防护是指为预防起重机在作业时产生的各种危险所采取的安全技术措施。不同种类的起重机应根据不同需要安装必要的安全防护装置。安全防护装置是否配备齐全，装置的性能是否可靠，是起重机安全检查的重要内容。

1. 起重量限制器

起重量限制器也称超载限制器，是用来限制起重机的起升结构起吊起重量的安全防护装置。按其功能形式可分为自动停止型、报警型、综合型 3 大类型；按其结构形式可分为机械式、液压式和电子式 3 种。

电子式超载限制器近年来在起重机得到广泛应用，它的工作原理是：当起升机构吊起的质量超过预警质量（额定值的 95%）时，装置能发出报警信号；当吊起的质量超过允许的起重量时，能切断起升机构的工作电源，使起升机构停止运行，从而避免超载。

综合型超载保护装置是在起升质量超过额定起重量时，能停止起重机向不安全方向继续动作，并发出声光报警信号，同时允许起重机向安全方向动作。

2. 力矩限制器

常用的力矩限制器有机械式和电子式等，用于额定起重量随工作幅度变化的臂架式起重机的超载保护。对臂架式起重机来说，仅装设起重量限制器还不够，一般还要装设起重力矩限制器。在臂架式起重机中，有一个重要的参数：起重力矩（起重量与工作幅度的乘积称为起重力矩）。如果起重量不变，工作幅度越大，起重力矩就越大。当起重力矩大于允许的极限力矩时，会造成臂架折弯或折断，甚至还会造成起重机整机失稳而倾覆或倾翻。臂架式起重机在设计时，可以求得一条起重机特性曲线，即起重量与工作幅度之间的关系曲线。起重量与工作幅度的对应点在该曲线以下时该点为安全点；对应点在该曲线以上时该点为超载点；对应点在该曲线上时该点为极限点。当起重机在作业时，力矩限制器能根据起重机的特性曲线，将起重力矩限制在规定的范围内，保证起重机的稳定。

对力矩限制器的要求：其综合误差不应大于额定力矩的 10%。起重机械设置力矩限制器后，应根据其性能和精度情况进行调整或标定；当载荷力矩达到额定起重力矩时，能自动切断起升或变幅的动力源，并发出禁止性报警信号。

3. 位置限制与调整装置

这类装置包括上升极限位置限制器、运行极限位置限制器、偏斜调整和显示装置、缓冲器等。

1）上升极限位置限制器

上升极限位置限制器用于限制取物装置的起升高度。当吊具起升到上极限位置时，限位器发生作用，使起升重物停止上升，防止起升重物继续上升拉断钢丝绳，发生重物失落事故。

其工作原理是：当机构运行到极限位置时触发一个电气开关（即限位开关），切断机构上升的动力源，使电动机停止运行，同时机构的制动装置动作，使机构停止在安全位置中。

上升极限位置限制器主要有重锤式和螺杆式两种。《起重机械安全规程》（GB 6067.1—2010）规定，凡是动力驱动的起重机，其起升机构（包括主副起升机构）均应装设上升极限位置限制器。需要时，还应设下降极限位置限制器；当取物装置下降到设计规定的下极限位置时，应能立即切断下降动力源。

2）运行极限位置限制器

运行极限位置限制器又称行程限制器，用于防止起重机（大车和小车）发生撞车或限制在一定范围内行驶。它由顶杆和限位开关组成，当行程到达极限位置后，顶杆触动限位开关的转动柄，使限位开关内的闭合触头分开而切断电源，从而使运动的车体停止。凡是动力驱动的起重机，其运行极限位置上都应装设运行极限位置限制器。

3）偏斜调整和显示装置

对于大跨度的门式起重机和装卸桥，由于车轮制造、安装偏差、传动机构的偏差以及运行阻力不同等原因，常常使起重机两侧支腿运行不同步而发生偏斜，从而使起重机运行阻力成倍增加。起重机偏斜运行，轻者会造成啃道，重者可能使起重机金属结构和运行机构损坏。

《起重机械安全规程》规定，跨度等于或超过 40 m 的门式起重机和装卸桥，应装偏斜调整和显示装置。当起重机偏斜运行时，该装置能向司机提示出偏斜情况，当偏斜量超过允许值时，可由该装置进行调整和纠正。常用的偏斜调整和显示装置有链条式、凸轮式、钢丝绳-齿轮式和电动式 4 种。

4）缓冲器

缓冲器是减缓冲击的装置，其作用是减缓起重机及其运动部分（如小车、臂架、活动对重等）运行到终点与止挡体相撞或两台起重机相互碰撞时的冲击。

《起重机械安全规程》（GB 6067.1—2010）要求，桥式、门式起重机和装卸桥以及门座起重机或升降机等都要装设缓冲器。缓冲器设置在起重机或起重小车与止挡体碰撞的位置，在同一轨道上运行的起重机之间以及在同一起重机桥架上双小车之间也应设置缓冲器。

起重机上常用的缓冲器有橡胶、弹簧和液压缓冲器等。其中，弹簧缓冲器由于构造和维修简单，应用最广。

4. 防风防滑装置

防风防滑装置是用于防止轨道式起重机在大风作用下沿轨道滑行或在轨道端头倾覆的安全保护装置。《起重机械安全规程》（GB 6067.1—2010）规定，室外工作的桥式起重机、门式起重机、装卸桥、塔式起重机和门座起重机等，必须装设防风防滑装置，以防被大风吹动或倾覆。

起重机防风防滑装置主要有 3 类：夹轨器、锚定装置和铁鞋。按照作用方式不同，可分为自动作用与非自动作用两类。防风防滑装置的性能应能满足当各自独立承受非工作状态下的最大风力时，起重机不被吹动。

5. 防碰装置

同层多台或多层布置的桥式类型起重机容易发生碰撞，一般需要安装防碰装置。防碰装置通常采用红外线、超声波、微波等无触点式开关，利用光或电波传播反射的测距原理，与起重机电气控制系统相配合。当某台起重机运行到危险距离范围（距离另一台起重机到达设定长度）时，无触点式开关便会发出警报提醒起重机操作员立即采取措施，或直接切断运行机构的动力源自动停止工作，以避免起重机之间的相互碰撞。

防碰装置的结构形式主要有：①反射型（由发射器、接收器、控制器和反射板组成）；②直射型（检测波不经过反射板反射的产品统称为直射型）。

6. 安全钩、防后倾装置和回转锁定装置

（1）安全钩。用于防小车倾翻的装置，安装于主梁一侧落钩的单主梁起重机上。根据小车和轨轮形式的不同，安全钩有不同的结构。

（2）防后倾装置。用于防止吊臂后倾的装置。用柔性钢丝绳牵引吊臂进行变幅的起重机，当遇到突然卸载等情况时，会产生使吊臂后倾的力，从而造成吊臂超过最小幅度，发

生吊臂后倾的事故。因此，这类起重机（包括流动式起重机、动臂式塔式起重机）应安装防后倾装置（液压变幅除外）。

（3）回转锁定装置。用于当臂架起重机处于运输、行驶或非工作状态时，锁住其回转部分使之不能转动的装置。常见的回转锁定器有机械式锁定器和液压式锁定器两种，机械式锁定器结构比较简单，通常是用锁销插入方法、压板顶压方法或螺栓紧定方式等；液压式锁定器通常用双作用活塞式油缸对转台进行锁定。各种回转锁定器的原理基本相同。

7. 防坠安全器

防坠安全器是防止吊笼坠落的机械式安全保护装置，主要用于施工升降机等起重设备上，其作用是限制吊笼的运行速度，防止吊笼坠落，保证人员设备安全。其工作原理是：当设备正常工作时，防坠安全器不动作；当吊笼超速运行，其速度达到防坠安全器的动作速度时，防坠安全器立即动作，并可靠地制停吊笼。在安全器发生作用的同时切断传动装置的电源。

8. 登机信号按钮

登机信号按钮的作用是用于司机和维修人员在登机时，按钮按动后在司机室明显部位显示信号，使司机能注意到有人登机，防止意外事故发生。对于司机室设置在运动部分（与起重机自身有相对运动的部位）的起重机，应在起重机上容易触及的安全位置安装登机信号按钮，对于司机室安装在上部的塔式起重机、司机室安装架设在有相对运动部位的门座起重机及特大型桥式起重机，必要时也应安装登机信号按钮。

9. 危险电压报警器

臂架型起重机在输电线附近作业时，由于操作不当，臂架、钢丝绳等过于接近甚至碰触电线，都会造成感电或触电事故。危险电压报警器就是为此而研发的。这种装置中的输电线路为三相交流电，并且各相之间的相位差为120°。在实际应用中，只要检测出电位的绝对值和电位梯度，并与预先设置的基准电压比较，就可以判断出臂架到电线的距离。一旦超过这个距离，装置就会发出警报，提醒起重机操作人员远离安全隐患。

10. 导电滑线防护措施

桥式起重机采用裸露导电滑线供电时，应在以下部位设置导电滑线防护板：①司机室位于起重机电源引入滑线端时，通向起重机的梯子和走台与滑线间应设防护板，以防司机通过时发生触电事故；②起重机导电滑线端的起重机端梁上应设置防护板（通常称为挡电架），以防止吊具或钢丝绳等摆动与导电滑线接触而发生意外触电事故；③多层布置的桥式起重机，下层起重机应在导电滑线全长设置防电保护设施。其他使用滑线引入电源的起重机，对于易发生触电危险的部位都应设置防护装置。

2.4.4　起重机械安全操作技术与要求

对起重作业的全过程安全操作技术，特别是有较大危险的操作环节，应对有关人员进行有针对性的培训和考核，提高作业人员对安全重要意义的认识，熟练掌握操作技能，严格按作业规范要求操作，养成良好的劳动习惯。同时加强起重机安全管理，严格检查程序，将安全隐患消除在发生之前。

1. 起重机安全管理措施

使用单位应根据所使用的起重机种类、复杂程度以及使用的具体情况，严格执行《特种设备注册登记与使用管理规则》，使用许可厂家的合格产品，并建立和完善相关管理制度、规程和技术档案等。

1）安全管理规章制度

安全管理规章制度的项目包括：司机守则和起重机械安全操作规程；起重机械维护、保养、检查和检验制度；起重机械安全技术档案管理制度；起重机械作业和维修人员安全培训、考核制度；起重机械使用单位按期向所在地的主管部门申请在用起重机械安全技术检验及更换起重机械准用证的管理等。

2）技术档案

起重机械安全技术档案的内容包括：设备出厂技术文件；安装、修理记录及验收资料；使用、维护、保养、检查和试验记录；安全技术监督检验报告；设备及人身事故记录；设备的问题分析及评价记录。

3）定期检验制度

在用起重机械须经过所在地具有资格的安全技术检验机构每2年一次的定期监督检验。此外，使用单位还应进行起重机的自我检查、每日检查、每月检查和年度检查。

（1）年度检查。每年对所有在用的起重机械至少进行1次全面检查。停用1年以上、遇4级以上地震或发生重大设备事故、露天作业或经受9级以上的风力后的起重机械，使用前都应做全面检查。

（2）每月检查。检查项目包括：安全装置、制动器、离合器等有无异常，可靠性和精度；重要零部件（如吊具、钢丝绳滑轮组、制动器、吊索及辅具等）的状态，有无损伤，是否应报废等；电气、液压系统及其部件的泄漏情况及工作性能；动力系统和控制器等。停用一个月以上的起重机构，使用前也应做上述检查。

（3）每日检查。在每天作业前进行，应检查各类安全装置、制动器、操纵控制装置、紧急报警装置，检查轨道的安全状况和钢丝绳的安全状况。检查发现有异常情况时，必须及时处理。严禁带病运行。

4）作业人员的培训教育

起重作业是由指挥人员、起重机司机和司索工相互配合的集体作业，要求起重作业人员不仅应具备基本文化和身体条件，还必须了解有关法规和标准，学习起重作业安全技术理论和知识，掌握实际操作和安全救护的技能。起重机司机必须经过专门考核并取得合格证方可独立操作。指挥人员与司索工也应经过专业技术培训和安全技能训练，了解所从事工作的危险和风险，并有自我保护和保护他人的能力。

2. 高处作业的安全防护

起重机金属结构高大，司机室往往设在高处，很多设备也安装在高处结构上，因此，起重机司机正常操作、高处设备的维护和检修以及安全检查，都需要登高作业。为防止人员从高处坠落，防止高处坠落的物体对下面人员造成打击伤害，在起重机上，凡是高度不低于 2 m 的一切合理作业点，包括进入作业点的配套设施，如高处的通行走台、休息平台、转向用的中间平台以及高处作业平台等，都应予以防护。安全防护的结构和尺寸应根据人体参数确定，其强度、高度要求应根据走道、平台、楼梯和栏杆可能受到的最不利载荷考虑。

3. 起重机械安全操作技术

1）吊运前的准备

吊运前的准备工作包括以下几项。

（1）正确佩戴个人防护用品，包括安全帽、工作服、工作鞋和手套，高处作业还必须佩戴安全带和工具包。

（2）检查清理作业场地，确定搬运路线，清除障碍物。室外作业要了解当天的天气预报；流动式起重机要将支撑地面垫实垫平，防止作业中地基沉陷。

（3）对使用的起重机和吊装工具、辅件进行安全检查，不使用报废元件，不留安全隐患。

（4）熟悉被吊物品的种类、数量、包装状况以及周围联系；根据有关技术数据（如重量、几何尺寸、精密程度、变形要求），进行最大受力计算，确定吊点位置和捆绑方式。

（5）编制作业方案。对于大型、重要的物件的吊运或多台起重机共同作业的吊装，事先要在有关人员参与下，由指挥、起重机司机和司索工共同讨论，编制作业方案，必要时报请有关部门审查批准。

（6）预测可能出现的事故，采取有效的预防措施，选择安全通道，制定应急对策。

2）起重机司机通用安全操作要求

起重机司机通用安全操作要求如下。

（1）有关人员应认真交接班，对吊钩、钢丝绳、安全防护装置的可靠性进行认真检查，发现异常情况及时报告。

（2）开机作业前，应确认以下情况处于安全状态方可开机：所有控制器是否置于零位；起重机上和作业区内是否有无关人员，作业人员是否撤离到安全区；起重机运行范围内是否有未清除的障碍物；起重机与其他设备或固定建筑物的最小距离是否在 0.5 m 以上，电源断路装置是否加锁或有警示标牌，流动式起重机是否按要求平整好场地，支脚是否牢固可靠。

（3）开车前，必须鸣铃或示警，操作中接近人时，应给断续铃声或示警。

（4）司机在正常操作过程中，不得进行下列行为：利用极限位置限制器停车，利用打反车进行制动；在起重作业过程中进行检查和维修，带载调整起升、变幅机构的制动器，或带载增大作业幅度；吊物从人头顶上通过，吊物和起重臂下站人。

（5）严格按指挥信号操作，对紧急停止信号，无论何人发出，都必须立即执行。

（6）吊载接近或达到额定值，或起吊危险物（液态金属、有害物、易燃易爆物）时，吊运前应认真检查制动器，并用小高度、短行程试吊，确认没有问题后再吊运。

（7）起重机各部位、吊载及辅助用具与输电线的最小距离应满足安全要求。

（8）有下述情况时，司机不应操作：起重机结构或零部件（如吊钩、钢丝绳、制动器、安全防护装置等）有影响安全工作的缺陷和损伤；吊物超载或有超载可能；吊物重量不清、被埋置或冻结在地下、被其他物体挤压；吊物捆绑不牢或吊挂不稳，重物棱角与吊索之间未加衬垫；被吊物上有人或浮置物；作业场地昏暗，看不清场地、吊物情况或指挥信号。

（9）工作中突然断电时，应将所有控制器置零，关闭总电源。重新工作前，应先检查起重机工作是否正常，确认安全后方可正常操作。

（10）有主、副两套起升机构的，不允许同时利用主、副钩工作（设计允许的专用起重机除外）。

（11）用两台或多台起重机吊运同一重物时，每台起重机都不得超载。吊运过程应保持钢丝绳垂直，保持运行同步。吊运时，有关负责技术人员和安全技术人员应在场指导。

（12）露天作业的轨道起重机，当风力大于 6 级时，应停止作业；当工作结束时，应锚定住起重机。

3）司索工安全操作要求

司索工主要从事地面工作，例如准备吊具、捆绑挂钩、摘钩卸载等，多数情况还担任指挥任务。司索工的工作质量与整个搬运作业安全关系极大。其操作工序要求如下。

（1）准备吊具。对吊物的重量和重心估计要准确，如果是目测估算，应增大 20%来选择吊具；每次吊装都要对吊具进行认真的安全检查，如果是旧吊索应根据情况降级使用，绝不可侥幸超载或使用已报废的吊具。

（2）捆绑吊物。对吊物进行必要的归类、清理和检查，吊物不能被其他物体挤压，被埋或被冻的物体要完全挖出。切断与周围管、线的一切联系，防止造成超载；清除吊物表面或空腔内的杂物，将可移动的零件锁紧或捆牢，形状或尺寸不同的物品不经特殊捆绑不得混吊，防止坠落伤人；吊物捆扎部位的毛刺要打磨平滑，尖棱利角应加垫物，防止起吊吃力后损坏吊索；表面光滑的吊物应采取措施来防止起吊后吊索滑动或吊物滑脱；吊运大而重的物体应加诱导绳，诱导绳长应能使司索工既可握住绳头，同时又能避开吊物正下方，以便发生意外时司索工可利用该绳控制吊物。

（3）挂钩起钩。吊钩要位于被吊物重心的正上方，不准斜拉吊钩硬挂，防止提升后吊物翻转、摆动。吊物高大需要垫物攀高挂钩、摘钩时，脚踏物一定要稳固垫实，禁止使用易滚动物体（如圆木、管子、滚筒等）作脚踏物。攀高必须系安全带，防止人员坠落跌伤。挂钩要坚持“五不挂”，即起重或吊物重量不明不挂，重心位置不清楚不挂，尖棱利角和易滑工件无衬垫物不挂，吊具及配套工具不合格或报废不挂，包装松散捆绑不良不挂等，将安全隐患消除在挂钩前。当多人吊挂同一吊物时，应由一专人负责指挥，在确认吊挂完备，所有人员都离开并站在安全位置以后，才可发出起钩信号；起钩时，地面人员不应站在吊物倾翻、坠落可波及的地方，如果作业场地为斜面，则应站在斜面上方（不可在死角），防止吊物坠落后继续沿斜面滚移伤人。

（4）摘钩卸载。吊物运输到位前，应选择好安置位置，卸载不要挤压电气线路和其他管线，不要阻塞通道；针对不同吊物种类应采取不同措施加以支撑、垫稳、归类摆放，不得混码、互相挤压、悬空摆放，防止吊物滚落、侧倒、塌垛；摘钩时应等所有吊索完全松弛再进行，确认所有绳索从钩上卸下再起钩，不允许抖绳摘索，更不许利用起重机抽索。

（5）搬运过程的指挥。无论采用何种指挥信号，必须规范、准确、明了；指挥者所处位置应能全面观察作业现场，并使司机、司索工都可清楚地看到；在作业进行的整个过程中（特别是重物悬挂在空中时），指挥者和司索工都不得擅离职守，应密切注意观察吊物及周围情况，发现问题，及时发出指挥信号。

2.4.5 起重机械事故及预防

起重机械事故是指在进行各种起重（包括吊运、安装、检修、试验等）作业中发生的重物失落、人或工具等从高处坠落、机体毁坏或倾翻、摔伤、触电等事故。起重机械事故可造成重大的人员伤亡或财产损失。

1. 起重机械事故的常见类型

起重机械事故的常见类型包括以下几项。

（1）重物失落。指起重作业中，吊载、吊具等重物从空中坠落所造成的人身伤亡和设备毁坏的事故。主要是发生在起升机构取物缠绕系统中，如脱绳、脱钩、断绳和断钩。另外钢丝绳脱槽（脱离卷筒绳槽）或脱轮（脱离滑轮），也会造成失落事故。

（2）坠落。主要是指从事起重作业的人员，从起重机机体等高空处坠落至地面的摔伤事故，也包括工具、零部件等从高空坠落，使地面作业人员受伤的事故。这类事故包括从机体上滑落摔伤、机体撞击坠落、轿箱坠落摔伤、维修工具零部件坠落砸伤、振动坠落、制动下滑坠落等多种形式。

（3）机体毁坏。指起重机因超载失稳等产生结构断裂、倾翻造成结构严重损坏及人身伤亡的事故。常见的有断臂、倾翻、机体摔伤、相互撞毁等事故形式。

（4）挤伤。指在起重作业中，作业人员被挤压在两个物体之间，造成挤伤、压伤、击伤等人身伤亡事故。挤伤事故多发生在吊装作业人员和检修维护人员上。常见的有吊具或吊载与地面物体间的挤伤、机体与建筑物间的挤伤、机体回转挤伤、翻转作业中的挤伤等事故形式。

（5）触电。指从事起重操作和检修作业人员，因触电而导致人身伤亡的事故。触电事故可以按作业场所分为室内作业和室外作业触电两大类型。

（6）其他伤害。指人体与运动零部件接触引起的绞、碾、戳等伤害；液压起重机的液压元件破坏造成高压液体的喷射伤害；飞出物件的打击伤害；装卸高温液体金属、易燃易爆、有毒、腐蚀等危险品，由于坠落或包装捆绑不牢破损引起的伤害等。

2. 典型起重机械事故的形式及发生原因

典型起重机械事故的形式及发生原因见表 2–5。

表 2–5 典型起重机械事故形式及发生原因

事故形式		事故解释	主要原因
重物失落	脱绳	重物从捆绑的吊装绳索中脱落溃散发生的伤亡毁坏事故	重物的捆绑方法与要领不当，造成重物滑脱；吊装重心选择不当，造成偏载起吊或吊装中心不稳，使重物脱落；吊载遭到碰撞、冲击而摇摆不定，造成重物失落等
	脱钩	重物、吊装绳或专用吊具从吊钩口脱出而引起的重物失落事故	吊钩缺少护钩装置；护钩保护装置机能失效；吊装方法不当，吊钩钩口变形引起开口过大等
	断绳	起升绳和吊装绳因破断造成的重物失落事故	①起升绳破断原因：超载起吊拉断钢丝绳；起升限位开关失灵造成过卷拉断钢丝绳；斜吊、斜拉造成乱绳挤伤切断钢丝绳；钢丝绳因长期使用又缺乏维护保养，造成疲劳变形、磨损损伤；达到或超过报废标准仍然使用等 ②吊装绳破断原因：吊钩上吊装绳夹角太大（>120°），使吊装绳上的拉力超过极限值而拉断；吊装钢丝绳品种规格选择不当，或仍使用已达到报废标准的钢丝绳捆绑吊装重物，造成吊装绳破断；吊装绳与重物之间接触处无垫片等保护措施，造成棱角割断钢丝绳
	吊钩断裂	吊钩断裂造成的重物失落事故	吊钩材质有缺陷；吊钩因长期磨损，使断面减小；已达到报废极限标准却仍然使用或经常超载使用，造成疲劳断裂
坠落	从机体上滑落摔伤	这类事故多发生于在高空起重机上进行维护、检修作业中，由于脚下滑动、障碍物绊倒或起重机突然启动造成晃动，使作业人员失稳从高空坠落于地面而受伤	缺乏安全意识，作业时不戴安全带
	机体撞击坠落	这类事故多发生在检修作业中，检修人员遭到其他作业的起重机端梁或悬臂撞击，从高空坠落受伤	缺乏严格的现场安全监督制度
	维修工具、零部件坠落砸伤	在高空起重机上从事检修作业时，常常因不小心，使维修更换的零部件或维护检修工具从起重机机体上滑落，造成砸伤地面作业人员和机器设备等事故	粗心、缺乏安全意识
	振动坠落	这类事故不经常发生。起重机遇到冲击或振动时，因连接松动造成某一零部件从机体脱落，造成砸伤地面作业人员或砸伤机器设备的事故	零部件安装连接不牢，如螺栓未能按要求拧入一定的深度，螺母锁紧装置失效，因年久失修，个别连接环节松动
	制动下滑坠落	起升机构的制动器性能失效，重物急速下滑坠落于地面，砸伤地面作业人员或机器设备	制动器制动环或制动衬料磨损严重，未能及时调整或更换，导致刹车失灵，或制动轴断裂

续表

事故形式		事故解释	主要原因
机体毁坏	断臂	各种类型的悬臂起重机因超载起吊造成断臂或悬臂严重变形等毁机事故	悬臂设计不合理、制造装配有缺陷或者长期使用已有疲劳损坏隐患
	倾翻	起重机因失稳而倾翻，是自行式起重机的常见事故	起重机作业前支承不当（如野外作业场地支承地基松软，起重机支腿未能全部伸出等）、起重量限制器或起重力矩限制器等安全装置动作失灵、悬臂伸长与规定起重量不符、超载起吊等
	机体摔伤	在室外作业的门式起重机、门座起重机、塔式起重机等，当遇到强风吹击时，可能会倾倒、移位，甚至从栈轿上翻落，造成严重的机体摔伤事故	无防风夹轨器，无车轮止垫或无固定锚链等，或者上述安全设施机能失效
	相互撞毁	在同一跨中的多台桥式类型起重机因相互碰撞致伤。在野外作业的多台悬臂起重机群中，悬臂回转作业中也难免相互撞击而出现碰撞事故	无缓冲碰撞保护措施，或缓冲碰撞保护设施毁坏失效
挤伤	吊具或吊载与地面物体间的挤伤	①在车间、仓库等室内场所，地面作业人员处于大型吊具或吊载与机器设备、土建墙壁、牛腿立柱等障碍物之间的狭窄地带，在进行吊装、指挥、操作或从事其他作业时，作业人员躲闪不及被挤压在大型吊具（吊载）与各种障碍物之间，造成挤伤事故 ②吊载剧烈摆动，冲撞作业人员致伤	①指挥失误或误操作 ②吊装不合理
	机体与建筑物间的挤伤	这类事故多发生在高空从事桥式起重机维护检修人员中，被挤在起重机端梁与支承、承轨梁的立柱或墙壁之间，或在高空承轨梁侧通道通过时被运行的起重机击伤	维护检修人员不遵守操作规程、设备操作人员操作不当或失误
	机体回转挤伤	这类事故多发生在野外作业的汽车、轮胎和履带起重机作业中，往往由于此类作业的起重机回转时配重部分将吊装、指挥和其他作业人员撞伤，或把上述人员挤压在起重机配重与建筑物之间致伤	起重作业操作不当或失误；指挥和其他作业人员站位不好
	翻转作业中的挤伤	从事吊装、翻转、倒个作业时，由于吊载失稳、吊载摆动冲击，造成翻转作业中的砸、撞、碰、挤、压等各种伤亡事故	吊装方法不合理，装卡不牢，吊具选择不当，重物倾斜下坠，吊装选位不佳，指挥及操作人员站位不好

续表

事故形式		事故解释	主要原因
触电	室内作业的触电	室内起重机的动力电源是电击事故的根源。遭受触电电击伤害者多为操作人员和电气检修作业人员	人的因素：缺乏起重机基本安全操作规程知识、起重机基本电气控制原理知识，未掌握起重机电气安全检查要领，不重视必要的安全保护措施，如不穿绝缘鞋、不带试电笔进行电气检修等 物的因素：起重机电气系统及周围相应环境缺乏必要的触电安全保护
	室外作业的触电	多发生在自行起重机作业中。自行起重机的臂架或起升钢丝绳摆动触及高压输电线，使机体连电，进而造成操作人员或吊装作业人员间接遭到高压电线中的高压电击伤	作业现场有裸露的高压输电线，现场安全指挥监督混乱

3. 起重机械事故的特点

起重机械事故具有以下特点。

（1）事故大型化、群体化，一起事故有时涉及多人，并可能伴随大面积设备设施的损坏。

（2）事故类型集中，一台设备可能发生多起不同性质的事故。

（3）事故后果严重，只要是伤及人，往往是恶性事故，一般不是重伤就是死亡。

（4）伤害涉及的人员可能是司机、司索工和作业范围内的其他人员，其中司索工被伤害的比例最高。

（5）在安装、维修和正常起重作业中都可能发生事故，其中，起重作业中发生的事故最多。

（6）事故高发行业中，建筑、冶金、机械制造和交通运输等行业较多，与这些行业起重设备数量多、使用频率高、作业条件复杂有关。

（7）重物坠落是各种起重机共同的易发事故；汽车起重机易发生倾翻事故；塔式起重机易发生倒塔折臂事故；室外轨道起重机在风载作用下易发生脱轨翻倒事故；大型起重机易发生安装事故等。

4. 起重机械事故的预防措施

起重机械事故的预防措施主要有以下几点。

（1）加强对起重机械的管理。认真执行起重机械各项管理制度和安全检查制度，做好起重机械的定期检查、维护、保养，及时消除隐患，使起重机械始终处于良好的工作状态。

（2）加强对起重机械操作人员的教育和培训，严格执行安全操作规程，提高操作技术能力和处理紧急情况的能力。

（3）起重机械操作过程中要坚持“十不吊”原则，即①指挥信号不明或乱指挥不吊；

②物体质量不清或超负荷不吊；③斜拉物体不吊；④重物上站人或有浮置物不吊；⑤工作场地昏暗，无法看清场地、被吊物及指挥信号不吊；⑥遇有拉力不清的埋置物时不吊；⑦工件捆绑、吊挂不牢不吊；⑧重物棱角处与吊绳之间未加衬垫不吊；⑨结构或零部件有影响安全工作的缺陷或损伤时不吊；⑩钢（铁）水装得过满不吊。

本章小结

机床上常见的危险因素包括静止部件的危险、单纯旋转部件的危险、内旋转咬合的危险、直线运动的危险和飞出物的危险等；常见的机床伤害事故有触电、绞缠、挤压、碾压和飞出伤人等。为防止机床伤害事故，在机床上应装设各种安全防护装置和安全保险装置。

砂轮机由于砂轮质脆易碎，转速高，使用频繁，极易伤人，在安装过程中应注意安装位置、砂轮的平衡、砂轮与法兰盘的匹配、砂轮机的防护罩、工作托架和接地保护等几个方面。操作时禁止侧面磨削，不许正面操作和共同操作。

冲压机械的主要危险来自冲压机械设备、模具和作业方式。冲压作业的安全技术措施包括采用手用安全工具、改革冲模结构、在模具和设备上采用安全防护装置和实现送取料的机械化、自动化等。

木工机械的危险因素包括机械伤害、火灾和爆炸、木粉尘危害、噪声和振动危害等。对各种木工机械应配置相应的安全防护装置，并制定与其配套的安全装置技术标准。

起重机械属于危险性较大的特种设备，其专用零部件有钢丝绳、滑轮、卷筒、吊钩和制动器等，多为易损件，其安全性能直接关系到起重设备的安全性和可靠性。因此，应严格按有关要求进行使用与检测。此外，各类起重机应根据不同需要安装必要的安全防护装置。起重机械事故的常见类型有重物失落、坠落、机体毁坏、挤伤、触电等，加强起重机安全管理和对作业人员进行教育和培训，是预防起重机械事故的主要措施。

练习与思考

一、单项选择题

1. 【2014 年】金属切削机床是用切削方法把毛坯加工成需要零件的设备，加工过程中，各运动部件、各种飞出物质等都会带来危害。下列关于防止金属切削机床常见事故的做法中，错误的是（　　）。

A. 加工细长件时尾部安装托架　　B. 将被加工件装卡牢固

C. 应用电压 24 V 的床头照明灯　　D. 戴线手套操作机床

2. 【2014 年】某机械加工车间在使用普通车床加工细长杆金属材料时，发生长料甩击伤人事故，车间决定进行整改。下列措施中，对杜绝此类事故最有针对性的是（　　）。

A. 安装防护网　　B. 安装防弯装置

C. 穿戴防护用品　　D. 加强监督检查

3. 【2014 年】木工机械刀轴转速高、噪声大，容易发生事故。下列危险有害因素中，属于木工机械加工过程危险有害因素的是（　　）。

A. 高处坠落　　B. 热辐射　　C. 粉尘　　D. 电离辐射

4.【2014年】在木材加工的诸多危险因素中，木料反弹的危险性大，发生概率高。下列木材加工安全防护的措施中，不适于防止木料反弹的是（　　）。

A. 采用安全送料装置　　B. 装设锯盘制动控制器

C. 设置防反弹安全屏护装置　　D. 设置分离刀

5.【2014年】起重机起吊液态金属、有害物、易燃易爆物等危险品时，起重机司机应当在吊运前检查制动器，并进行试吊。确认没有问题后再吊运。正确的试吊方法是以（　　）进行。

A. 小高度、长行程　　B. 大高度、短行程

C. 大高度、长行程　　D. 小高度、短行程

6.【2013年】冲压（剪）是指靠压力机和模具对板材、带材和型材等施加外力使之产生分离获得预定尺寸和形状的工件的加工方法。冲压（剪）作业的危险因素较多，使用时应严格执行操作规程，否则容易造成伤害。下列危险因素中，不属于冲压（剪）作业的是（　　）。

A. 模具危险　　B. 动作失控　　C. 开关失灵　　D. 尘毒危害

7.【2013年】起重机械超载、不稳固、操作不当都有可能造成机体失稳倾翻的严重事故，应采取措施进行预防。下列关于防止起重机械失稳、倾翻的措施中，正确的是(　　)。

A. 桥式起重机应安装力矩限制器　　B. 臂架式起重机不安装力矩限制器

C. 门座式起重机应安装防风防爬装置　　D. 电葫芦允许不安装过电限制器

8.【2012年】木工机械刀具运动速度高，容易造成伤害事故。木工加工过程的危险有害因素是（　　）。

A. 模具的危险伤害，木工设备结构具有的危险伤害，木粉尘危害

B. 模具的危险伤害，噪声和振动危害，火灾和爆炸

C. 噪声和振动危害，电动机转速降低，木粉尘危害

D. 机械伤害，木材的生物和化学危害，火灾和爆炸

9.【2012年】在下列情况中，易造成起重机发生脱绳事故的是（　　）。

A. 斜吊、斜拉造成钢丝绳损伤　　B. 吊钩钩口变形引起开口过大

C. 吊钩上吊装绳夹角太大　　D. 吊载受到碰撞、冲击而摇摆不定

10.【2011年】机床常见事故与机床的危险因素有密切的关系。下列事故不属于机床常见事故的是（　　）。

A. 工人违规戴手套操作时旋转部件绞伤手指

B. 零部件装卡不牢导致飞出击伤他人

C. 机床漏电导致操作工人触电

D. 工人检修机床时被工具绊倒摔伤

11.【2011年】冲压作业中，冲头往复高速运动。由于人的动作偏差、控制开关失灵以及模具缺陷可能导致发生冲手事故。为此，需要在冲床上安装不同类型的防护装置。下列防护装置中，不属于机械式防护装置的是（　　）式装置。

A. 按钮联锁　　B. 摆杆护手

C. 拉手安全　　D. 推手保护

12. 【2011 年】倾翻事故是自行式起重机的常见事故。下列情形中，容易造成自行式起重机倾翻事故的是（　　）。

A. 没有车轮止垫　　B. 没有设置固定锚链

C. 悬臂伸长与规定起重量不符　　D. 悬臂制造装配有缺陷

13. 【2010 年】木工机械有各种锯机、刨机等。木工机械事故与木工机械的特点有密切关系。下列有关木工刨床特点的说法中，错误的是（　　）。

A. 切削速度高　　B. 切削过程噪声大

C. 切削过程振动大，安全防护装置容易失灵　　D. 触电危险性大

14. 【2009 年】在冲压作业中，事故可能发生在冲压设备的各个危险部位。其中发生在模具行程间的事故最多，且伤害部位多是作业者的手部。冲压设备可安装多种安全防护装置，下列安全防护装置中不属于冲压设备安全防护装置的是（　　）。

A. 光电式保护装置　　B. 紧急电源切换装置

C. 机械式防护装置　　D. 双手按钮式保护装置

二、多项选择题

1. 【2014 年】冲压（剪）作业是靠压力机械和磨具对管材、带材等施加外力，使之变形或分离获得所需冲压件的加工方法。冲压（剪）事故可能发生在冲压（剪）机械的各个部位。冲压（剪）作业的主要危险因素有（　　）。

A. 操作者使用弹性夹钳送进工件

B. 关键零件磨损、变形导致机器动作失控

C. 控制开关失灵导致机器错误动作

D. 模具缺陷导致意外状态

E. 刚性离合器一旦接合运行，将完成冲压（剪）的一个循环

2. 【2013 年】冲压（剪）作业应有完善的安全措施。下列安全措施中，属于冲压（剪）作业的有（　　）。

A. 使用弹性夹钳等专用工具代替手工操作

B. 通过改进模具以减少危险面积

C. 安装黄颜色闪烁信号灯

D. 安装拉手式安全装置

E. 就近安装录像监控装置

3. 【2013 年】锻造是一种利用锻压机械对金属坯料施加压力，使其产生塑性变形以获得具有一定机械性能、一定形状和尺寸锻件的加工方法。锻造的主要设备有锻锤、压力机、加热炉等。下列危险有害因素中，属于锻造作业过程中产生的有（　　）。

A. 电磁辐射　　B. 低频噪声和振动

C. 空气中存在的烟尘　　D. 工件的热辐射

E. 苯浓度超标

4. 【2012 年】冲压设备的安全装置有机械式、光电式等多种形式。下列安全装置中，属于机械式的有（　　）安全装置。

A. 推手式

B. 双手按钮式

C. 拉手式

D. 摆杆护手式

E. 感应式

5. 【2012 年】在木材加工过程中，刀轴转动的自动化水平低，存在较多危险因素。下列关于安全技术措施的说法中，正确的有（　　）。

A. 木工机械的刀轴与电器应有安全联控装置

B. 圆锯机上应安装分离刀和活动防护罩

C. 刨床采用开有小孔的定位垫片降低噪声

D. 手压平刨刀轴必须使用方刀轴

E. 带锯机应装设锯盘制动控制器

6. 【2012 年】锻造机械结构应保证设备运行、安装、拆卸和检修等过程中的安全。下列关于安全措施的说法中，正确的有（　　）。

A. 外露防护装置的防护罩用铰链安装在锻压设备的转动部件上

B. 锻压机械的机架和突出部分不得有棱角和毛刺

C. 启动装置的结构应能防止锻压机械意外地开动或自动开动

D. 锻压机械的启动装置必须能保证对设备进行迅速开关

E. 安全阀的重锤必须封在带锁的锤盒内

7. 【2011 年】冲压（剪）是靠压力和模具对板材、带材等施加外力使之发生变形或分离，以获得所需形状和尺寸工件的加工方法。冲压（剪）作业中存在多种危险因素。下列危险因素中，属于冲压（剪）设备危险因素的有（　　）。

A. 应用刚性离合器的冲压（剪）设备在没有完成一个工作周期前不能停车

B. 在强烈的冲击下，一些零部件发生变形、磨损以法致碎裂，导致设备动作失控

C. 开关失灵，引起的误动作

D. 加工工件装卡不牢，飞出伤人

E. 模具有缺陷或严重磨损

三、简答题

1. 金属切削加工的常见事故有哪些？如何控制？

2. 使用砂轮机应注意些什么？

3. 冲压机械的安全技术措施有哪些？

4. 操作剪板机时应注意哪些安全问题？

5. 木工机械有哪些不安全因素？如何进行安全防护？

6. 起重机械的主要安全装置有哪几种？起重作业的安全要点是什么？

第3章　化工机械安全技术

☞［教学目标］

1. 熟悉化工机械安全设计的准则、要求以及安全保护装置的类型和特点。

2. 掌握泵、压缩机和离心机等典型化工机械的类型、结构、危险性和安全操作技术。

3. 了解化工机械操作中的常见事故类型、原因及预防措施。

4. 掌握化工机械作业过程中常见职业危害因素及其控制措施。

化工机械是石油化工生产的关键设备。化工机械的种类繁多，石油化工企业使用较广的有气体压缩机（包括风机）、汽轮机、离心机和泵，简称三机一泵。由于石油化工生产具有高温、高压、腐蚀性强等特点，化工机械在运行中容易发生腐蚀、断裂、泄漏、着火爆炸等事故，造成严重的后果。因此，化工机械的安全是一个十分重要的问题，必须有充分的技术措施保证其安全运行。

3.1　化工机械安全设计通则

化工机械安全设计是保障化工机械安全的首要环节。现代化工机械安全设计的最主要特点是强调采用先进的技术手段和物质条件保障安全，保障的主要途径有两种：一种是从根本上消除危害的存在及其转化条件，以保证操作者的安全；另一种是使生产设备具有自动防止误操作、设备故障或工艺异常影响的能力。

3.1.1　化工机械安全设计的准则

化工机械安全设计应遵循以下准则。

（1）化工机械设计应坚持“以人为本，安全第一”的原则，当安全要求与经济利益有矛盾时，应优先考虑安全的要求。

（2）化工机械在整个寿命期内，必须符合安全卫生的要求。在按规定条件制造、安装、运输、使用和维修时，不得对人员造成伤害，不得排放超过标准规定的有害物质。

（3）化工机械设计应符合人机工程学原理，即充分考虑人机特性，强调使机器适合于人，保证人能够安全、舒适、高效率地进行工作，以最大限度地减轻人的体力和脑力消耗以及操作过程中的紧张和恐惧感，从而减少人为失误，保障安全。

（4）化工机械设计应优先采用本质化安全措施，并按下列顺序选择安全技术措施：原则上应力求通过直接的安全技术措施去满足对安全的要求，即机械本身应具有安全的性能，使其从一开始就不会产生危险。只有当直接安全技术措施不能或不完全能实现，即危险不可避免时，方可考虑采用间接安全技术措施，设计出可靠的安全防护装置。除了上述两种措施外，还应在设计上适当采用指示性安全技术措施，如信号灯、报警器等。

3.1.2 化工机械安全设计的一般要求

从安全角度考虑，化工机械设计主要包括强度安全设计和结构安全设计，而两者都离不开正确选材。

1. 材料选择

化工机械用材料应符合国家、相关部门及行业的标准和有关技术要求，在规定的使用寿命内，化工机械的材料必须能承受可能出现的各种物理、化学和生物的作用。化工机械的选材应考虑以下几个方面。

（1）选材必须全面考虑机器的用途、结构型式、工作特点、介质性质、材料的使用性能、工艺性和经济合理性等。

（2）如因材料老化或疲劳可能引起危险时，应选用耐老化或抗疲劳材料制造零部件，并应规定更换期限，其安全使用期限应小于材料老化或疲劳期限。

（3）易腐蚀的零部件应选用耐腐蚀材料制造，或采取某种方法加以防护。另外，可采取防腐蚀的结构设计。

（4）禁止使用对人有危害的材料或能与工作介质发生反应而造成风险（如爆炸、生成有害物质等）的材料。

2. 强度安全设计

要保证化工机械安全运行，必须要求它在寿命期内有足够的抗破坏能力、良好的可靠性和经受周围环境破坏的能力。

（1）在化工机械设计过程中，设计人员应当明确机械设备的作业条件、设备运行频率，加强对设计规范的认识，保证机械构件的强度、刚度与稳定性符合规范标准。在机械设计过程中，保证机械设备强度计算精确，同时保证数据的准确性。

（2）按照不同使用环境（如温度、湿度、气压、负载、冲击、振动、腐蚀介质等）的要求，化工机械必须具有适应环境的足够能力，特别是防腐蚀、耐磨损和抗疲劳的能力。

（3）设计时应规定机械的使用寿命，当化工机械达到使用寿命后，必须报废。若要继续使用，必须经技术部门仔细检查做出鉴定，并更换必要的零部件。

3. 结构安全设计

不合理的结构可以使化工机械某些零部件产生过高的局部应力，并最后导致机件的疲劳破裂或脆性断裂。因此，应合理选择机械各种受力零部件的结构和连接方式，在规定使用寿命内按规定条件使用时，不得产生断裂、破碎。

（1）应尽量避免机械各承压部位连接处几何形状、厚度、材料和载荷（包括温度）等发生突变，因为这些总体和局部结构的不连续，会产生过高的局部应力。对于难以避免的结构不连续，可以采用圆滑过渡或斜坡过渡的结构形式。

（2）合理选择焊接结构和接头形式，避免会产生过大焊接应力或附加应力的刚性结构，优先采用等厚对接接头，尽量少用连接强度差的搭接和易产生未焊透的角接接头。

（3）在不影响功能的情况下，机械零部件应设计成不带易伤人的锐角、利棱、凸凹不平的表面和较凸出的部分。

（4）对传动装置和旋转机件，应将它们密闭起来或加防护罩，使人接触不到转动部位。

（5）机械设备上供人员作业的工作位置应安全可靠，其工作空间应保证操作人员的头、臂、手、腿、足有充分的活动余地，危险作业点应留有足够的退避空间。

3.1.3　化工机械安全保护装置

在化工机械中，应设计和安装必要的安全保护装置，当机械运行中出现异常、发生故障甚至危险时，安全保护装置能及时发出警报或自动采取停机等安全措施，以防事故发生，保证安全生产。

1. 安全阀

压缩机的气缸以及排气管路系统都是按预定的使用压力进行设计的。如果压缩机系统中某一级的压力超过最高许用压力（或规定工作压力）时，就有可能使排气系统发生塑性变形甚至遭到破坏而引起恶性爆炸事故。因此，为了保证压缩机及管路系统安全运行，必须在压缩机每一级后面的管路中都安装安全阀。一旦压缩机系统中的压力超过规定值时，安全阀能自动开启放出气体。待气体压力下降到一定值时，安全阀又自动关闭。所以，安全阀是一种可自动排放泄压、起自动保护作用的器件。

2. 安全联锁装置

安全联锁装置是防止误操作和化工机械安全运行的有效措施。例如，为保证离心式压缩机运行中不发生故障和安全启动，一般是把驱动机和压缩机的联锁回路结合在一起，设置继电器或限位开关，使压缩机在不具备外部油压上升、盘车装置的齿轮自动脱开和不准出现带液现象这 3 个条件时，压缩机不能启动。常用的安全联锁装置有电器操作安全联锁装置、液压操作安全联锁装置及联合操作安全联锁装置等。

3. 信号警报装置

压缩机在运行时，若出现压缩气体压力异常升高（超过规定值）、润滑油油压下降、压缩机振动过大等异常情况时，都应设置相应的警报装置，发出报警信号或紧急停车，以保护压缩机安全运行。

4. 紧急刹车装置

紧急刹车是为了排除危险而采取的紧急措施。例如，离心机应设有紧急刹车装置，在紧急制动时，离心机的转鼓应在 30 s 内完全停止。

5. 过载保护装置

对离心机特别是刮刀卸料、螺旋卸料离心机来说，如果发生过载（如进料过多），就有可能烧坏电机或引起强烈振动，毁坏机器，甚至造成人员伤亡。因此，需装设专门的过载保护装置。过载保护装置有机械式、机械液压式、电控机械式和电器过载保护装置等类型。

6. 油压过低保护装置

气体压缩机的油压过低保护装置，在出现运转中短时间油量减少或断油时，就会发出警报与停机联锁，以确保压缩机安全运行。

除上述安全保护装置外，在一些化工机械中安装使用的还有轴向位移仪、测振仪、超速危急遮断装置等安全保护装置。

3.2 典型化工机械安全技术

化工机械种类很多，结构各异，其具体防护措施也不尽相同。这里只介绍石油化工生产中用得较多、易发生故障的离心泵、往复泵、压缩机和离心机的安全操作和维护技术。

3.2.1 泵的安全技术

泵是输送液体的动机械。其种类虽然很多，但基本上可以分为动力泵（或称叶片泵）、容积泵和其他类型泵 3 大类型，这 3 类泵分别依靠工作叶轮的旋转运动、工作室容积的间歇改变和工作液体的能量，来达到输送液体的目的。

1. 离心泵的操作安全

离心泵具有结构简单、性能稳定、检修方便、操作容易和适应性强等特点，在石油化工生产中应用十分广泛。

1）离心泵的结构与工作原理

离心泵是依靠叶轮的高速回转使液体获得能量，产生吸、排作用，从而达到输送液体的目的。离心泵种类繁多，相应的分类方法也多种多样，但基本构造和原理相同。图 3-1 是单级单吸离心泵的结构示意图。叶轮是离心机的核心元件，一般有 6~12 片后弯叶片。叶轮有开式、半开式和闭式 3 种，如图 3-2 所示。有单吸和双吸两种吸液方式，如图 3-3 所示。多级泵可达到较高的压头，如图 3-4 所示。

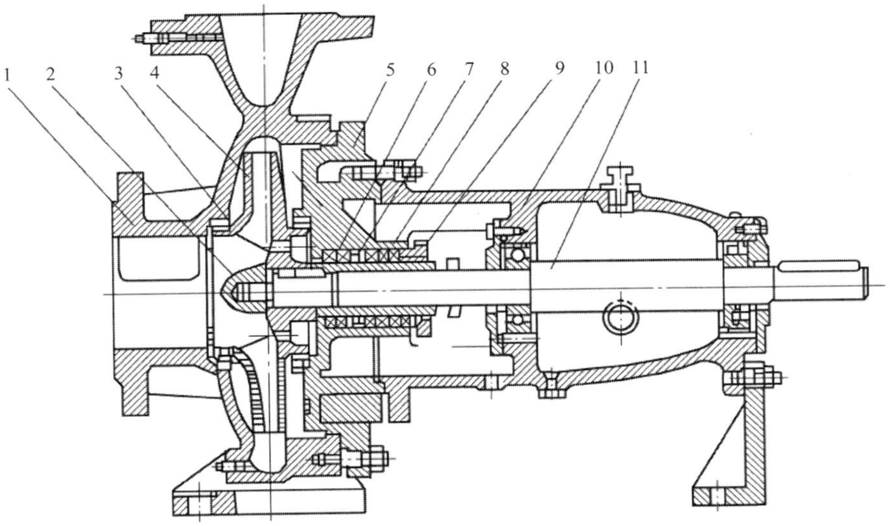

图 3-1　单级单吸离心泵的结构

1—泵体；2—叶轮螺母；3—密封环；4—叶轮；5—泵盖；6—轴套；7—填料杯；8—填料
9—填料压盖；10—悬架轴承部件；11—轴

(a) 开式　(b) 半开式　(c) 闭式

图 3-2　离心泵的叶轮

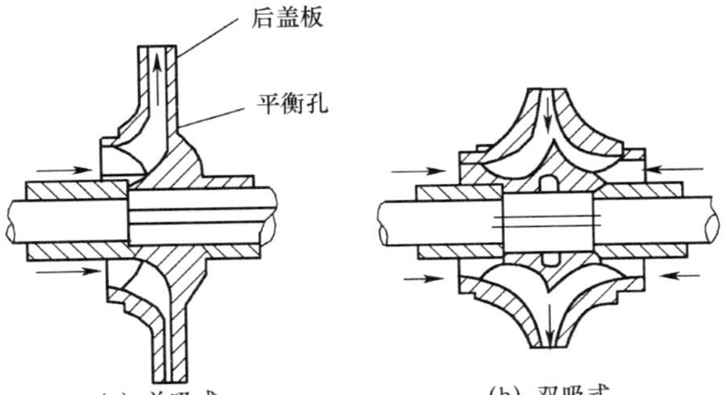

(a) 单吸式　(b) 双吸式

图 3-3　离心泵的吸液方式

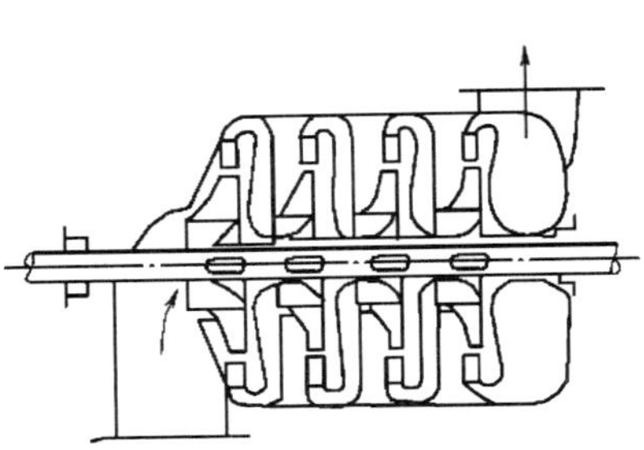

图 3-4　多级泵示意图

2）离心泵的安全运行与操作

离心泵的安全运行与操作注意事项如下。

（1）开泵前，检查泵的进排出阀门的开关情况，泵的冷却和润滑情况，压力表、温度计、流量表等是否灵敏，安全防护装置是否齐全。

（2）盘车数周，检查是否有异常声响或阻滞现象。

（3）按要求进行排气和灌注。如果是输送易燃、易爆、易中毒介质的泵，在灌注、排气时，应特别注意不能使介质从排气阀内喷出。如果是易腐蚀介质，不能使介质喷到电机或其他设备上。

（4）应检查泵及管路的密封情况。

（5）启动泵后，检查泵的转动方向是否正确。当泵达到额定转数时，检查空负荷电流是否超高。当泵内压力达到工艺要求后，立即缓慢打开出口阀。泵开启后，关闭出口阀的时间不能超过 3 min。因为泵在关闭排出阀运转时，叶轮所产生的全部能量都变成热能使泵变热，时间一长有可能把泵的摩擦部位烧毁。

（6）停泵时，应先关闭出口阀，使泵进入空转，然后停下原动机，关闭泵入口阀。

（7）泵运转时，应经常检查泵的压力、流量、电流、温度等情况，应保持良好的润滑和冷却，应经常保持各连接部位、密封部位的密封性。

（8）如果泵突然发出异声，出现振动、压力下降、流量减小、电流增大等不正常情况时，应停泵检查，找出原因后再重新开泵。

（9）结构复杂的离心泵必须按制造厂家的要求进行启动、停泵和维护。

3）离心泵的故障处理

离心泵的故障类型、发生原因及处理方法见表 3-1。

表 3-1　离心泵的故障原因及处理方法

故　障	原　因	处理方法
泵启动后不供液体	气未排净，液体未灌满泵 吸入阀门不严密 吸入管或盘根箱不严密 转动方向错误或转速过低 吸入高度大 盘根箱密封液管闭塞 过滤网堵塞	重新排气、灌泵 修理或更换吸入阀 更换填料，处理吸入管漏处 改变电机接线，检查处理原动机 检查吸入管，降低吸入高度 检查清理密封管 检查清理过滤网
启动时泵的负载过大	排出阀未关死或内漏 从平衡装置引出液体的管道堵塞 叶轮平衡盘装得不正确 电动机短相	开泵前关闭排出阀，修理或更换排出阀 检查和清洗平衡管 检查和清除不正确的装配 检查电机接线和保险丝

续表

故　障	原　因	处理方法
在运转过程中流量减小	转速降低 有气体进入吸入管或进入泵内 压力管路中阻力增加 叶轮堵塞 密封环、叶轮磨损	检查原动机 检查入口管，消除漏处 检查所有阀门、管路、过滤器等可能堵塞之处，并加以清理 检查和清洗叶轮 更换磨损的零部件
在运转过程中压头降低	转速降低 液体中含有气体 压力管破裂 密封环磨损或损坏，叶轮损坏	检查原动机，消除故障 检查和处理吸入管漏处，压紧或更换盘根，将气体排出 关小排出阀，处理排气管漏处 更换密封环或叶轮
原动机过热	转数超过额定值 泵的流量大于许可流量而压头低于额定值 原动机或泵发生机械损坏	检查原动机，消除故障 关小排出阀门 检查、修理或更换损坏的零部件
发生振动或异声	机组装配不当 叶轮局部堵塞 机械损坏，泵轴弯曲，转动部分咬住，轴承损坏 排出管和吸入管紧固装置松动 吸入高度太大，发生气蚀现象	重新装配、调整各部间隙 检查、清洗叶轮 检查或更换损坏的零部件 加固紧固装置 停泵，采取措施降低吸入管高度

2. 往复泵的操作安全

往复泵是容积泵的一种，它依靠活塞在泵缸内做往复运动，使二者所围成的容积做周期性的变化，实现压送液体的目的。由于往复泵结构复杂，易损件多，流量有脉动，大流量往复泵笨重，所以在许多场合被离心泵所取代。但在输送高压力、小流量、黏度大的液体时，仍采用各种形式的往复泵。

1）往复泵的工作原理与类型

往复泵主要由泵体（泵缸）、活塞（柱塞）、吸入阀、排出阀等组成，如图 3-5（a）所示。活塞由曲柄连杆机构带动做往复运动。活塞由于外力的作用向右移动时，泵体内因容积增大造成低压，上端的排出阀被压而关闭，下端的吸入阀便被泵外液体的压力推开，将液体吸入泵体内；相反，当活塞向左移动时，泵体内液体受到挤压而造成高压，吸入阀被压而关闭，排出阀受压开启，将液体排出泵外，如此，活塞不断进行往复运动，就将液体不断地吸入和排出。活塞运动的距离称为行程。

往复泵类型很多，一般按泵头的形式、泵缸的数目、布置方式、驱动方式及其用途来分类。按泵头的工作形式可分为活塞（柱塞）泵和隔膜泵。隔膜泵的结构如图 3-5（b）所示，它依靠隔膜片的来回鼓动达到吸入和排出液体的目的。

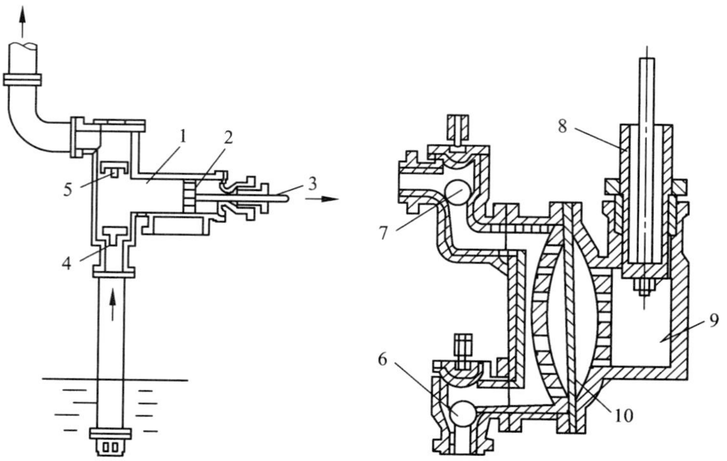

(a) 往复泵　　(b) 隔膜泵

图 3-5　往复泵的结构

1—泵缸；2—活塞；3—活塞杆；4—吸入阀；5—排出阀；6—吸入活门；7—压出活门；8—活柱；9—水（油）缸；10—隔膜

2）往复泵的安全运行与操作

（1）泵在启动前必须进行全面检查，检查的重点是：盘根箱的密封性、润滑和冷却系统状况、各阀门的开关情况、泵和管线的各连接部位的密封情况等。

（2）盘车数周，检查是否有异常声响或阻滞现象。

（3）具有空气室的往复泵，应保证空气室内有一定体积的气体，应及时补充损失的气体。

（4）检查各安全防护装置是否完好、齐全，各种仪表是否灵敏。

（5）为了保证额定的工作状态，对蒸汽泵通过调节进汽管路阀门改变双冲程数；对动力泵则通过调节原动机转数或其他装置。

（6）泵启动后，应检查各传动部件是否有异声，泵负荷是否过大，一切正常后方可投入使用。

（7）如果泵运转时突然出现不正常，应停泵检查。

（8）结构复杂的往复泵必须按制造厂家的操作规程进行启动、停泵和维护。

3）往复泵故障处理

往复泵的故障类型、发生原因及处理方法见表 3-2。

表 3-2　往复泵的故障原因及处理方法

故　障	原　因	处理方法
不吸水	吸入高度过大 底阀的过滤器被堵或底阀本身有毛病 吸入阀或排出阀泄漏严重 吸入管路阻力太大	降低吸入高度 清理过滤器或更换底阀 修研或更换吸入阀或排出阀 清理吸入管，吸入管减少弯头或加大弯头曲率半径，更换成较粗的管线
流量低	泵缸活塞磨损 吸入阀或排出阀漏 吸入管路漏气严重	更换活塞或活塞环 更换吸入阀、排出阀 处理漏处
压头不足	泵缸活塞环及阀漏 动力不足、转动部分有故障（动力泵） 蒸汽不足、蒸汽部分漏气（蒸汽泵）	更换活塞环、修研或更换阀 处理转动部分故障、加大电机 提高蒸汽压力、处理蒸汽漏处
蒸汽耗量大	蒸汽缸活塞环漏气 盘根箱漏气	更换蒸汽缸活塞环 更换盘根
有异常响声	冲程数超过规定值 阀的举高过大 固定螺母松动 泵内掉入杂物 吸入空气室空气过多排出，空气室空气太少	调整冲程数 修理阀 紧固螺母 停泵检查，取出杂物 调整空气室的空气量
零件发热	润滑油不足 摩擦面不干净	检查润滑油油质和油量，更换新油 修研或清洗摩擦面

3.2.2　压缩机的安全技术

压缩机是一种将机械能转变为气体的能量，用来对气体进行压缩以提高气体压力或输送气体的机械。压缩机的用途极广，在化工生产中是必不可少的关键设备。由于压缩机输送介质有易燃、易爆或有毒的气体，如果维护、保养不及时，容易引起事故，所以加强压缩机的安全管理非常重要。

1. 压缩机的分类、结构与工作原理

压缩机的种类很多。按照压缩气体的原理、能量转换方式的不同、压缩机可分为容积式和速度式（透平式）两种类型。容积式压缩机靠在气缸内往复或回转运动的活塞，使气体容积缩小，从而提高气体压力。它又可分为回转式和往复活塞式（简称往复式或活塞式）两种。速度式压缩机靠高速旋转的叶轮，使气体得到巨大的动能，随后在扩压器中急剧降速，从而使气体动能转化为压力能。这类压缩机又可分为离心式、轴流式和混流式3种。

1）活塞式压缩机

活塞式压缩机主要由 3 大部分组成：运动机构（包括曲轴、轴承、连杆、十字头、皮带轮或联轴器等）、工作机构（包括气缸、活塞、气阀等）和机身。此外，压缩机还配有 3 个辅助系统：润滑系统、冷却系统以及调节系统。图 3-6 为活塞式压缩机的结构原理图。

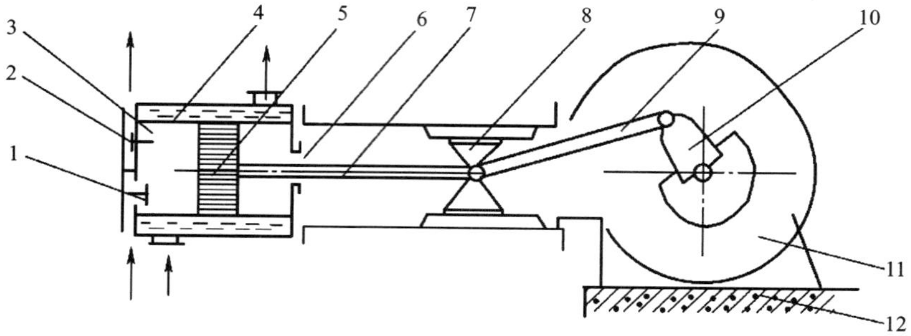

图 3-6 活塞式压缩机结构原理图

1—吸气阀；2—排气阀；3—气缸；4—水套；5—活塞；6—填料函；7—活塞杆；
8—十字头；9—连杆；10—曲轴；11—机身；12—基础

活塞式压缩机的工作原理是：借助曲柄连杆运动机构，活塞在气缸内做周期性往复运动，活塞与气缸组成的空间（称为工作容积）周期性地扩大与缩小。当空间扩大时，气缸内的气体膨胀，压力降低，吸入气体；当空间缩小时，气体被压缩，压力升高，排出气体。活塞往复一次，依次完成膨胀、吸气、压缩、排气 4 个过程，总称为一个工作循环。当要求压力较高时，可以采用多级压缩。

运动机构中的曲轴、连杆、连杆螺栓、活塞杆断裂是活塞式压缩机常见的事故。气缸和活塞是实现气体压缩的主要零部件，气缸发热、异常振动、开裂和活塞断裂事故，在活塞式压缩机工作中也屡见不鲜。活塞环、气阀阀片与弹簧和填料是易损件，它们的寿命长短与可靠性将直接影响压缩机运行的稳定性运行周期。

活塞式压缩机辅助系统的零部件包括滤清器、缓冲器、气液分离器、中间冷却器、注油器、油泵和管路系统等，其中缓冲器、中间冷却器、气液分离器的燃烧爆炸事故较为常见。

2）离心式压缩机

离心式压缩机按其结构特点可分为水平剖分型和垂直剖分型两种。图 3-7 为水平剖分型离心式压缩机。

离心式压缩机是速度式压缩机的主要类型之一。与活塞式压缩机不同，离心式压缩机中气压的提高，是靠高速旋转的叶轮，使气体获得巨大的动能，随后在扩压器中急剧降速，从而将动能转化为压力能来实现的。其工作原理是：当叶轮高速旋转时，气体跟着旋转，在离心力的作用下，气体被甩到后面的扩压器中去，而在叶轮处形成真空地带，这时外界的新鲜气体进入叶轮。叶轮不断旋转，气体不断地吸入并甩出，从而保持了气体的连续流动。由于气体在压缩机中流动方向与主轴线垂直，故称离心式压缩机，它与轴流式压

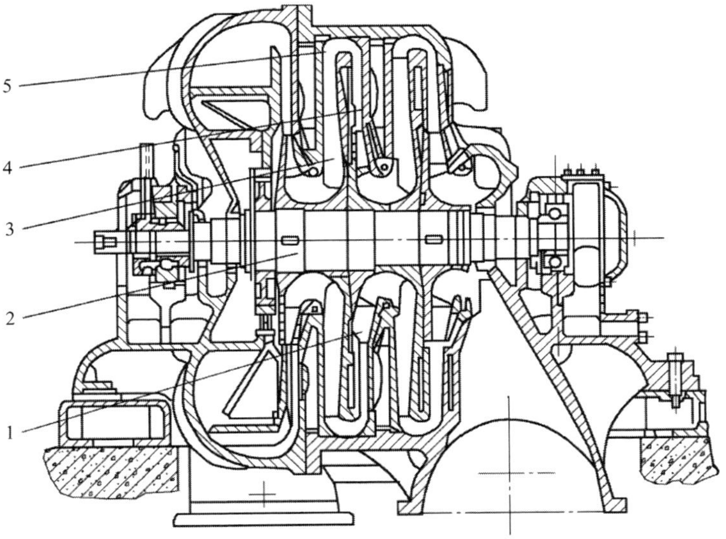

图 3-7　水平剖分型离心式压缩机

1—叶轮；2—主轴；3—扩压器；4—回流器；5—弯道

缩机统称为速度式压缩机。

石油化工生产用的大型离心式压缩机，一般分为多段进行压缩，段与段之间设置冷却器。一般每一个段又由一个或多个压缩级组成。每一个级是离心式压缩机升压的基本单元，它主要由一个叶轮及与其相配合的固定元件构成。叶轮是离心式压缩机中唯一做功部件，大部分压力是在叶轮中形成的。单级压缩所能产生的压力是有限的，对于较高压力，要靠采用多级压缩的方法得到，即经上一级压缩的气体再通过弯道、回流器流入下一级叶轮进一步压缩，从而使气体压力达到工艺所需要求。

离心式压缩机的转速很高，对动平衡要求极高，如转子不平衡就会引起叶轮飞裂、叶片断裂、转子损坏、轴承与轴瓦烧坏以及异常振动。

除离心式压缩机外，轴流式压缩机也是速度式压缩机的主要类型之一，它与离心式压缩机最大的区别是气体流动的方向不同，轴流式压缩机的气体流动方向与主轴轴线平行，气体从轴向进入高速旋转的叶片，然后被叶片推到导叶中扩压，最后沿轴向排出。因此，轴流式压缩机的最高效率可达到 90%。有关轴流式压缩机和其他类型压缩机的详细介绍，可参看相关书籍，这里不再赘述。

2. 压缩机操作中的危险因素

压缩机操作中的危险因素包括机械伤害、爆炸和着火、中毒、噪声危害、高温与中暑等。

（1）机械伤害。压缩机的轴、联轴器、飞轮、活塞杆、皮带轮等裸露运动部件可造成对人的伤害。零部件的磨蚀、腐蚀或冷却、润滑不良及操作失误，超温、超压、超负荷运转，均有可能引起断轴、烧瓦、烧缸、烧填料、零部件损害等重大机械事故。这不仅造成机械设备损坏，对操作者和附近的人也会构成威胁。

（2）爆炸和着火。输送易燃易爆介质的压缩机，在运转或开停车的过程中极易发生爆炸和着火事故。这是因为气体在压缩过程中温度和压力升高，使其爆炸下限降低，爆炸危险性增大。同时，温度和压力的变化，易发生泄漏。处于高温、高压的可燃介质一旦泄漏，体积会迅速膨胀并与空气形成爆炸性气体，加上泄漏点漏出的气体流速很高，极易在喷射口产生静电火花而导致着火爆炸。

（3）中毒。输送有毒介质的压缩机，由于泄漏、操作失误、防护不当等，易发生中毒事故。另外，在生产过程中对废气、废液的排放管理不善，或违反操作规程进行不合理排放，操作现场通风、排气不好等，也易发生中毒。

（4）噪声危害。压缩机在运转时会产生很强的噪声。如空气鼓风机、煤气鼓风机、空气透平机等的工业噪声级常可达到92~110 dB，大大超过国家规定的噪声级标准，对操作者有很大危害。

（5）高温与中暑。压缩机操作岗位环境温度一般比较高，特别是夏季，受太阳辐射热的影响，常产生高温、高湿度、强热辐射的特殊气候条件，影响人体的正常散热功能，引起体温调节障碍而引起中暑。

3. 压缩机操作安全

压缩机操作应遵守下列原则。

（1）时刻注意压缩机的压力、温度等各项工艺指标是否符合要求。如有超标现象应及时查找原因，及时处理。

（2）经常检查润滑系统，使之通畅、良好。所用润滑油的牌号必须符合设计要求。润滑油必须严格实行三级过滤制度，充分保证润滑油的质量。属于循环使用的润滑油，必须定期分析化验，并定期补加新油或全部更换再生，使润滑油的闪点、黏度、水分、杂质和灰分等各项指标保持在设计要求范围之内。采用循环油泵供油的，应注意油箱的油压和油位；采用注油泵自动注油的，则应注意各注油点的注油量。

（3）气体在压缩过程中会产生热量，这些热量是靠冷却器和气缸夹套中的冷却水带走的。必须保证冷却器和水夹套的水畅通，不得有堵塞现象。冷却器和水夹套必须定期清洗，冷却水温度不应超过40℃。如果压缩机运转时，冷却水突然中断，应立即关闭冷却水入口阀，而后停机令其自然冷却，以防设备很热时，放进冷却水使设备骤冷发生炸裂。

（4）应随时注意压缩机各级出入口的温度。如果压缩机某段温度升高，则有可能是压缩比过大、活门坏、活塞环坏、活塞托瓦磨损、冷却或润滑不良等原因造成的。应立即查明原因，做相应的处理。如不能立即确定原因，则应停机全面检查。

（5）应定时（每30 min）把分离器、冷却器、缓冲器分离下来的油水排掉。如果油水积蓄太多，就会带入下一级气缸。少量带入会污染气缸、破坏润滑，加速活塞托瓦、活塞环、气缸的磨损；大量带入则会造成液击，毁坏设备。

（6）应经常注意压缩机的各运动部件的工作状况。如有不正常的声音、局部过热、异常气味等，应立即查明原因，做相应的处理。如不能准确判断原因，应紧急停车处理。待查明原因，处理好后方可开车。

（7）压缩机运转时，如果气缸盖、活门盖、管道连接法兰、阀门法兰等部位漏气，需停机卸掉压力后再进行处理。严禁带压松紧螺栓，以防受力不均、负荷较大导致螺栓断裂。

（8）在寒冷季节，压缩机停车后，必须把气缸水夹套和冷却器中的水排净，或使水在系统中强制循环，以防气缸、设备和管线冻裂。

（9）压缩机开车前必须盘车。压缩可燃气体的压缩机开车前必须进行置换，分析合格后方可开车。

3. 压缩机故障处理

压缩机常见故障类型、发生原因及排除方法见表 3–3。

表 3–3　压缩机常见故障发生原因及处理方法

故　障	原　因	处理方法
轴瓦发热	轴瓦（轴承）间隙不好、轴承损坏 润滑不良、润滑油脏	调整轴瓦（轴承）间隙、修理或更换轴瓦（轴泵） 调整润滑油量，清洗油龙头、油过滤网和油过滤器或更换新油
气缸温度高	冷却水量不足、冷却水温度高 冷却水夹套堵塞 压缩比大 气缸活门坏 活塞环坏 气缸内润滑油不足 气缸拉毛 活塞托瓦磨损 气缸余隙量大	加大冷却水量、降低水温 清理冷却水夹套 调整压缩比 更换损坏的气缸活门 停车检查更换活塞环 调整注油器的注油量 停车修理气缸套 停车重新挂托瓦 调整气缸余隙
轴瓦（轴承）发出不正常响声	轴承（轴瓦）松动，瓦量大 轴承（轴瓦）损坏 轴承（轴瓦）润滑不良	重新调整轴承（轴瓦）量 更换轴承（轴瓦） 改善润滑
气缸内发出异常响声或撞击声	气缸内带入液体，发生液击 气缸内有杂物 气缸余隙过小 活塞背帽松动 气缸润滑不良，气缸拉毛 活塞托瓦磨损严重 活塞环坏	及时排放冷却器、分离器、缓冲器内的油水，紧急停车，清除气缸内的积水 紧急停车，清除气缸内的杂物 重新调整气缸余隙 停车，拧紧活塞背帽 加强润滑，修研气缸套 活塞重新挂托瓦或更换托瓦 更换活塞环
气缸活门发出异常声音或有倒气声	活门弹簧力太弱或坏 活门阀片坏 活门座密封口坏 活门固定螺栓松动 活门内垫坏	修理或更换活门 修理或更换活门 修理或更换活门 修理或更换活门 更换活门内垫

续表

故　障	原　因	处理方法
某段出口压力升高，而下一段压力降低	下一段气缸活门坏 下一段活塞环坏 下一段气缸余隙过大	更换下一段气缸活门 更换下一段活塞环 调整下一段气缸余隙
某段出口压力下降	本段气缸活门坏 本段活塞环坏 本段近路阀、放空阀、排油水阀内漏或振开 压力调节器故障	更换本段气缸活门 更换本段活塞环 关死上述阀门、检查、修理或更换上述阀门 检查、修理压力调节器
吸入压力下降	入口过滤器堵塞 入口水封积水过多 加量过大、过猛 前一工序有问题 入口压力调节器故障	清理入口过滤器 放掉适量入口水封中的水 缓慢加量，调整负荷 打开循环，与前一工序联系 修理入口压力调节器
吸入压力升高	气缸活门坏 活塞环坏 近路阀开度太大 压力调节器失灵 前一工序有问题	更换气缸活门 更换活塞环 调整近路阀开度 修理压力调节器 与前一工序联系
打气量降低	气缸活门坏 活塞环坏 气缸余隙过大 吸气压力低 各级吸气温度高 各段近路、放空和排油水阀内漏或开度大	更换气缸活门 更换活塞环 调整气缸余隙 联系前一工序，清理入口分离器，排放入口水封积水 清洗冷却器、气缸水夹套，加大水量，降低水温 调整阀的开度、修理或更换内漏阀门
填料温度高或漏气	填料修理质量差 填料装配间隙不当 填料材质不对 填料润滑不良 填料冷却不良 活塞杆磨损或有疤痕	重新修理填料 重新调整填料各部间隙量 选择符合要求的材质 调整注油量，加强润滑 清理填料冷却水套，加大水量 修理或更换活塞杆

续表

故　障	原　因	处理方法
中体部位发出异常声响或温度升高	十字头与活塞杆连接松动	紧固十字头与活塞杆连接螺栓
	十字头销松动	拧紧十字头销的固定螺栓
	连杆小头瓦量过大或过小，小头瓦松动	调整小头瓦量或更换小头瓦
	十字头滑板松动	拧紧滑板固定螺栓
	十字头滑板磨损或损坏	修理或更换十字头滑板
	中体滑道拉毛	修理中体滑道
	润滑不良	调整油量，如油脏更换新油
	十字头滑板与滑道间隙过大或过小	调整滑板间隙
	十字头跳动或跑偏	拉线、调整
	中体滑道处有异物	取出异物
主轴箱内发出异常响声	主轴瓦、甩瓦松动	紧固主轴瓦、甩瓦固定螺栓
	主轴瓦、甩瓦量过大或过小	调整主轴瓦、甩瓦量
	主轴瓦、甩瓦损坏	更换主轴瓦、甩瓦
	主轴、连杆的窜量大	调整主轴、连杆窜量
	曲拐碰击油管或其他异物	重新排布油管、电偶管，取出异物
	主轴瓦、甩瓦润滑不良	吹通油路，加大油量，保证油质
	主轴箱回油不畅，箱内积油过多	疏通主轴箱回油管路
压缩机振动严重	气缸内油水多	及时排放油水，调整气缸内的注油量，停车、清除气缸内积水
	压缩机的地脚螺栓松动	重新调整和紧固地脚螺栓
	各段压缩比失调	调整各段压缩比
	气缸、滑道、连杆不在一条直线上	重新拉线找正
	中体或气缸的固定螺栓松动	紧固中体或气缸的固定螺栓
	设计考虑脉动不够，使缓冲器和配管不合理	应用气流脉动原理重新加设缓冲器和重新配管
	附属设备固定卡或支架不牢或松动	加固管道和设备固定卡和支架

3.2.3　离心机安全技术

离心机是高效分离机械，广泛用于石油化工等部门。离心机有一个绕本身轴线高速旋转的圆筒，称为转鼓。离心机借助转鼓高速回转产生的离心力来分离液相非均一混合物。由于离心机转鼓的转速极高，处理的物料大多是易燃易爆物质，因操作不慎或违章作业，易引起转鼓破裂、位移、物料泄漏导致火灾。

1. 离心机的分类、结构与工作原理

离心机的结构形式很多，分类方法也有很多。按照分离原理不同，可分为以下 3 种类型。

（1）过滤式。转鼓壁上有孔，借离心力实现过滤分离。主要用于分离固体含量较多、固体颗粒较大的悬浮液。

（2）沉降式。鼓壁上无孔，借离心力实现沉降分离。主要用于分离含固体量少、固体颗粒较细的悬浮液。

（3）分离式。鼓壁上无孔。主要用于乳浊液的分离和悬浮液的增浓或澄清。

此外，离心机还可以按卸渣方式，分为刮刀卸料、活塞推料、螺旋卸料、离心力卸料、振动卸料、颠动卸料6种类型。

在各种离式机中，以三足离心机最古老，用得比较多，一般工伤事故也较多。这是一种上部卸料、间歇操作的过滤设备，由机体（包括外壳、底盘、悬挂装置）、转鼓、主轴装置和传动装置等构成。物料由上部加入转鼓，在离心力场作用下，液相穿过过滤介质排出机外，固相物截留在转鼓内，停机后由人工从上部卸料，如图3-8所示。

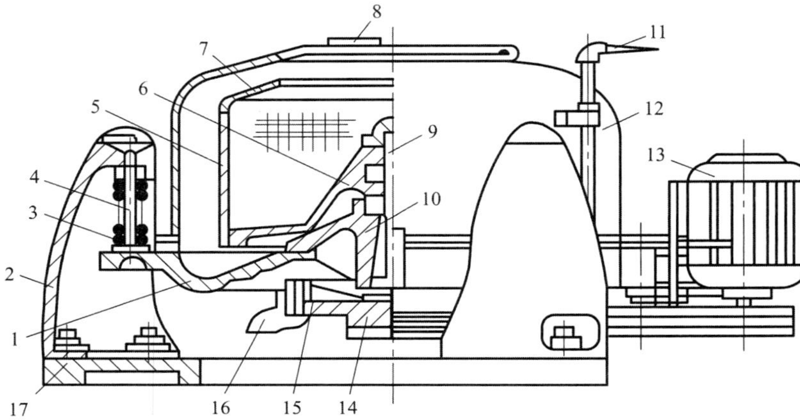

图3-8　上部卸料三足式离心机

1—底盘；2—支柱；3—缓冲弹簧；4—摆杆；5—转鼓体；6—转鼓底；7—拦液板；8—机盖；9—主轴；10—轴承座；11—制动器把手；12—外壳；13—电动机；14—带轮；15—制动轮；16—滤液出口；17—机座

2. 离心机操作中的危险因素

离心机操作中的危险因素主要有以下几个方面。

（1）处理易燃易爆物料时，易燃物质与空气能形成爆炸性混合物。在刮刀离心机处理的物料温度低于或等于其闪点或非刮刀式离心机处理的物料高于或等于其闪点时，发生燃烧爆炸的可能性大。

（2）离心机下料不均匀，转鼓负荷过大，偏心运转，致使转鼓与机壳摩擦起火，引起机内可燃性气体爆炸。

（3）离心机下料管紧固螺丝松动，与推料器相碰撞产生火花，引起机内可燃性气体爆炸。

（4）离心机使用时间长，腐蚀严重，使转鼓变薄。

（5）违反操作规程，超电流、超温、超压运转，或在岗位上吸烟引爆。

（6）超速运转，使其应力超过转鼓材料的许用应力引起转鼓爆炸。

（7）进料时，空气随液体漩涡一起进入离心机。

3. 预防措施

为了防止离心机发生事故，离心机操作时应注意以下几点。

（1）离心机启动前必须用氮气对离心机内的空气进行彻底置换，并分析氧浓度在 1%~2%下，方可开车采用氮气或二氧化碳等惰性气体或烟道气冲淡氧气浓度，以达到保护作用。或采用流量、压力监测法控制氧气浓度。

（2）严格执行操作规程，控制投料量，且保证下料均匀，发现下料不均匀及时处理。定检查离心机上的放空管，使之畅通无阻，或加装抽风管，防止离心机内可燃性气体积聚。

（3）安装时拧紧紧固螺丝。

（4）加强设备维护管理，特别要加强易腐蚀设备的防腐和管理。

（5）开启压液阀门时不宜开得过大，防止超压运转，严格劳动纪律，严禁上班吸烟。

（6）安装限速器控制转鼓在其安全转速范围内运转，以防止转鼓超速。

（7）处理有燃烧爆炸危险的物料，离心机进料时，乳液和洗液必须通过氮气密封。

4. 离心机的维护与管理

离心机维护与管理时应注意以下几点。

（1）做好启动前的准备工作。启动前消除离心机周围的障碍物；检查转鼓有无不平衡迹象；检查润滑油泵各注油点，确保已注油，检查所有的冷却润滑油（液）是否符合规定；检查离心机的电动机架、防振垫是否安装得牢固，全部紧固件是否已紧固；保证电器线路正确连接。

（2）正确启动离心机。按操作规程启动离心机电动机；调节离心机转速在正常信号控制范围内；缓慢打开进料阀。

（3）确保运行时的安全，加强维护。离心机运行时，要经常检查各转动部位的轴承温度，各连接螺栓有无松动现象、异常声音和强烈振动。严格按操作规程作业，不允许超负荷运行，要保证下料均匀，避免发生偏心运转而导致转鼓与机壳产生摩擦火花。进入离心机进行人工卸料、清理或检修时，必须切断电源，取下保险，挂上警告牌。离心机在设计安装时，应根据情况采取防振、隔振措施，减少机器噪声和振动，其在正常运转时的噪声声级控制在 85 dB 以下。制动装置和主电机应设置联锁装置，且保证准确可靠。发现轴承温度过高、转鼓与机壳摩擦、油泵油压不高等不正常情况时，应及时调整使之恢复正常状态。

3.3　化工机械常见事故及其预防

由于石油化工生产的特点和化工机械的工作条件，决定了化工机械在操作过程中存在一些固有的潜在危险。这些危险导致的故障和事故，轻者使机械设备损坏，影响设备和生产系统的正常运行，重者引起着火爆炸、窒息中毒和灼伤等人身伤亡的严重后果。

3.3.1 化工机械常见事故类型

化工机械操作中的常见事故类型包括机械伤害、燃烧和爆炸、中毒、振动危害、噪声危害、高温与中暑等。

1. 机械伤害

泵、压缩机、离心机等裸露的运动部件可造成对人的伤害。在离心机加料时，如果操作者的手指、手臂不慎与转鼓式离心机转鼓内的物料接触，可造成手指、手臂折断，甚至身体被拽入转鼓内，造成人身伤亡。机械零部件的设计制造缺陷，磨损、腐蚀和剧烈振动，疲劳、老化和超期服役，冷却、润滑不良及操作失误，超温、超压、超负荷运转等，均有可能引起零部件断裂、飞出等重大机械事故。全国大型压缩机曾发生过多起活塞杆断裂、叶轮叶片断裂、气缸开裂等机械事故。另外，离心式压缩机在开、停车过程中易发生喘振现象，如果长期在此种工况下运行，压缩机的轴封、轴承、止回阀、管子接头、管子支架等都会很快地被破坏，因此需要格外慎重。离心机由于高速旋转、腐蚀、振动等原因，有可能导致转鼓破裂。这些机械事故不仅会造成机械设备损坏，也会对操作者和附近的人构成威胁，甚至造成人员伤亡。

2. 燃烧和爆炸

燃烧和爆炸是化工机械操作中发生较多而且危害甚大的事故类型。石油化工用压缩机发生燃烧爆炸的危险性极大。这是因为石油化工用压缩机的压缩介质绝大多数是易燃易爆的气体，气体在压缩过程中温度和压力升高，使其爆炸下限降低，爆炸危险性增大，而且在高压条件下极易泄漏。可燃性气体可通过缸体连接处、吸排气阀门、设备和管道的法兰、焊口和密封等缺陷部位泄漏。处于高温、高压的可燃介质一旦泄漏或冲出，体积会迅速膨胀并与空气形成爆炸性气体，加上泄漏点漏出的气体流速很高，极易在喷射口产生静电火花而导致燃烧爆炸。除气体泄漏外，高温高压下积炭自燃、液体冲击、设计制造缺陷、安装维护不合理以及误操作和违章作业等也是压缩机发生燃烧爆炸的主要原因。

在某些工艺过程中，用离心机来分离易燃易爆的液体，当操作中同时具备可燃物、氧化剂和火源 3 个条件时，将会引起燃烧爆炸。石油化工用泵除输送清水外，多输送易燃、易爆、高温、超低温和化学腐蚀性等液体，也会因密封、安装不良、零部件（如出口止逆阀）断裂等原因，使易燃易爆液体喷出而发生燃烧爆炸和灼伤事故。

3. 中毒和窒息

输送有毒介质的化工机械（如石油化工用泵），由于泄漏、操作失误、防护不当等，易发生中毒和窒息事故，对人体产生不同程度的危害。另外，在生产过程中对废气、废液的排放管理不善，或违反操作规程进行不合理排放，操作现场通风、排气不好等，也易发生中毒和窒息。

4. 噪声危害

随着化工机械大型化、高速化发展，噪声已成为损害职工身体健康的公害之一。化工机器是一种噪声源，尤其是风机、离心式压缩机、活塞式压缩机所产生的噪声声级高。如透平压缩机的噪声级可达 90~95 dB（A），大大超过国家规定的噪声级标准 85 dB，对操作者有很大危害。如果长期在较高的噪声级下工作，不仅能损伤操作者的听觉，对其神经、心脏及消化系统也会产生不良影响，而且还会使其情绪烦躁，降低工作效率，甚至还会引发事故。

5. 振动危害

泵、风机和离心式压缩机的叶轮以及离心机的转鼓等，都是高速旋转构件，它们的转速由每分钟数百转至上万转。这些高速旋转机械常因共振、质量不平衡产生离心力等造成强烈的机组异常振动。例如，离心机转鼓的转速一般可达 4 500~9 000 r/min。因转鼓材料组织结构不均匀，制造加工过程中产生的各种误差（如椭圆度、偏心度和加工变形等）以及结构设计中的不对称等将导致转鼓不平衡，高转速下转鼓不平衡质量产生的离心力会引起离心机剧烈振动。强烈的振动不仅会直接危害操作者的身体健康，引起神经系统和心血管疾病，而且对机械设备本身也将带来严重的后果。它不但会导致连接件接头松脱、基础松动、支承移动，焊缝、绝缘破坏，压力表等附属仪表工作不稳定，加剧运动件与静止件的磨损和引起泄漏等故障，而且还会降低机器的性能，产生很大的噪声，恶化工作条件，严重影响机械运转的可靠性，甚至引起机械零部件断裂，爆炸等破坏性事故。

6. 高温与中暑

在石油化工生产中，有一些机械设备或岗位是在高温下操作的。例如，压缩机操作岗位环境温度一般比较高，特别是夏季，受太阳辐射热的影响，常产生高温、高湿度、强热辐射的特殊气候条件，影响人体的正常散热功能，引起体温调节障碍而引起中暑。

3.3.2　化工机械事故产生原因与预防措施

据统计数据和事故致因分析，导致化工机械事故的原因，主要有以下几个方面。

1）设计不合理、制造缺陷、安装不良

数据分析结果显示，设计不合理、制造缺陷、安装不良是导致化工机械事故频繁发生的主要原因。例如，通过对全国石油化工系统 224 起重大压缩机事故原因进行统计分析，结果表明，因设计制造问题而发生的事故达 79 起，占全部压缩机事故的 35%。

有很多运行中的机械设备存在设计缺陷，例如结构设计不合理，对强度的计算不准确，对材料的选择不合理，材质不符合要求、随意选用代材等。有的外观设计不够安全，有的操作部分设计不当，这些都可能导致机械结构不符合安全，使机械在操作中存在很大的安全隐患。

在化工机械的制造与安装中出现的问题，也会导致化工事故。一些化工机械的制造工艺存在不合理因素，加工制造的精度未能达标，热处理方法不妥，强度与硬度不合要求，焊接质量低劣。有些甚至存在着安装错误、遗落部件或者多装零件与工具的问题。

2）误操作、违章作业、检修不良

操作人员误操作、违章作业，检修不良，也是导致化工机械事故频繁发生的重要原因之一。许多化工机械的操作工人没有经过培训就直接上岗，缺乏对化工设备安全生产的认识，自我防护意识不足，安全防护能力低，造成其在操作或检修时违规操作行为时常发生。例如，在对压缩机进行负荷试车时，违反操作规程，没有用低压氮气吹除或吹除不彻底，引起压缩机燃烧爆炸。在操作离心机时，超电流、超温、超压运行，或在岗位上吸烟而引爆。

除此之外，还存在着操作机械时，工人注意力分散，违背安全生产要求的问题。

3）维护不周、管理不善

很多机械设备投入生产后，企业疏于对其进行维修与维护，导致为数不少的机械缺乏保养，带病运行或超期服役。机械在进行生产时会逐渐受到化学物料的侵蚀，还会不断受到磨损、疲劳、振动等损害。石油化工生产活动中，生产周期一般历时较长，如果忽视对机械的维护、保养和安全管理，就会形成巨大的安全隐患，极易引发化工机械事故。例如，2004 年 2 月 16 日，在辽宁省某化肥厂合成车间，一台压缩机未经维修而带病运行，结果因冷却水量不足，内漏现象越来越严重，此时压缩机处于绝热压缩状态，气体温度急剧升高，产生大量的热量，致使压缩机气体绝热膨胀而发生爆炸。

4）作业环境差

如果化工机械安置不合理，所处工作环境较恶劣，工作光线不符合要求，设备的作业面较为狭窄、管理不当等，也会导致机械事故发生。

化工机械事故预防控制措施主要包括以下几个方面：①消除机械本身不安全因素，实现机械设备的本质化安全；②加强安全教育，增进操作工人的安全意识；③严格根据相应操作规范进行操作，确保机械设备稳定运行；④健全机械设备管理机制，加强对设备的定期保养，并将责任明确到人；⑤改善生产作业环境。

3.4 化工机械使用过程中的主要职业危害因素及控制措施

化工机械在其使用过程中存在的主要职业危害因素有：生产性毒物、噪声、振动、辐射、高温等。

3.4.1 生产性毒物

生产性毒物是指在生产中使用、接触的能使人体器官组织机能或形态发生异常改变而引起暂时性或永久性病理变化的物质。生产性毒物主要来源于原料、辅助材料、夹杂物、半成品、成品、废气、废液及废渣。它可以固体、液体、气体的形态存在于生产环境中，具体存在形态包括气体、蒸气、雾、烟、粉尘等。雾是混悬于空气中的液体微粒，烟是直径小于 0.1 μm 的悬浮于空气中的固体微粒，粉尘是能较长时间悬浮于空气中的固体微粒，其直径大多数为 0.1~10 μm。

生产性毒物进入人体的途径主要是经呼吸道，也可经皮肤和消化道进入。生产性毒物对人体的危害主要表现为刺激、过敏、窒息、中毒、致癌、致畸、致突变和尘肺等。

目前控制生产性毒物采取的主要措施有密闭、通风、替代、个体防护等。生产过程的密闭化、自动化是解决毒物危害的根本途径，采用无毒、低毒物质代替有毒或高毒物质是从根本上解决毒物危害的首选办法。

以下是常用的生产性毒物控制措施。

1. 密闭、通风排毒系统

该系统由密闭罩、通风管、净化装置和通风机构成。为防止二次污染，排出的气体可采用洗涤、吸附、袋滤、静电和燃烧等方法进行净化。

(1) 密闭罩。在工艺条件允许的情况下，尽可能将毒源密闭起来，然后通过通风管将含毒空气吸出，送往净化装置，净化后排入大气。

(2) 开口罩。在生产工艺操作不可能采取密闭罩排气时，可按生产设备和操作的特点，设计开口罩排气，开口罩按结构形式可分为上吸罩、侧吸罩和下吸罩。

(3) 通风橱。通风橱是密闭与侧吸罩相结合的一种特殊排气罩。可以将产生有害物的操作和设备完全放在通风橱内。通风橱上可设可开启的操作小门，橱内应形成负压状态，以防止有害物逸出。

(4) 洗涤法。是一种常见的气体净化方法。洗涤法在工业上已经得到广泛的应用，适用于 CO、SO_2、NO_x、HF、SiF_4、HCl、Cl_2、NH_3、Hg 蒸气、酸雾、沥青烟及有机蒸气。常用的洗涤液有水、碱性溶液、酸性溶液、氧化剂溶液和有机溶剂。

(5) 袋滤法。是粉尘通过过滤介质受阻，而将固体颗粒物分离出来的一种高效气体净化方法。在袋滤器内，粉尘将经过沉降、凝聚、过滤和清灰等物理过程，实现无害化排放。

(6) 燃烧法。燃烧法分为直接燃烧法和催化燃烧法，是使有害气体中的可燃成分与氧结合进行燃烧，使其转化为二氧化碳和水，从而净化为无害物排放的方法。燃烧法适用于有害气体中含有可燃成分的条件，其中直接燃烧法较多用。以一般方法难以处理的有毒物，且其危害性极大时，必须采取燃烧处理。

2. 替代

预防毒物危害的最理想的方法自然是不使用生产性毒物，但这很难做到。通常的做法是尽可能选用无毒、低毒的工艺和物料来代替有毒、高毒工艺和物料，这是从根本上解决毒物危害的首选办法。如用甲苯替代喷漆和涂漆中用的苯，用脂肪烃替代胶水或黏合剂中的芳烃等。但不是所有毒物都能找到无毒、低毒的代替物。因此在生产过程中控制毒物的卫生工程技术措施就很重要了。

3. 个体防护和保持卫生

除呼吸道外，毒物经口、皮肤都可侵入人体。因此，对接触毒物作业工人的个体防护十分重要。属于作业场所的防护用品有防护服装、防毒口罩和防毒面具。

凡是接触毒物的作业都应规定有针对性的个人卫生制度，必要时应列入操作规程，比如不准在作业场所吸烟、吃东西，班后洗澡，不准将工作服带回家中等。个体防护制度不仅保护操作者自身，而且可避免家庭成员，特别是儿童间接受毒害。

3.4.2 噪声

在生产中，由于机器转动、气体排放、工件撞击与摩擦所产生的噪声，称为生产性噪声或工业噪声。生产性噪声可归纳为以下 3 类。

（1）空气动力噪声。是由于气体压力变化引起气体扰动，气体与其他物体相互作用所致。例如，各种风机、空气压缩机和汽轮机等，由于压力脉冲和气体排放发出的噪声。

（2）机械性噪声。是由于机械撞击、摩擦或质量不平衡旋转等机械力作用下引起固体部件振动所产生的噪声。例如，往复活塞式压缩机、石油化工用泵等因运动部件冲击、振动和基础设计不当发出的噪声。

（3）电磁性噪声。是由于磁场脉冲，磁致伸缩引起电气部件振动所致。如电动机、发电机和变压器等产生的噪声。

生产性噪声一般声级较高，有的作业地点可高达 120~130 dB（A）。由于长时间接触噪声导致的听阈升高、不能恢复到原有水平的称为永久性听力阈移，临床上称噪声聋。噪声不仅对听觉系统有影响，对非听觉系统如神经系统、心血管系统、内分泌系统、生殖系统及消化系统等都有影响。噪声对人构成的危害程度主要取决于噪声的频率、强度及暴露时间。

噪声控制的方法主要包括以下 3 种。

（1）消除或降低噪声、振动源，如设计具有弹性的减振器托架和联轴器，在管道设计中尽量减少其方向及速度上的突然变化；铆接改为焊接；在操作旋转式和往复式设备时，要尽可能地慢。

（2）消除或减少噪声、振动的传播，如吸声、隔声、隔振、阻尼。

（3）加强个人防护和健康监护。

3.4.3 振动

在生产过程中，生产设备、工具产生的振动称为生产性振动。产生振动的化工机械有离心机、压缩机、风机和泵等。

以下是常用的振动控制措施。

（1）控制振动源。应在设计、制造生产工具和机械时采用减振措施，使振动降低到对人体无害水平。

（2）改革工艺，采用减振和隔振等措施。如采用焊接等新工艺代替铆接工艺；工具的金属部件采用塑料或橡胶材料，减少撞击振动。

（3）限制作业时间和振动强度。

（4）改善作业环境，加强个体防护及健康监护。

3.4.4 辐射

电磁辐射无处不在。当一根导线有交流电通过时，导线周围辐射出一种能量，这种能量以电场和磁场形式存在，并以波动形式向四周传播，人们把这种交替变化的，以一定速度在空间传播的电场和磁场，称为电磁辐射或电磁波。

1. 辐射的分类及危害

电磁辐射通常分为以下两类。

（1）电离辐射。是指量子能量达到 12 eV 以上，能引起物质电离的电磁辐射，如 α 射线、β 射线、γ 射线、中子射线、X 射线等。

（2）非电离辐射。是指量子能量小于 12 eV 的不足以引起生物体电离的电磁辐射，如射频辐射（即无线电波）、红外线、紫外线、激光等。射频辐射按波长和频率，可分成高频电磁场、超高频电磁场和微波 3 个波段。

各种电磁辐射，由于其频率、波长、量子能量不同，对人体的危害也不同。在一定强度的高频电磁波照射下，人体所受到的伤害主要表现为头晕、记忆力减退、睡眠不好等神经衰弱症状，严重的还伴有心血管系统症状。电磁辐射污染会影响人体的循环系统、免疫、生殖和代谢功能，严重的还会诱发癌症，并会加速人体的癌细胞增殖。医学研究表明，电磁辐射可能是造成儿童白血病的原因之一。电磁波对人体的伤害有滞后性，并可能通过遗传因子影响到后代。

2. 电磁辐射的防护

电磁辐射防护的目的是减少或消除电磁辐射对人体或各种电子设备产生的不良影响，保护人员身体健康，保护环境。

（1）电离辐射的防护。主要是控制辐射源的质和量。电离辐射的防护分为外照射防护和内照射防护。外照射防护的基本方法有时间防护、距离防护和屏蔽防护，通称“外防护三原则”。内照射防护的基本防护方法有围封隔离、除污保洁和个人防护等综合性防护措施。

（2）非电磁辐射的防护。高频电磁场的主要防护措施有场源屏蔽、距离防护和合理布局等。对微波辐射的防护，是直接减少源的辐射、屏蔽辐射源、采取个人防护及执行安全规则。对红外线辐射的防护，重点是对眼睛的保护，减少红外线暴露和降低热负荷，生产操作中应戴有效过滤红外线的防护镜。对紫外线辐射的防护是屏蔽和增大与辐射源的距离，佩戴专用的防护用品。对激光的防护，应包括激光器、工作室及个体防护三方面。激光器要有安全设施，在光束可能泄漏处应设置防光封闭罩；工作室围护结构应使用吸光材料，色调要暗，不能裸眼看光；使用适当个体防护用品并对人员进行安全教育等。

3.4.5 高温

生产场所的热源可来自各种锅炉、化学反应釜、机械摩擦和转动产热以及人体散热；

另外，风速、气压和辐射热都会对生产作业场所的环境产生影响。

常用防护措施有以下几种。

（1）改进工艺与设备。对于高温作业，首先应合理设计工艺流程，改进生产设备和操作方法，尽可能实现自动化使工人远离热源，这是改善高温作业条件的根本措施。采用开放或半开放式作业，利用自然通风，尽量在夏季主导风向下风侧对热源隔离等。

（2）隔热。隔热是防止热辐射的重要措施，可利用水来进行。

（3）通风降温。通过合理组织自然通风气流，设置全面、局部送风装置或空调降低工作环境的温度。

（4）保健措施。供给清凉饮料、补充营养。

（5）个体防护。使用耐热工作服等个人防护用品。

本章小结

从化工机械设计上保障安全有两种途径：一种是从根本上消除危害的存在及其转化条件，以保证操作者的安全；另一种是使生产设备具有自防止误操作、设备故障或工艺异常影响的能力。化工机械安全设计主要包括材料选择、强度安全设计和结构安全设计等。

化工机械安全保护装置主要包括安全阀、安全联锁装置、信号警报装置、紧急刹车装置、过载保护装置和油压过低保护装置。当化工机械运行中出现异常或故障时，使用这些保护装置能预防事故发生，保证安全生产。

化工生产化工机械常见事故类型包括机械伤害、燃烧和爆炸、中毒和窒息、噪声和振动危害、高温危害等。而设计、制造缺陷、违章作业、维护管理不善是导致事故的主要原因，因此要从这些方面来预防控制机械事故的发生。

化工机械使用过程中的主要职业危害因素有生产性毒物、噪声、振动、辐射、高温等。

练习与思考

一、单项选择题

1. 化工机械必须具有适应环境的足够能力，尤其是防腐蚀、耐磨损和（　　）的能力。

A. 抗破坏　　B. 抗变形　　C. 抗疲劳　　D. 保持稳定性

2. 离心机应设有紧急刹车装置，在紧急制动时，离心机的转鼓应在（　　）内完全停止。

A. 10 s　　B. 20 s　　C. 30 s　　D. 40 s

3. 依靠活塞在泵缸内做往复运动，使二者所围成的容积做周期性变化，实现压送液体目的的机械称为（　　）。

A. 离心泵　　B. 往复泵　　C. 压缩机　　D. 离心机

4. 化工机械操作中发生较多而且危害甚大的事故类型是（　　）。

A. 机械伤害　　B. 燃烧和爆炸　　C. 中毒和窒息　　D. 高温与中暑

5.【2014 年】电磁辐射属于物理性职业病危害因素，由于其频率、波长、量子能量的不同，对人体的危害作用也不同。射频辐射是电磁辐射的一种。下列电磁辐射中，属于射频辐射的是（　　）。

A. 红外线　　B. 紫外线　　C. 微波　　D. X 射线

6.【2014 年】在工业生产中散发的各种粉尘，有害气体和蒸气等有毒有害物，如果不加控制，会使室内、外空气环境收到污染和损坏，对人的健康、动植物生长以及生态造成的危害，在上述情况下，有毒有害物进入人体的主要途径是（　　）。

A. 血液　　B. 消化道　　C. 皮肤　　D. 呼吸道

7.【2014 年】在生产中，由于机械转动、气体排放、工件撞击与摩擦所产生的噪声，称为生产性噪声。生产性噪声一般可分为机械性噪声、空气动力噪声和电磁性噪声 3 类。下列设备产生的噪声中，属于空气动力噪声的是（　　）。

A. 球磨机　　B. 汽轮机　　C. 冲压床　　D. 砂轮机

8.【2013 年】生产性危险有害物质以多种形态存在于生产环境中，对人体危害各异。下列关于生产性危险有害物质的说法中，正确的是（　　）。

A. 生产性毒物只能通过呼吸道进入体内

B. 粉尘是悬浮于空气中的固体微粒，直径大多数为 10~20 μm

C. 烟是直径大于 0.1 μm 的悬浮于空气中的固体微粒

D. 生产性毒物可以固体、液体、气体的形态存在于生产环境中

9.【2013 年】在生产中，由于机器转动、气体排放、工件撞击与摩擦所产生的噪声，称为生产性噪声或工业噪声。下列措施中，不属于以技术手段控制噪声危害的是（　　）。

A. 消防或降低噪声、振动源

B. 消除或减少噪声、振动的传播

C. 加强个人防护和健康监护

D. 明确噪声作业场所负责人、劳动者和监督人员的职责

10.【2012 年】在生产中，由于机械转动、空气排放、工具撞击与摩擦所产生的噪声，称为生产性噪声或工业噪声。控制生产性噪声产生的措施不包括（　　）。

A. 消除或降低噪声、振动源　　B. 锤击成型改为液压成型

C. 为减小振动，使用隔绝物　　D. 加强个人防护和健康监护

11.【2007 年】某化工机械厂封头冲压成形车间噪声危害严重。控制此噪声最有效的措施是（　　）。

A. 为工人配发耳塞　　B. 岗位工人半年一换岗

C. 改锤击成型为液压成型　　D. 采取隔声措施

二、多项选择题

12. 在不影响功能的情况下，化工机械零部件应设计成不带（　　）。

A. 孔　　B. 锐角　　C. 利棱　　D. 凸凹不平的表面

E. 较凸出的部分

13.【2012 年】生产性毒物危害治理措施包括：密闭–通风排毒系统、局部排气罩、排出气体的净化。下列方法中，用于排出气体净化的有（　　）。

A. 洗涤法　　B. 吸附法　　C. 袋滤法　　D. 辐射法

E. 静电法

14. 【2010 年】控制噪声危害的主要技术措施有（　　）。

A. 消除噪声源　　B. 隔声或吸声　　C. 接噪人员佩戴防噪用品

D. 增加人员休息时间　　E. 加强宣传教育

三、简答题

1. 泵分为哪几类？离心泵的工作原理是什么？

2. 化工机械常见事故有哪几种？

3. 化工机械使用过程中的主要职业危害因素有哪些？

4. 常用的生产性毒物控制措施有哪些？

第 2 篇
电气安全技术

第4章　电气安全基础

☞ [教学目标]

1. 熟悉电气事故的特征和种类。
2. 了解电流对人体的伤害形式，熟悉触电急救措施。
3. 掌握直接接触电击和间接接触电击防护方法。
4. 掌握电气设备安全3种分类方法。
5. 熟悉低压用电设备、低压电器和变配电设备等电气装置的安全技术。
6. 了解电气线路安全要求。

电能作为一种现代化的能源，广泛应用于工农业生产和人民群众生活的各个方面，对促进国民经济的发展和改善人民生活质量起着重要的作用。然而，电能在造福人类的同时，也会给人类带来事故和灾害。电能是由一次能源转换得来的二次能源，在应用这种能源时，如果对电能可能产生的危害认识不足，控制和管理不当，防护措施不利，则在电能的传递和转换的过程中，将会发生异常情况，造成电气事故。因此，在用电的同时，必须充分考虑安全问题。

4.1　电气事故

人们在用电时，会遇到各种各样的安全问题，稍有不慎，就会发生电气事故。本节介绍电气事故的特征、分类及触电事故的发生规律。

4.1.1　电气事故的特征

与其他安全事故相比，电气事故具有以下特点。

(1) 危害性。电气事故的发生伴随着危害和损失。电能直接作用于人体，会造成电击；电能转换为热能作用于人体，会造成烧伤或烫伤；电能脱离正常的通道，会形成漏电、接地或短路，构成火灾、爆炸的起因。据安全管理部门统计，我国电气火灾约占火灾事故总数的20%。严重的电气事故不仅带来重大的经济损失，还会造成人员伤亡事故。统计资料表明，我国每年触电死亡人数约占全部工伤事故死亡人数的5%，如果再加上农村用电事故死亡人数和非生产触电事故死亡人数，数字会更大、更惊人。

(2) 抽象性。电具有看不见、听不见、嗅不着的特性，电磁辐射更具有感觉不到的特点。因此，由电所引发的危险往往不易为人们所察觉、识别和理解。电气事故的这一特征无疑会增加其危害的严重性，并给电气事故的防护以及安全培训教育带来难度。

（3）广泛性。除了在用电领域会发生触电、设备和线路故障等电气事故外，在一些非用电场所，由于电能的释放也会造成灾害或伤害，例如，雷电、静电和电磁场危害等。另一方面，电能的使用极为广泛，几乎涉及人们生产和生活的所有领域。只要使用电，就有可能发生电气事故，就必须考虑电气事故的防护问题。

（4）综合性。电气事故的机理除了电学之外，还涉及力学、化学、生物学、医学等多种学科。电气事故的防护是一项综合性的工作，在电气事故的预防上，既要有技术上的措施，又要有管理上的措施。在技术方面，预防电气事故主要是进一步完善传统的电气安全技术，研究新出现电气事故的机理及其对策，开发电气安全领域的新技术等；在管理方面，主要是健全和完善各种电气安全组织管理措施。

（5）规律性。电气事故是具有规律性的，在电气事故中，大量的事故都具有重复性和频发性。人们在长期的生产和生活实践中，已经积累了预防电气事故的丰富经验，各种技术措施、各种安全工作规程及有关电气安全规章制度，都是这些经验和成果的体现。只要依照客观规律办事，不断完善电气安全技术措施和管理措施，电气事故是可以避免的。

4.1.2 电气事故的分类

电气事故可以按照不同的方式分类。按照灾害形式，可以分为人身事故、设备事故、火灾、爆炸等。按照电路状况，可以分为短路事故、断线事故、接地事故、漏电事故等。

根据能量转移论的观点，电气事故是由于电能非正常地作用于人体或系统所造成的。根据电能的不同作用形式，可将电气事故分为触电事故、雷电和静电事故、射频伤害和电气装置故障等。

1. 触电事故

触电事故是由电流的能量造成的，触电是电流对人体的伤害。电流对人体的伤害可分为电击和电伤两种，电击是电流通过人体内部直接造成对内部组织（如心脏、肺部、神经系统）的伤害，电伤则是电流的热效应、化学效应、机械效应等对人体外部所造成的局部伤害。绝大部分触电事故是电击造成的。

2. 雷电和静电事故

雷电和静电都是局部范围内暂时失去平衡的正电荷和负电荷。这些电荷的能量（即储存在其周围场中的能量）在一定条件下被释放出来，就可能对人体造成伤害或引发其他事故。

雷电属于大气电，是由大自然的力量在宏观范围内分离和积累起来的电荷。雷电放电具有电流大、电压高、放电时间短和温度高等特点，有极大的破坏力。雷击除可能毁坏设施和设备外，还可能直接伤及人、畜，引起火灾和爆炸。建筑物和构筑物（特别是具有爆炸和火灾危险的建筑物和构筑物）、发电厂、电力线路和变电站以及个人都必须考虑防雷措施。

静电一般指生产工艺过程中以及操作人员的操作过程中，由于某些材料的相对运动、接触与分离等原因积累起来的正电荷和负电荷。这些电荷周围的场中储存的能量不大，不会直接使人致命。但是，静电电压可能高达数十千伏以上，容易发生放电，产生静电火花。静电放电的最大威胁是引起火灾和爆炸事故，在石油化工、粉末加工、橡胶、塑料等行业，必须充分重视静电的危险。

3. 射频伤害

射频指无线电波的频率或者相应的电磁振荡频率，泛指 100 kHz 以上的频率。射频伤害是由电磁场的能量造成的。射频电磁场对人体的伤害主要有以下两种表现形式。

（1）在射频电磁场作用下，人体因吸收辐射能量会受到不同程度的伤害。过量的辐射可引起人的中枢神经功能失调，出现神经衰弱等症状，如头晕、头痛、乏力、睡眠不好等；可造成植物神经紊乱，严重者还会出现心血管系统症状，如心动过速或过缓、血压升高或降低、心悸和心区疼痛等；可引起眼睛损伤，造成晶体浑浊，严重时导致白内障；可造成皮肤表层灼伤或深度灼伤等。

（2）在高强度的射频电磁场作用下，可能产生感应放电，会造成电引爆器件发生意外引爆而致人伤亡。感应放电对具有爆炸、火灾危险的场所来说是一个不容忽视的危险因素。此外，当受电磁场作用感应出的感应电压较高时，会给人以明显的电击。

4. 电气装置故障

电气装置故障是由于电能或控制信息在传递、分配、转换过程中失去控制而造成的。断线、短路、异常接地、漏电、误合闸、误掉闸、电气设备或电气元件损坏、电子设备受电磁干扰而发生误动作、控制系统硬件或软件的偶然失效等都属于电气装置故障。电气线路或电气设备故障可能影响到人身安全。例如，油开关爆炸本身虽然是设备事故，但完全可能同时带来严重的人身伤亡。又如，电气设备接地或漏电虽然也属于设备事故，但却因此改变了电网正常状态或直接使外壳带电，造成隐患，形成触电的危险条件。异常停电也可能危及人身安全，例如，排放有毒气体的风机停电，可能导致有毒气体超过允许浓度，危及人身安全。总之，从安全系统的角度考虑，同样应当注意这些不安全状态可能造成的事故。

以上介绍的 4 类电气事故中，触电事故是最为常见的一种。

应当指出，电气火灾和爆炸是电气事故，但是火灾和爆炸都只是灾害表现的形式，上述 4 类电气事故均可能引起火灾和爆炸。电气火灾爆炸事故在火灾和爆炸事故中占有很大的比例。

4.1.3　触电事故发生规律和原因分析

触电事故往往突然发生，而且在极短的时间内造成极为严重的后果，但触电事故也是有一些规律可循的。为了防止触电事故，应当研究触电事故发生规律以及发生的原因，以便制定有效的安全措施。

1. 触电事故发生规律

根据国内外的触电事故统计资料分析，从触电事故的发生频率上看，可找到以下规律。

（1）触电事故季节性明显。国内外统计资料表明，一年当中，二三季度事故多，6—9月份最集中。这主要是由于这段时间雷雨多，空气湿度大，降低了电气设备的绝缘性能；而且这段时间天气炎热，人体衣单而多汗，增加了触电的危险性。

（2）低压设备触电事故多。主要原因是低压设备远多于高压设备，人们接触的机会多，与之接触的人又比较缺乏电气安全知识，故更易发生触电事故。据资料统计，低压设备引起的触电事故占触电事故总数的80%以上。因此，应当把防止触电工作的重点放在低压方面。

（3）携带式设备和移动式设备触电事故多。主要原因是这些设备需要经常移动，工作条件较差，容易发生故障，工作时经常被人手持紧握，增加触电危险。

（4）电气连接部位触电事故多。大量统计资料表明，电气事故点多数发生在分支线、接户线、地爬线、接线端、压线头、焊接头、电线接头、电缆头、灯座、插头、插座、控制器、开关、接触器、熔断器等处。主要是由于这些连接部位机械牢固性较差，电气可靠性也较低，容易出现故障的缘故。

（5）农村触电事故多。据部分省市统计资料表明，农村触电事故为城市的6倍。主要原因是农村用电条件差、设备简陋、技术水平低、管理不严、电气安全知识缺乏等。

（6）冶金、矿业、建筑、机械行业触电事故多。由于这些行业有潮湿、高温、现场混乱、移动式设备和携带式设备多或现场金属设备多等不利因素存在，触电事故较多。

（7）青年人、中年人以及非电工事故多。主要是由于这些人多是主要操作者，即多是直接接触电气设备工作的人；非电工人员未经培训，不具备电气安全知识的缘故。

（8）与用电环境有密切的关系。在高温高湿、多粉尘以及腐蚀性气体的用电环境中，触电事故极易发生。

上述触电事故的规律并不是一成不变的，在一定条件下，触电事故的规律也会发生一定的变化。例如，低压触电事故多于高压触电事故在一般情况下是成立的，但对于专业电气工作人员来说，则情况往往相反。因此，应当在实践中不断分析和总结触电事故的规律，为做好电气安全工作积累经验。

2. 触电事故原因分析

造成触电事故的原因很多，主要有以下几个方面：电气线路或电气设备安装不符合要求，会直接造成触电事故；电气设备运行管理不当，使绝缘损坏而漏电，又没有确实有效的安全措施，也会造成触电事故；缺乏制度，非电工随便处理电气事务，很容易造成触电事故；检修工作中安全组织措施或安全技术措施不完备，也会造成触电事故；接线错误，特别是插销座接线错误造成很多触电事故；高压线断落地面可能造成跨步电压触电事故等。

应当注意，很多触电事故都不是由单一原因造成的，而是由两个以上的原因造成。

4.2　电流对人体的伤害

在电能对人体的伤害中，触电事故最为常见。触电是电流的能量直接作用于人体或转换成其他形式的能量作用于人体造成的伤害。触电与其他一些伤害不同，触电往往发生在瞬息之间，人体一旦受到电击后，防卫能力迅速降低，这些特点增加了电流对人体伤害的危险性。

4.2.1　触电的种类

根据伤害后果的不同和电能施加于人体方式的不同，触电可分为电击和电伤两种伤害形式。

1. 电击

电击是电流通过人体，刺激机体组织，使肌体产生针刺感、压迫感、打击感、痉挛、疼痛、血压异常、昏迷、心律不齐、心室颤动等伤害形式。主要伤害部位在人体的心、肺、中枢神经等重要部位，严重时会破坏人体这些重要部位的正常工作，形成危及生命的伤害。电击属于全身伤害，危险性较大，数十毫安的工频电流即可使人致命。绝大部分触电死亡事故都是电击造成的，通常说的触电事故基本上是就电击而言。

电击的类型很多，按照发生电击时电气设备的状态，电击可分为直接接触电击和间接接触电击两类。

（1）直接接触电击。指人体触及正常运行的设备或线路的带电部分造成的触电事故。

（2）间接接触电击。指设备或线路发生故障时，人体触及正常情况下不带电而故障时意外带电的可导电部分而造成的触电事故。

按照人体触及带电体的方式和电流通过人体的途径，电击可分为单相电击、两相电击和跨步电压电击 3 种。

（1）单相电击。指人体的某部位接触到地面或其他接地导体上，同时人体另一部位触及一相带电体所引起的电击，如图 4-1 所示。国内外统计资料表明，大部分触电事故都是单相触电事故。因此，防止单相触电事故应作为用电安全技术措施的重点。

（2）两相电击。指人体两处同时触及两相带电体所引起的电击，如图 4-2 所示。由于此时人体所承受的电压为线路电压，因此两相电击的危险性一般是比较大的。漏电保护装置对两相电击起不到保护作用。

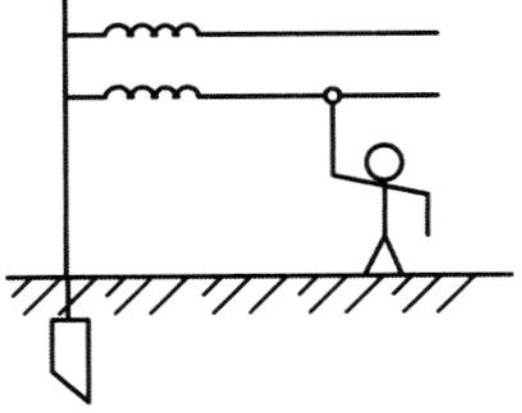

图 4-1　单相电击

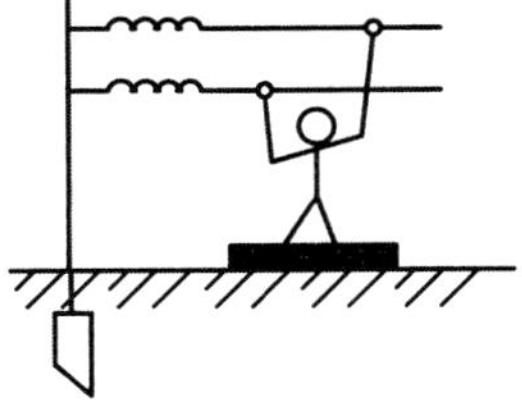

图 4-2　两相电击

(3) 跨步电压电击。当电气设备发生接地故障，接地电流通过接地体向大地流散，在接地体周围土壤电阻上就会产生电压降。此时若人在接地点附近站立或行走，其两脚之间的电位差就是跨步电压。跨步电压能使电流通过人体而造成伤害，如图 4-3 所示。

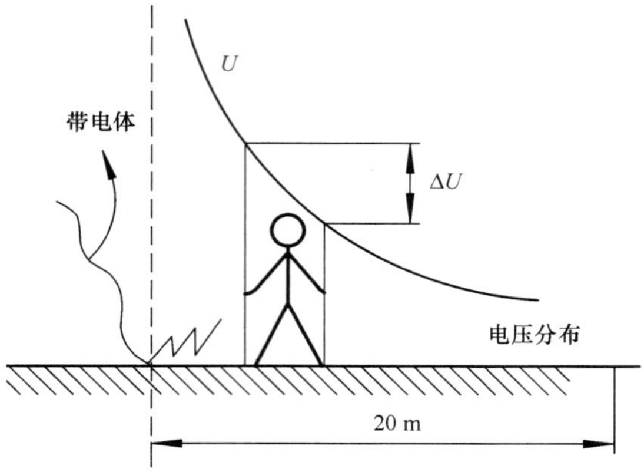

图 4-3　跨步电压电击

人的跨步一般按 0.8 m 考虑。离接地点越近，跨步电压越大。对于集中式接地体，离接地体 20 m 以外的跨步电压接近于零，高压故障接地处或有大电流（如雷电）流过的接地装置附近都可能出现较高的跨步电压。

2. 电伤

电伤是电流的热效应、化学效应、机械效应等对人体所造成的伤害，伤害多见于机体的外部，属局部伤害。电伤的直接原因是电能转换为其他形式的能量作用于人体。造成电伤的电流通常比较大，会在机体表面留下明显的伤痕。电伤的危险程度决定于受伤面积、受伤深度、受伤部位等。电伤在不是很严重的情况下，一般无致命危险。

电伤包括电烧伤、电烙印、皮肤金属化、机械性损伤、电光眼等多种伤害形式。

1) 电烧伤

电烧伤是指电流的热效应造成的伤害，是最为常见的电伤。大部分触电事故都含有电烧伤的成分。电烧伤分为电流灼伤和电弧烧伤。

(1) 电流灼伤。指人体与带电体接触，电流通过人体由电能转换成热能造成的伤害。电流越大、通电时间越长、电流途径上的电阻越大，则电流灼伤越严重。电流灼伤一般发生在低压电气设备上。由于人体与带电体的接触面积一般都不大，且皮肤电阻又比较高，因此，数百毫安的电流即可造成灼伤，数安的电流就会形成严重的灼伤。

(2) 电弧烧伤。指由弧光放电造成的伤害，分为直接电弧烧伤和间接电弧烧伤。前者是带电体与人体之间发生电弧，有电流流过人体的烧伤；后者是电弧发生在人体附近对人体的烧伤，包含熔化了的炽热金属溅出造成的烫伤。直接电弧烧伤是与电击同时发生的。

电弧烧伤是最严重的电伤。弧光放电时电流很大，能量也很大，电弧温度高达数千摄氏度，可造成大面积、大深度的烧灼，严重时甚至能烧焦、烧掉四肢及其他部位。高压电弧的烧伤较低压电弧严重，直流电弧的烧伤较工频交流电弧严重。发生直流电弧烧伤时，电流进、出口烧伤最为严重，体内也会受到烧伤。与电击不同的是，电弧烧伤都会在人体表面留下明显痕迹。

在全部电烧伤的事故当中，大部分的事故发生在电气维修人员身上。

2）电烙印

电烙印是指在人体与带电体接触的部位留下的永久性斑痕。斑痕处皮肤失去原有弹性、色泽，呈现硬变，表皮坏死，失去知觉。

3）皮肤金属化

皮肤金属化是指在电弧高温的作用下，金属熔化、气化，金属微粒渗入皮肤，使皮肤粗糙而张紧的伤害。皮肤金属化多与电弧烧伤同时发生。

4）机械性损伤

机械性损伤是指电流作用于人体时，由于中枢神经反射、肌肉强烈收缩、体内液体汽化等作用导致的机体组织（肌腱、皮肤、血管、神经组织等）断裂、关节脱位、骨折等伤害。

5）电光眼

电光眼是指发生弧光放电时，由红外线、可见光、紫外线对眼睛的伤害。电光眼表现为角膜炎或结膜炎。在短暂照射的情况下，引起电光眼的主要原因是紫外线。

4.2.2　影响电流对人体作用效应的因素

人体在正常能量之外的电能作用下，系统功能很容易遭受破坏。电流通过人体，会引起人体的生理反应及机体的损坏。当电流作用于心脏或管理心脏和呼吸机能的脑神经中枢时，能破坏心脏等重要器官的正常工作，严重时致人死亡。

大量的动物试验及触电事故案例分析表明，电流对人体损伤的程度与电流的大小、电流持续时间、电流种类、电流途径、人体的健康状况等多种因素有关。

1. 电流大小

电流是触电伤害的直接因素。通过人体的电流越大，人体的生理反应就越明显，伤害越严重。对于工频交流电流（即 50 Hz 交流电），按通过人体的电流大小不同以及人体呈现的反应不同，可将作用于人体的电流分为感知电流、摆脱电流、室颤电流 3 级。

（1）感知电流和感知阈值。感知电流是指引起人体感觉的最小电流，感知阈值是感知电流的最小值。感知电流和感知阈值的大小因人而异。成年男性平均感知电流为 1. 1 mA，成年女性平均感知电流为 0. 7 mA，感知阈值一般定为 0. 5 mA。感知电流一般不会对人体构成伤害，但当电流增大时，感觉增强，反应加剧，可能导致坠落等二次事故。

（2）摆脱电流和摆脱阈值。摆脱电流是指人在触电后能够自主摆脱带电体的最大电流。摆脱阈值是摆脱电流的最小值。超过摆脱电流时，由于受刺激肌肉收缩或中枢神经失去对手的正常指挥作用，导致无法自主摆脱带电体。成年男子的平均摆脱电流为 16 mA，成年女子的平均摆脱电流为 10. 5 mA；成年男子的摆脱阈值为 9 mA，成年女子的摆脱阈值为 6 mA。摆脱带电体的能力是随着触电时间的延长而减弱的，一旦触电后不能摆脱电源，就会产生严重的后果。因此，可以认为摆脱电流是有较大危险的界限，它与个体生理特征、电极形状、电极尺寸等因素有关。

（3）室颤电流和室颤阈值。室颤电流是指通过人体引起心室颤动的电流，室颤阈值是室颤电流的最小值。心室颤动是指心室每秒 400～600 次的纤维性颤动，可使血液循环终止，在短时间内导致死亡。因此，可以认为引起心室颤动的室颤电流就是致命电流。

室颤电流与电流持续时间关系密切。当电流持续时间超过心脏周期时，室颤电流仅为 50 mA 左右；当电流持续时间短于心脏周期时，室颤电流为数百毫安。当电流持续时间小于 0.1 s 时，只有电击发生在心室易损期，500 mA 以上乃至数安的电流才能引起心室颤动。前述电流均指流过人体的电流，而当电流直接流过心脏时，数十微安的电流即可导致心室发生颤动。

2. 电流持续时间

电流对人体的伤害与流过人体电流的持续时间有着密切的关系。电流持续时间越长，体内能量积累越多，引起心室颤动所需的电流就越小，对人体的危害越严重。当电流持续时间在 0.01～5 s 范围内时，引起心室颤动所需的最小电流与持续时间的关系可表示为：当 $t \geqslant 1$ s 时，$I = 50$ mA；当 $t < 1$ s 时，$I = 50/t$ mA。另外，通电时间加长，人体电阻因出汗等原因而降低，导致通过人体的电流进一步增加，危险性也随之增加。

3. 电流路径

判断危险性，既要看电流值，也要看途径。流经心脏的电流多、电流路线短的途径是危险性最大的途径。从左手到胸部，心脏直接处于电流通路内，电流途径也短，因而是最危险的途径；从一只手到另一只手，从左手到右脚，电流也都途经心脏，因此也是很危险的途径；从一只脚到另一只脚的电流途径危险性相对较小，但人可能因痉挛而摔倒，导致电流通过全身，或发生摔伤、坠落等二次事故而产生严重后果。

4. 电流种类

通常，电流的种类不同，对人体的伤害程度也不一样。直流电流、高频交流电流、冲击电流以及特殊波形电流也都对人体具有伤害作用，但其伤害程度一般较工频电流为轻。工频电流、直流、万赫高频电流对人体作用的比较见表 4-1。

表 4-1　电流对人体作用的比较　　单位：mA

项　目		工频电流	直流电流	万赫高频电流
平均感知电流	男	1.1	5.2	12
	女	0.7	3.5	8
平均摆脱电流	男	16	76	75
	女	10.5	51	50
1 s 室颤电流		50	200	—

5. 人体电阻

人体皮肤、血液、肌肉、细胞组织及其结合部等构成了含有电阻和电容的阻抗。其中，皮肤电阻在人体阻抗中占有很大的比例。人体被电击时，流过人体电流在接触电压一定时由人体的电阻决定，人体电阻越小，流过的电流越大，人体所遭受的伤害也越大。

人体电阻主要由体内电阻和皮肤电阻组成，体内电阻基本稳定，约为 500 Ω，皮肤电阻受多种因素的影响，变化范围较大，使得人体电阻也在很大范围内变化。接触电压的增大、电流强度及作用时间的增大、频率的增加，接触压力、接触面积的增大等，都会导致人体电阻下降。皮肤表面潮湿、有导电污物、伤痕、破损等也会导致人体电阻降低。例如，在除去角质层，干燥的情况下，人体电阻为 1 000~3 000 Ω，而在潮湿的情况下，人体电阻为 500~800 Ω。

6. 人体状态

电流对人体的作用与人的年龄、性别、身体及精神状态有很大关系，即因人而异。电流对人体的作用，女性较男性敏感，女性的感知电流和摆脱电流约比男性低 1/3。儿童遭受电击的危险性较成人大；体弱多病者的危险性较健壮者大；体重小的危险性一般较体重大的大。摆脱同样大小电流的能力，一般来说，男性大于女性，女性大于儿童。

4.2.3　触电急救

用电安全技术措施的目的是要防止触电事故的发生。但若事故不可避免地发生了，就必须不失时机地进行触电急救，尽可能地减少损失。发生触电事故后，现场急救十分关键，如果处理得及时、正确，迅速而持久地进行抢救，很多触电者虽心脏停止跳动、呼吸中断，但仍可以获救。触电急救原则是：迅速（动作迅速）、就地（就地抢救）、准确（方法、姿势准确）、坚持（坚持抢救）。

1. 脱离电源

救助触电者时，首先要做的就是使触电者尽快脱离电源。

1）低压触电时脱离电源的方法

低压触电时脱离电源的方法是有以下几种。

（1）如果电源开关或电源插头在触电地点附近，可立即拉开开关或拔出插头，切断电源。但应注意拉线开关和平开关只能控制一根线，有可能只切断零线，而未切断火线，并没有达到真正切断电源的目的。

（2）如果电源开关或电源插头不在触电地点附近，可用有绝缘柄的电工钳或有干燥木柄的斧头切断电源线，断开电源；或用干木板等绝缘物插入触电者身下，隔断电源。

（3）当电线搭落在触电者身上时，可用干燥的衣服、手套、绳索、木板、木棒等绝缘物作为工具，拉开触电者或挑开电线，使其脱离电源。

（4）如果触电者的衣服很干燥，且未紧缠在身上，可用手抓住触电者的衣服，拉离电源。但因触电者的身体是带电的，其鞋子的绝缘也可能遭到破坏，救护人员不得接触触电者的皮肤，也不能触摸他的鞋子。

2）高压触电时脱离电源的方法

高压触电时脱离电源的方法有以下几种。

（1）立即通知有关部门停电。

（2）戴上绝缘手套，穿上绝缘鞋，使用相应电压等级的绝缘工具拉开开关。

（3）抛掷裸金属线使线路短路接地，迫使保护装置动作，断开电源。抛掷金属线前，应注意先将金属线一端可靠接地，然后抛掷另一端。被抛掷的一端切不可触及触电者和其他人。

上述使触电者脱离电源的办法，应根据具体情况，以快速为原则选择采用。

3）注意事项

除选择采用上述脱离电源的方法，还应注意以下几点。

（1）救护人员不可直接用手或其他金属或潮湿的物件作为救护工具，而必须使用干燥绝缘的工具。救护人员最好只用一只手操作，以防自己触电。

（2）防止触电者脱离电源后可能摔伤。特别是当触电者在高处的情况下，应考虑防摔措施。即使触电者在平地，也要注意触电者倒下的方向，以防摔倒。

（3）如触电事故发生在夜间，应迅速解决临时照明问题，以利于抢救，同时要避免扩大事故。

2. 触电急救的方法

当触电者脱离电源后，应根据触电者的具体情况，迅速进行对症救护。现场应用的主要救护方法是人工呼吸法和胸外心脏挤压法。

1）现场对症救护

对于需要救治的触电者，大体按以下 3 种情况分别处理。

（1）如果触电者伤势不重、神志清醒，但有些心慌、四肢发麻、全身无力，或者触电者在触电过程中曾一度昏迷，但已经清醒过来，应使触电者安静休息，不要走动。严密观察并请医生前来诊治或送往医院。

（2）如果触电者伤势较重，已失去知觉，但心脏跳动和呼吸还存在，应使触电者舒适、安静地平卧；周围不围人，保持空气流通。解开其衣服以利于呼吸，如天气寒冷，要注意保温同，并速请医生诊治或送往医院。如果发现触电者呼吸困难、稀少或发生痉挛，应准备心脏跳动停止或呼吸停止后立即做进一步的抢救。

（3）如果触电者伤势严重，呼吸停止或心脏跳动停止，或两者都已停止，应立即施行人工呼吸和胸外心脏挤压，并速请医生诊治或送往医院。应当注意，急救要尽快地进行，不能只等候医生的到来而不救助，在送往医院的途中，也不能中止急救。

2）人工呼吸法

人工呼吸是在触电者呼吸停止后应用的急救方法。各种人工呼吸法中，以口对口（鼻）人工呼吸法效果最好，而且简单易学，容易掌握。

施行人工呼吸前，应迅速将触电者身上妨碍呼吸的衣领、上衣、裤带等解开，并迅速取出触电者口腔内妨碍呼吸的食物、脱落的假牙、血块、黏液等，以免堵塞呼吸道。

口对口（鼻）人工呼吸法操作步骤如下。

（1）伤者头部后仰。做口对口（鼻）人工呼吸时，应使触电者仰卧，并使其头部充分后仰（可用一只手托在触电者颈后），让其鼻孔朝天，以利于呼吸道畅通。

（2）捏鼻吹气。救护人员用一只手捏紧触电者鼻孔，另一只手的拇指和食指掰开触电者的嘴巴，深吸一口气后，紧贴触电者的口向内吹气，为时约为 2 s。如果掰不开嘴巴，可采用口对鼻人工呼吸法，捏紧触电者嘴巴，紧贴其鼻孔吹气。

（3）迅速放松。吹气完毕，立即离开触电者的口（或鼻），并松开触电者的鼻孔（或嘴唇），让他自行呼气，为时约为 3 s。注意小孩肺小，只能小口吹气。

重复上述（2）、（3），每 5 s 吹一次，吹 2 s，放松 3 s。尽可能坚持抢救 4 h 以上，直至将人救活，或确认死亡为止。

3）胸外心脏挤压法

胸外心脏挤压法是触电者心脏跳动停止后的急救方法，姿势与口对口（鼻）人工呼吸法相同。操作方法如下。

（1）伤者仰卧硬处。将触电者衣服解开，使其仰卧在地上或硬板上，不可躺在软的地方。

（2）正确压点。救护人员跪在触电者一侧或骑跪在其腰部两侧，两手相叠，手掌根部放在触电者心窝上方，胸骨下 1/3～1/2 处。

（3）向下挤压。掌根用力垂直向下（脊背方向）挤压，压出心脏里面的血液。对成人应压陷 3～4 cm，以每秒钟挤压一次，每分钟挤压 60 次为宜。

（4）迅速放松。挤压后掌根迅速全部放松，让触电者胸部自动复原，血液充满心脏，放松时掌根不必完全离开胸部。

触电者如是儿童，可以只用一只手挤压，用力要轻一些，以免损伤胸骨，而且每分钟宜挤压 100 次左右。

应当指出，心脏跳动和呼吸是互相联系的。心脏停止跳动了，呼吸很快就会停止，呼吸停止了，心脏跳动也维持不了多久。一旦呼吸和心脏跳动都停止了，应当同时进行口对口（鼻）人工呼吸和胸外心脏挤压。如双人抢救，每做胸外心脏挤压 5 次后由另一个吹气 1 次，反复进行。如只有一人，又需同时采用两种方法，则应交替进行，做胸外心脏挤压 15 次后，吹气 2 次（15 ∶ 2），而且吹气和挤压的速度都应当提高一些，以不降低抢救效果。

施行人工呼吸和胸外心脏挤压抢救要坚持不断，切不可轻易中止，运送途中也不能中止抢救。在抢救过程中，如发现触电者皮肤由紫变红，瞳孔由大变小，则说明抢救收到了效果；如果发现触电者嘴唇稍有开合、眼皮活动或吞咽动作，则应注意其是否有自动心脏跳动和自动呼吸。触电者能开始呼吸时，即可停止人工呼吸。如果人工呼吸停止后，触电者仍不能自己呼吸，则应立即再做人工呼吸。急救过程中，如果触电者身上出现尸斑或身体僵冷，经医生做出无法救活的诊断后方可停止抢救。

4.3 人身接触电击防护

为搞好安全用电，必须采取安全、可靠的防护措施和管理措施，防止人体直接或间接接触带电体发生电击事故。

4.3.1 直接接触电击防护

直接接触电击的基本防护原则是使危险的带电部分不会被有意或无意地触及。绝缘、屏护和阻挡物、电气间距和安全电压等都是最为常用的防止直接接触电击的防护措施，其主要作用是防止人体触及或过分接近带电体造成触电事故。

1. 绝缘

绝缘是指利用绝缘材料将带电体封闭起来，实现带电体相互之间、带电体与其他物体之间的电气隔离，使电流按指定路径通过，防止人身触电。同时，良好的绝缘也是保证电气设备和线路正常运行的基本条件。

（1）绝缘材料。绝缘材料又称为电介质，其导电能力很小，但并非绝对不导电。工程上应用的绝缘材料，其电阻率一般不低于 1×10^{7} Ω · cm。绝缘材料的主要作用是用于对带电的或不同电位的导体进行隔离。常用的绝缘材料有瓷、玻璃、云母、木材、塑料、橡胶、胶木、布、纸、漆、矿物油、六氟化硫等。绝缘保护性能的优劣取决于材料的绝缘性能，绝缘性能主要用绝缘电阻、耐压强度、泄漏电流和介质损耗等指标来衡量。绝缘电阻大小用绝缘电阻表测量；耐压强度由耐压试验确定；泄漏电流和介质损耗分别由泄漏试验和能耗试验确定。

电气设备和线路的绝缘必须与电压等级相符，各种指标应与使用环境和工作条件相适应。此外，为防止电气设备的绝缘损坏而带来的电气事故，还应加强对电气设备的绝缘检查，及时消除隐患。

（2）绝缘击穿。绝缘物在强电场（高电压）的作用下被破坏，丧失绝缘性能，这种击穿现象叫作电击穿，击穿时的电压叫作击穿电压，击穿时的电场强度叫作材料的击穿电场强度或击穿强度。气体绝缘击穿后都能自行恢复绝缘性能，固体绝缘击穿后不能恢复绝缘性能。

绝缘物除因击穿而破坏外，腐蚀性气体、蒸气、潮气、粉尘、机械损伤也都会降低其绝缘性能或导致破坏。在正常工作的情况下，绝缘物也会逐渐“老化”而失去绝缘性能。

（3）绝缘电阻。绝缘电阻是衡量绝缘性能优劣的最基本的指标。在绝缘结构的制造和使用中，经常需要测定其绝缘电阻，以防因绝缘电阻降低或损坏而造成漏电、短路、电击等电气事故。

不同的线路或设备对绝缘电阻有不同的要求，一般来说，高压较低压要求高，新设备较老设备要求高，移动的较固定的要求高。任何情况下绝缘电阻不得低于每伏工作电压 1 000 Ω，并应符合专业标准的规定。

将带电体进行绝缘，以防止与带电部分有任何接触的可能，是防止人身直接接触电击的基本措施之一。任何电气设备和装置，都应根据使用环境和条件，对带电部分进行绝缘防护，绝缘性能都必须满足该设备国家现行的绝缘标准。为保证人身安全，一方面要选用合格的电气设备或导线；另一方面要加强设备检查，掌握设备绝缘性能，发现问题及时处理，防止发生电击事故。

电气工作人员在工作中应尽可能停电操作。如确实需要进行低压带电工作，应遵守带电作业的相关规定，在绝缘站台、绝缘垫上工作，穿绝缘鞋，戴绝缘手套，使用有绝缘手柄的工具等，这些都是防止人接触电流回路、电流流过人体发生电击的有效绝缘措施。

2. 屏护

屏护是指采用遮栏、护罩、护盖、箱匣等外护物，将危险的带电体同外界隔离开来，以防止人体触及或接近带电体所引起的触电事故。除作为防止电击的措施外，有时屏护还能起到防止电弧伤人、防止弧光短路等作用。

遮栏和外护物在技术上必须按照有关规定进行设置。开关电器的可动部分一般不能包以绝缘，而需要屏护，开启裸露的保护装置或其他电气设备也需要加设屏护装置；某些裸露的线路，如人体可能触及或接近的天车滑线或母线也需要加设屏护装置。对于高压设备，由于全部绝缘往往有困难，人接近至一定程度时即会发生严重的电击事故。因此，不论高压设备是否绝缘，均应采取屏护或其他防止接近的措施。

对于一般固定安装的屏护装置，因其不直接与带电体接触，对所用材料的电气性能没有严格要求，但屏护装置所用材料应有足够的机械强度和良好的耐火性能。

屏护措施是最简单也是很常见的安全装置，为了保证屏护装置的有效性，屏护装置还应与以下安全措施配合使用。

（1）用金属材料制成的屏护装置，为防止屏护装置意外带电造成触电事故，必须将屏护装置接地或接零。

（2）屏护应牢固地固定在应有的位置，需要移动或打开屏护时，必须使用钥匙等专用工具。

（3）屏护装置应有足够的尺寸，并应与带电体之间保持必要的距离。

遮栏高度不应低于1.7 m，下部边缘离地不应超过0.1 m。栅栏、遮栏的高度户内不应小于1.2 m、户外不应小于1.5 m，栏条间距离不应大于0.2 m；对于低压设备，遮栏与裸导体之间的距离不应小于0.8 m。户外变配电装置围墙的高度一般不应小于2.5 m。

（4）网眼屏护装置的网眼应不大于40 mm×40 mm。

（5）遮栏、栅栏等屏护装置上，应根据被屏护的对象挂上“止步，高压危险”“当心触电”等标示牌或安全标志，使人认识到越过屏护会有电击危险而不故意触及。

（6）必要时应安装声光报警装置和联锁装置。联锁装置是一种专门装置，当人体越过屏护装置可能接近带电体时，被屏护的装置自动断电。

3. 间距

间距是指带电体与地面之间、带电体与其他设备和设施之间、带电体与带电体之间必要的安全距离。间距的作用是防止人体触及或接近带电体造成触电事故；避免车辆或其他器具碰撞或过分接近带电体造成事故；防止火灾、过电压放电及各种短路事故以及方便操作。在间距的设计选择时，既要考虑安全的要求，同时也要符合人机工效学的要求。

安全距离的大小取决于电压的高低、设备的类型和安装的方式等。

1）线路间距

架空线路导线与地面或水面的距离不应小于表 4-2 所列的数值。

表 4-2　导线与地面或水面的最小距离　　单位：m

线路经过地区	线路电压/kV		
	≤1	1~10	35
居民区	6	6.5	7
非居民区	5	5.5	6
不能通航或浮运的河、湖（冬季水面）	5	5	—
不能通航或浮运的河、湖（50 年一遇的洪水水面）	3	3	—
交通困难地区	4	4.5	5
步行可以达到的山坡	3	4.5	5
步行不能达到的山坡或岩石	1	1.5	3

架空线路导线与建筑物、树木的距离不应小于表 4-3 所列的数值。

表 4-3　导线与建筑物、树林的最小距离　　单位：m

类　别		线路电压/kV		
		<1	10	35
导线与建筑物	垂直距离	2.5	3.0	4.0
	水平距离	1.0	1.5	3.0
导线与树木	垂直距离	1.0	1.5	3
	水平距离	1.0	2.0	—

以上各项距离均需考虑当地温度、覆冰、风力等气象条件的影响。

在未经相关管理部门许可的情况下，架空线路不得跨越建筑物，不得跨越用燃烧材料做屋顶的建筑物。架空线路必须跨越建筑物时，应与有关部门协商并取得有关部门的同意。架空线路应与有爆炸、火灾危险的厂房保持必要的防火间距。架空线路与铁道、道路、管道、索道及其他架空线路之间的距离应符合有关规程的规定。

2）设备间距

变配电设备各项安全距离一般不应小于表 4-4 所列的数值。

表 4-4　变配电设备的最小允许距离　　单位：mm

额定电压/kV		1 以下	1~3	6	10	20	35	60
不同带电部分之间及带电部分与接地部分之间	户外	75	200	200	200	300	400	500
	户内	20	75	100	125	180	300	550
带电部分至板状遮栏	户内	50	105	130	155	210	330	580
带电部分至网状遮栏	户外	175	300	300	300	400	500	700
	户内	100	175	200	225	280	400	650
带电部分至栅栏	户外	825	950	950	950	1 050	1 150	1 350
	户内	800	825	850	875	930	1 050	1 300
无遮栏裸导体至地面	户外	2 500	2 700	2 700	2 700	2 800	2 900	3 100
	户内	2 500	2 500	2 500	2 500	2 500	2 600	2 850
需要不同时停电检修的无遮栏裸导体之间	户外	2 000	2 200	2 200	2 200	2 300	2 400	2 600
	户内	1 875	1 875	1 900	1 925	1 980	2 100	2 350

表 4-4 中，“需要不同时停电检修的无遮栏裸导体之间”一般指水平距离，如指垂直距离，35 kV 以下者可减为 1 000 mm。

明装的车间低压配电箱底口距地面的高度可取 1.2 m，暗装的可取 1.4 m。明装电度表板底口距地面的高度可取 1.8 m。

常用开关电器的安装高度为 1.3~1.5 m；开关手柄与建筑物之间应保留 150 mm 的距离，以便于操作。墙用平开关离地面高度可取 1.4 m。明装插座离地面高度可取 1.3~1.8 m，暗装的可取 0.2~0.3 m。

室内灯具高度应大于 2.5 m；受实际条件限制时可减为 2.2 m；如果还要降低，应采取适当安全措施。当灯具位于桌面上方等人碰不到的地方时，高度可减为 1.5 m。户外灯具高度应大于 3 m；安装在墙上时可减为 2.5 m。

起重机具至线路导线间的最小距离，1 kV 及 1 kV 以下者不应小于 1.5 m，10 kV 者不应小于 2 m。

3）检修间距

检修间距是指在检修中为了防止人体及其所携带的工具触及或接近带电体而必须保持的最小距离，检修间距的大小取决于电压的高低、设备的类型以及安装的方式等。

在低压工作中，人体或其所携带的工具与带电体的距离不应小于 0.1 m。在架空线路附近进行起重工作时，起重机具（包括被吊物）与低压线路导线的最小距离为 1.5 m。

在高压作业时，各种作业类别所要求的最小距离见表 4-5。

表 4-5　高压作业的最小距离　　单位：mm

类　别	电压等级	
	10 kV	35 kV
无遮栏作业，人体及其所携带工具等与带电体之间（不用绝缘杆操作）	0.7	1.0
无遮栏作业，人体及其所携带工具等与带电体之间（用绝缘杆操作）	0.4	0.6

续表

类　别	电压等级	
	10 kV	35 kV
线路作业，人体及其所携带的工具等与临近带电线路	1.0	2.5
带电水冲洗，小型喷嘴与带电体之间	0.4	0.6
喷灯或气焊火焰与带电体之间	1.5	3.0

在高压无遮栏操作中，如果人体及其所携带工具等与带电体之间的距离不足表 4-5 中数值，应装设临时遮栏。

在线路上工作时，如果人体及其所携带的工具等与临近带电线路的距离不足表 4-5 中数值，临近线路应停电。

4.3.2　间接接触电击防护

如前所述，间接接触电击即故障状态下的电击。电气设备在使用过程中，可能会出现绝缘层损坏、老化或导线短路等现象，使正常情况下不带电的电气设备的外壳带电，如果人不小心接触外壳，就会发生间接接触电击。间接接触电击在电击死亡事故中约占 1/2，而这种电击尚未导致死亡的伤害在电击伤害中所占的比例则要大得多。防止间接接触电击的最基本措施是保护接地和保护接零。

1. IT 系统

IT 系统是在不接地配电网中采用保护接地的系统。“IT”中的 I 表示配电网不接地或经高阻抗接地，字母 T 表示电气设备外壳接地。IT 系统构成如图 4-4 所示。图中，L1、L2、L3 是相线，N 是中性点，Z 是配电网对地绝缘阻抗，R_P 是人体电阻，R_E 是保护接地电阻，I_E 是接地电流。

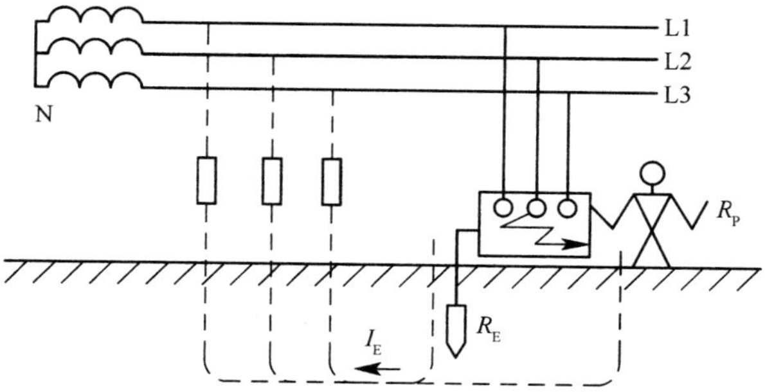

图 4-4　IT 系统

保护接地是最古老的安全措施，也是应用最广泛的安全措施之一。保护接地的做法是将电气设备在故障情况下可能呈现危险电压的金属部位经接地线、接地体同大地紧密地连接起来，通过低电阻接地，把故障电压限制在安全范围以内。

IT 系统的安全原理是在不接地配电网中采用保护接地后，当用电设备漏电时，接地电流 I_E 同时沿接地体和人体两条通路通过，并和配电网对地绝缘阻抗构成回路。由于 R_E 与 R_P 并联，且 R_E 远小于 R_P（接地电阻通常不大于 4 Ω，人体电阻为 1 000~3 000 Ω），漏电流到设备外壳上的电流主要走接地体 R_E 的通路，这样通过接地体的分流作用，人体触及设备外壳时流经人体的电流几乎等于零，从而避免人体接触漏电设备外壳时造成触电伤害，而且这时电源不需要切断，能保持供电的连续。但应注意，采用保护接地后，漏电状态并未因此而消失。

IT 系统主要适用于各种不接地配电网，包括不接地低压配电网、不接地高压配电网和不接地直流配电网。在这类配电网中，凡由于绝缘损坏或其他原因而可能呈现危险电压的金属部分，除另有规定外均应接地。

在 380 V 不接地低压系统中，一般要求保护接地电阻 $R_E \leqslant 4$ Ω。当配电变压器或发电机的容量不超过 100 kV · A 时，由于电网范围较小，单相接地电流更小，可取 $R_E \leqslant 10$ Ω。

2. TT 系统

TT 系统是在接地配电网中采用保护接地的系统，其构成如图 4-5 所示。在 TT 系统中，电源系统有一点直接接地，电气设备的外露可导电部分也直接接地，但此接地点在电气上独立于电源端的接地点。“TT” 中的第一个字母 “T” 即表示配电网中性点直接接地，第二个字母 “T” 表示设备外壳接地。

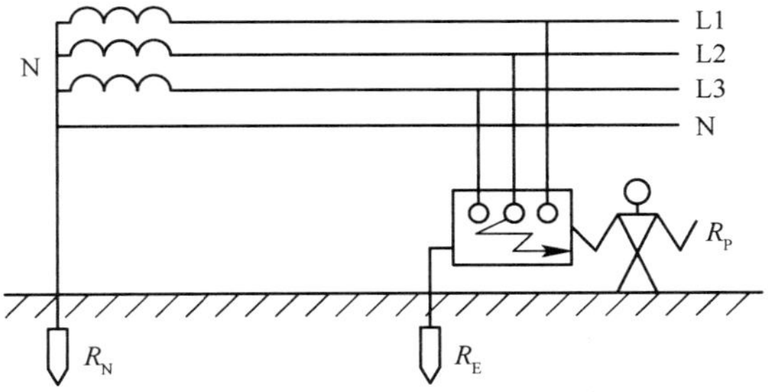

图 4-5　TT 系统

图 4-5 所示的配电网俗称三相四线配电网。这种配电网能提供一组线电压和一组相电压：额定供电相电压和线电压分别为 0. 23 kV 和 0. 4 kV，额定用电相电压和线电压分别为 220 V 和 380 V，220 V 用于照明设备和单相设备，380 V 用于动力设备，便于动力和照明由同一台变压器供电。而且这种配电网具有较好的过电压防护性能，且一相故障接地时单相电击的危险性较小，故障接地点比较容易检测等优点。中性点的接地 R_N 称为工作接地、中性点引出的导线称为中性线。由于中性线是通过工作接地与大地连在一起的，因而中性线也叫作零线。

TT 系统的安全原理是当设备发生一相漏电时，则故障电流主要经过接地电阻 R_E 和工作接地电阻 R_N 构成回路，使漏电设备上的故障电压有所降低，从而降低触电的危险性。

需要注意的是，单凭 R_E 的作用一般不能将触电危险性降低到安全范围以内。另外，由于故障回路串联有 R_E 和 R_N，故障电流不会很大，可能不足以使保护电器动作，故障得不到迅速切除。因此，采用 TT 系统必须装设剩余电流动作保护装置或过电流保护装置，并优先采用前者。

TT 系统主要用于低压用户，即用于未装备配电变压器，从外面引进低压电源的小型用户。

3. TN 系统（保护接零）

目前，我国地面上低压配电网绝大多数都采用中性点直接接地的 220/380 V 三相四线配电网，在这种配电网中，TN 系统是应用最多的配电及防护方式。

TN 系统是电源系统有一点直接接地，负载设备的外露导电部分通过保护导体连接到此接地点的系统，即采取接零措施的系统。“TN”中的字母“T”表示配电网中性点直接接地，“N”表示电气设备的外露导电部分与配电网中性点（保护零线）之间直接连接。设备金属外壳与保护零线连接的方式称为保护接零。典型的 TN 系统结构如图 4-6 所示，PE 是保护零线，R_S 称为重复接地。

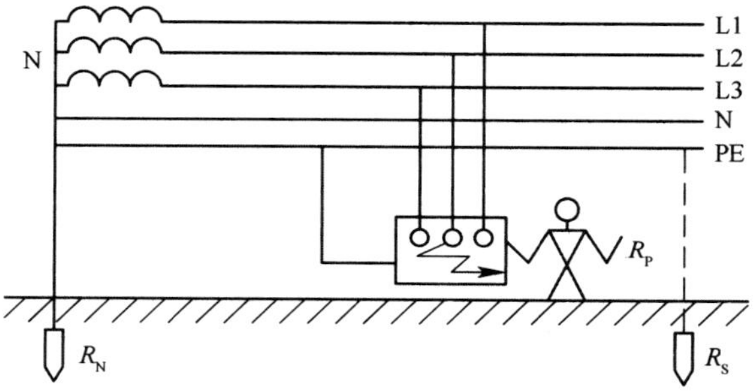

图 4-6　典型的 TN 系统

保护接零的安全原理是，当某相带电部分碰连设备外壳时，形成该相对零线的单相短路，短路电流促使线路上的短路保护装置迅速动作，从而断开故障设备电源，消除电击危险。虽然保护接零也能降低漏电设备上的故障电压，但一般不能降低到安全范围以内，其第一位的安全作用是迅速切断电源。这与 IT 系统的工作方式不同，IT 系统不切断电。

TN 系统有 3 种类型，即 TN-S 系统、TN-C-S 系统和 TN-C 系统，如图 4-7 所示。TN-S 系统是具有专用 PE 线（保护零线），即 PE 线与 N 线（工作零线）完全分开的系统。TN-C-S 系统是干线部分的前一段 PE 线与 N 线共用为 PEN 线，后一段 PE 线与 N 线分开的系统。TN-C 系统是干线部分 PE 线与 N 线完全共用的系统。但应注意，支线部分的 PE 线不能与 N 线共用。

在 TN 系统的上述 3 种类型中，TN-S 系统的安全性能最好，正常工作条件下，外露导电部分和保护导体均呈零电位，被称为是最“干净”的系统，可用于爆炸、火灾危险性较大或安全要求较高的场所，有独立附设变电站的车间也宜采用 TN-S 系统。厂区设有变电站，低电进线的车间以及民用楼房可采用 TN-C-S 系统。TN-C 系统由于零线共用，在正常工作时，该零线上就会有工作电流流过，在易爆危险场所就有可能形成易燃源，因此用

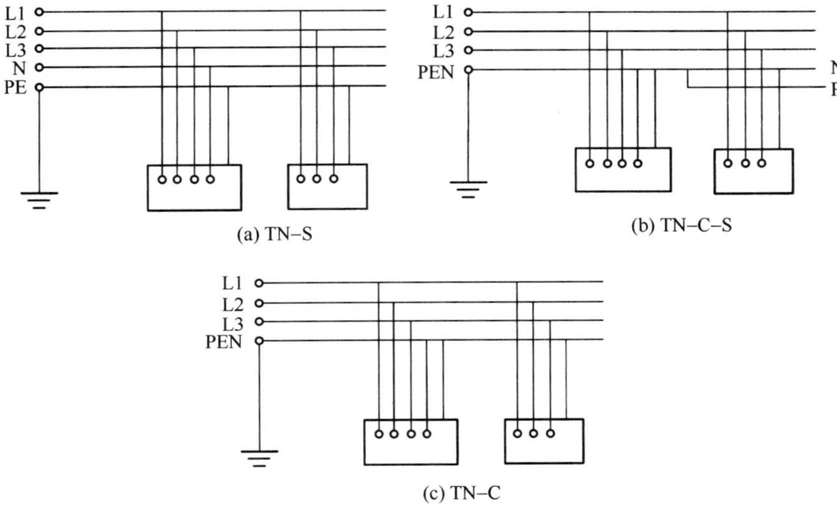

图 4-7　TN 系统的 3 种类型

于爆炸、火灾危险性不大、用电设备较少、用电线路简单且安全条件较好的场所。

应用保护接零应注意以下安全要求。

（1）在同一接零系统中，一般不允许部分或个别设备只接地、不接零的做法；否则，当接地的设备漏电时，该接地设备及其他接零设备都可能带有危险的对地电压。如确有困难，个别设备无法接零而只能接地时，则该设备必须安装漏电保护装置。

（2）符合重复接地的要求。零线（PE 线或 PEN 线）上除工作接地以外的一处或多处通过接地装置与大地再次连接称为重复接地。重复接地的安全作用是减轻 PE 线和 PEN 线断开或接触不良的危险性，进一步降低漏电设备对地电压，改善架空线路的防雷性能和缩短漏电故障持续时间。电缆或架空线路引入车间或大型建筑物处，配电线路的最远端及每 1 km 处，高低压线路同杆架设时共同敷设段的两端应做重复接地。每一重复接地的接地电阻一般不得超过 10 Ω，但在变压器低压工作接地的接地电阻允许不超过 10 Ω 的场合，每一重复接地的接地电阻允许不超过 30 Ω，但不得少于 3 处。

（3）发生对 PE 线的单相短路时能迅速切断电源。对于相线对地电压 220 V 的 TN 系统，手持式电气设备和移动式电气设备末端线路或插座回路的短路保护元件应保证故障持续时间不超过 0.4 s；配电线路或固定式电气设备的末端线路应保证故障持续时间不超过 5 s。

（4）符合工作接地的要求。工作接地的主要作用是减轻各种过电压的危险。工作接地的接地电阻一般不应超过 4 Ω，在高土壤电阻率地区允许放宽至不超过 10 Ω。

（5）PE 线和 PEN 线上不得安装单极开关和熔断器；PE 线和 PEN 线应有防机械损伤和化学腐蚀的措施；PE 线支线不得串联连接，即不得用设备的外露导电部分作为保护导体的一部分。

（6）保护导体截面面积要合格。当 PE 线与相线材料相同时，PE 线可以按表 4-6 选取。除应采用电缆芯线或金属护套做保护线者外，有机械防护的 PE 线不得小于 2.5 mm^2，没有机械防护的不得小于 4 mm^2。铜质 PEN 线截面面积不得小于 10 mm^2；铝质的不得小于 16 mm^2，如是电缆芯线，则不得小于 4 mm^2。

表 4-6 保护零线截面面积

相线截面 S/mm^2	保护零线允许最小截面 S/mm^2
$S \leqslant 16$	S
$16 < S \leqslant 35$	16
$35 < S \leqslant 400$	$S/2$
$400 < S \leqslant 800$	200
$S > 800$	$S/4$

（7）等电位连接。在一个允许范围内，将所有外露可导电部分、装置外可导电部分、各种管道用导电体连接在一起，形成一个等电位空间，称为等电位连接。等电位连接的作用是降低甚至消除设备之间的电位差，以保证人身、设备安全。等电位连接分为主等电位连接和辅助等电位连接，等电位连接的组成如图 4-8 所示。①主等电位连接（即总等电位连接）：在建筑物电源进线处将 PE 或 PEN 干线与电气装置的接地干线、建筑物金属物体及各种金属管道（水、暖通、空调、燃气管道）相互进行使彼此电位相等的电气连接；②辅助等电位连接：在某一局部区域作辅助、补充的等电位连接。

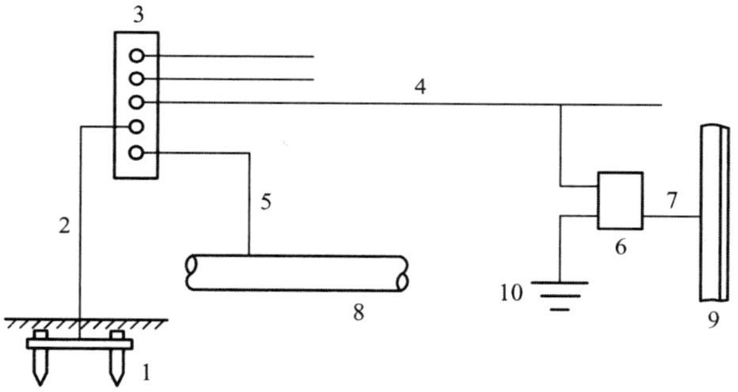

图 4-8 等电位连接

1—接地体；2—接地线；3—保护导体端子；4—保护导体；5—主等电位连接导体；6—装置外露导电部分；7—辅助等电位连接导体；8—可连接的自然导体；9—装置以外的接零导体；10—重复接地

4. 保护接地与保护接零的区别

保护接地与保护接零的区别在于以下几点。

（1）保护原理不同。保护接地是限制设备漏电后的对地电压，使之不超过安全范围；保护接零是借助接零线路使设备形成单相短路，促使线路上的保护装置动作，以切断故障设备的电源。此外，在保护接零电网中，保护零线和重复接地还可限制设备漏电时的对地电压。

（2）适用范围不同。保护接地既适用于一般不接地的高低压电网，也适用于采取了其他安全措施（如装设漏电保护器）的低压电网；保护接零只适用于中性点直接接地的低压电网。

（3）线路结构不同。如果采取保护接地措施，电网中可以无工作零线，只设保护接地线；如果采取保护接零措施，则必须设工作零线，利用工作零线作接零保护。保护零线不应接开关、熔断器，当在工作零线上装设熔断器等开断电器时，还必须另装保护接地线或接零线。

4.3.3　兼有直接接触电击和间接接触电击防护的安全措施

以上介绍的 IT、TT、TN 系统的电击防护性能，有些是较为有效的，有些有效性严重不足，如 TT 系统设备接地电阻阻值一般达不到使预期接触电压降低到安全电压以下的要求，TN 系统过电流保护动作时间有时达不到规定限值等，且都不能对直接接触电击产生防护。这里介绍一些兼有直接接触电击和间接接触电击防护作用的其他一些安全措施。

1. 安全电压（安全特低电压）

安全电压是指人体较长时间接触带电体而不致发生电击危险的电压，具有安全电压的设备属于Ⅲ类设备。通过对系统中可能会作用于人体的电压进行限制，使触电时流过人体的电流受到抑制，将触电危险控制在安全范围内。

通过人体的电流取决于加于人体的电压和人体电阻，安全电压就是以人体允许通过的电流与人体电阻的乘积为依据确定的。国际电工委员会按照人体中值电阻 1 700 Ω 和人体允许通过工频交流电流 30 mA，规定工频交流安全电压有效值的上限值为 50 V。我国规定的安全电压有效值的上限值为工频交流 50 V，直流 72 V；工频交流有效值的额定值有 42 V、36 V、24 V、12 V、6 V 5 个等级。

安全电压的额定值应根据使用环境、人员和使用方式等因素来选用。当设备采用安全电压做直接接触防护时，只能采用 24 V 以下（包括 24 V）的安全电压；当做间接接触防护时，则可采用 42 V 以下（包括 42 V）的安全电压。在特别危险环境中使用的手持电动工具应采用 42 V 安全电压；有电击危险环境中使用的手持照明灯和局部照明灯应采用 36 V 或 24 V 安全电压；金属容器内、特别潮湿处等特别危险环境中使用的手持照明灯应采用 12 V 安全电压；水下作业等场所应采用 6 V 安全电压。

需要注意的是，安全电压并非绝对安全，如人体在汗湿、皮肤破裂等情况下长时间触及电源，也可能发生电击伤害。因此，采用安全电压的同时，还要采取防止触电的其他措施。

2. 剩余电流动作保护（漏电保护）

剩余电流动作保护又称漏电保护，是利用剩余电流动作保护装置来防止电气事故的一种安全技术措施。所谓剩余电流，是指系统电源产生的电流中，净流入保护导体 PE、大地等非系统带电导体的那一部分电流。剩余电流动作保护装置是一种低压安全保护电器，俗称触电保安器、漏电开关，当电路中带电导体对地故障所产生的剩余电流超过规定值时，它能够自动切断电源或报警，主要用于防止人身电击，也用于防止因接地故障引起的火灾和监测一相接地故障。

1）剩余电流动作保护装置的组成和工作原理

剩余电流动作保护装置的组成如图 4-9 所示。该装置主要有 3 个基本环节，即检测元件、中间环节（包括放大元件和比较元件）和执行机构；其中，检测元件为一个零序电流互感器，比较元件为带有分励脱扣器的自动开关或交流接触器。此外，还具有辅助电源和试验装置；试验装置由一只限流电阻和检查按钮相串联的支路构成，模拟漏电的路径，以检验装置是否能够正常工作。

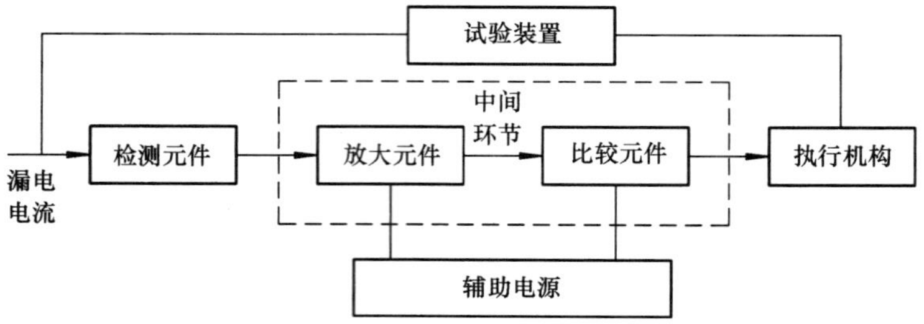

图 4-9　剩余电流动作保护装置组成框图

图 4-10 是某三相四线制供电系统的漏电保护电气原理图，图中 TA 为检测元件零序电流互感器；QF 为主开关；TL 为主开关 QF 的分励脱扣器线圈。

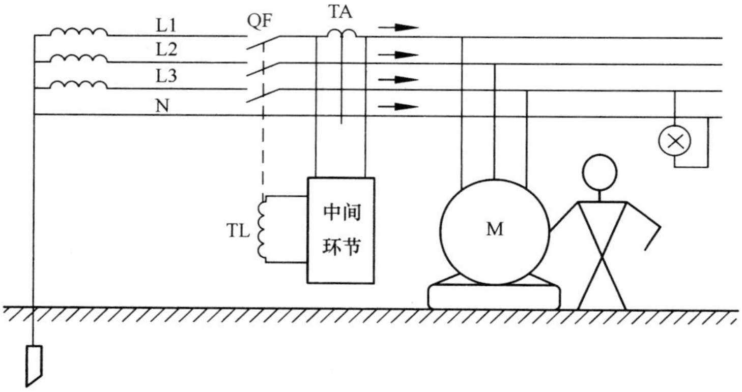

图 4-10　剩余电流动作保护装置的工作原理

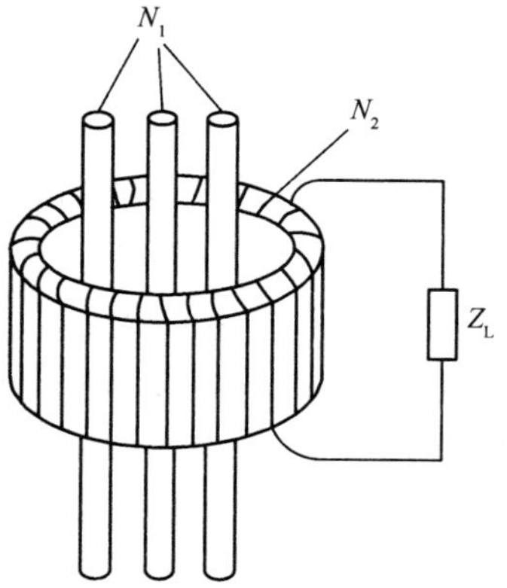

图 4-11　零序电流互感器

零序电流互感器是剩余电流动作保护装置的核心部分，其结构如图 4-11 所示。图中，被保护主电路的所有相线和中性线穿过一只环形铁芯构成了互感器的一次侧 N_1，均匀缠绕在环行铁芯上的绕组构成了互感器的二次侧 N_2。由克希荷夫定律可知，正常情况下（被保护电路没有发生漏电或触电），通过互感器 N_1 电流的相量和为零，即无剩余电流，它们各自所产生的磁通互相抵消，不会在环形铁芯中产生磁通，互感器 N_2 中没有感应电流，漏电保护装置不动作，主开关 QF 保持在闭合状态，系统能正常供电。当被保护电路发生漏电或人体触电时，由于漏电电流的存在，通过互感器 N_1 电流的相量和不再为零，即产生剩余电流，于是导致 TA

铁芯中磁通的相量和也不再为零，即在铁芯中出现了交变磁通。从而在 N_2 中产生感应电流。这个电流就是漏电电流信号，其强度与剩余电流呈正相关性。此漏电电流信号经中间环节进行处理和比较，当达到预定值（漏电动作电流值）时，使主开关分励脱扣器线圈 TL 通电，驱动主开关 QF 自动跳闸，迅速切断被保护电路的供电电源，从而实现保护。

我国标准规定的额定漏电动作电流值分为：6 mA、10 mA、15 mA、30 mA、50 mA、75 mA、100 mA、200 mA、300 mA、500 mA、1 A、3 A、5 A、10 A、20 A 15 个等级。其中，30 mA 及 30 mA 以下的属高灵敏度，主要用于防止触电事故；30 mA 以上、1 A 及 1 A 以下的属中灵敏度，用于防止触电事故和漏电火灾；1 A 以上的属低灵敏度，用于防止漏电火灾和监视一相接地故障。为了避免误动作，保护装置的额定不动作电流不得低于额定动作电流的 1/2。

2）剩余电流动作保护装置的保护功能

（1）直接接触电击防护。在直接接触电击防护中，剩余电流保护装置在基本保护措施失效时，可作为直接接触电击防护的补充保护或后备保护措施（不包括对相与相、相与 N 线间形成的直接接触电击事故的防护）。用于直接接触电击事故防护时，应选用一般型（无延时）的剩余电流保护装置，其额定漏电动作电流不超过 30 mA。

（2）间接接触电击防护。间接接触电击防护最有效的措施是自动切断电源。当电路发生绝缘损坏造成接地故障，其故障电流值小于过电流保护装置的动作电流值时，过电流保护装置不动作，不能消除电击危险，此时，需要依靠剩余电流动作保护装置的动作来切断电源，实现保护。

剩余电流动作保护装置用于间接接触电击事故防护时，应正确地与电网的系统接地型式相配合。在 TN 系统中，必须将 TN-C 系统改造为 TN-C-S 系统、TN-S 系统或局部 TT 系统后，方可安装使用剩余电流动作保护装置。在 TN-C-S 系统中，剩余电流动作保护装置只允许用在 N 线与 PE 线分开部分。

（3）电气火灾防护。为防止电气设备或线路因绝缘损坏形成接地故障引起的电气火灾，应装设当接地故障电流超过预定值时，能发出报警信号或自动切断电源的剩余电流动作保护装置。

为防止电气火灾发生而安装剩余电流动作电气火灾监控系统时，应对建筑物内防火区域作出合理的分布设计，确定适当的控制保护范围。该电气火灾监控系统的剩余电流动作的预定值和预定动作时间，应满足分级保护的动作特性相配合的要求。

3）剩余电流动作保护装置的应用

（1）必须安装剩余电流动作保护装置的设备和场所有：属于 I 类的移动式电气设备；生产用的电气设备；施工工地的电气机械设备及电动工具；安装在户外的电气装置；临时用电的电气设备；机关、学校、宾馆、饭店、企事业单位和住宅等除壁挂式空调电源插座外的其他电源插座或插座回路；游泳池、喷水池、浴池的电气设备；医院中可能直接接触人体的电气医用设备；其他需要安装剩余电流动作保护装置的场所。

低压配电线路根据具体情况采用二级或三级保护时，在总电源端、分支线首端或线路末端（农村集中安装电能表箱、农业生产设备的电源配电箱）安装剩余电流动作保护装置。

（2）不需要安装漏电保护装置的设备或场所有：使用安全电压供电的电气设备；一般环境情况下使用的具有双重绝缘或加强绝缘的电气设备、使用隔离变压器供电的电气设备、在采用了不接地的局部等电位连接安全措施的场所中使用的电气设备以及其他没有间接接触电击危险场所的电气设备。

3. 双重绝缘和加强绝缘

双重绝缘指兼有工作绝缘（基本绝缘）和保护绝缘（附加绝缘）的绝缘。前者是带电体与不可触及的导体之间的绝缘，是保证设备正常工作和防止电击的基本绝缘；后者是不可触及的导体与可触及的导体之间的绝缘，是当工作绝缘损坏后用于防止电击的独立绝缘。加强绝缘是指工作绝缘经改进，在绝缘强度和机械性能上具备了与双重绝缘同等防触电能力的单一绝缘。

具有双重绝缘和加强绝缘的设备属于Ⅱ类设备，Ⅱ类设备无须再采取接地、接零等安全措施。Ⅱ类设备应在明显位置上标注作为Ⅱ类设备技术信息一部分的“回”形标志，例如标在额定值标牌上。

双重绝缘和加强绝缘的设备其绝缘电阻应满足以下安全条件：工作绝缘的绝缘电阻不得低于2 MΩ；保护绝缘的绝缘电阻不得低于5 MΩ；加强绝缘的绝缘电阻不得低于7 MΩ。

手持电动工具应优先选用Ⅱ类设备；在潮湿场所及金属构架上工作时，除选用安全电压工具外，也应尽量选用Ⅱ类设备。

4. 电气隔离

电气隔离指工作回路与其他回路实现电气上的隔离。电气隔离是通过采用1∶1，即一次侧、二次侧电压相等的隔离变压器来实现的。电气隔离的安全实质是阻断二次侧工作的人员单相触电时电流的通路。

电气隔离的电源变压器必须是隔离变压器，二次侧必须保持独立，应保证电源电压$U \leqslant 500$ V、线路长度$L \leqslant 200$ m。

4.4 电气设备安全

电气设备是指用于发电、变电、输电、配电的各类用电设备、开关设备和控制设备、测量仪器、保护器件等。电气设备类型很多，本节仅介绍低压用电设备、低压电器和变配电设备的安全技术。

4.4.1 电气设备安全分类

以下介绍电气设备的用电环境类型、电气设备的触电防护分类和电气设备外壳防护等级。

1. 电气设备的用电环境类型

不同环境具有不同的危险程度。例如，潮湿、导电性粉尘、腐蚀性蒸气和气体对电气设备的绝缘起破坏作用，因而大大降低其绝缘电阻，可能造成电气设备的外壳、机座、机罩等金属部件带上危险的电压，并由此酿成触电事故。

根据触电危险程度，用电环境可分为普通环境、较大危险环境和特别危险环境 3 类。

1）普通环境

正常情况下，有绝缘地板（如木地板）、没有接地导体或接地导体很少的干燥、无尘场所，属于普通环境。或者说这些场所不具备较大危险和特别危险环境的特征。普通住房、办公室、某些实验室等属于无较大危险的场所。

2）较大危险环境

下列环境均属于有较大危险的环境。

（1）空气相对湿度经常超过 75%的潮湿场所。

（2）环境温度经常或昼夜间周期性地超过 35°C 的炎热场所。

（3）含导电性粉尘，即生产过程中排出工艺性导电粉尘（如煤尘、金属尘等），且沉积在导线上或进入机器、仪器内的场所。

（4）有金属、泥土、钢筋混凝土、砖等导电性地板或地面的场所。

（5）工作人员可能同时一方面接触接地的金属构架、金属结构、工艺装备；另一方面接触电气设备的金属壳体的场所。

机械厂的金工车间和锻工车间、冶金厂的压延车间、拉丝车间、电炉电极车间、炭刷车间、煤粉车间、水泵房、空气压缩站、成品库、车库等，都属于有较大危险的场所。

3）特别危险环境

下列环境均属于特别危险的环境。

（1）室内天花板、墙壁、地板等各种物体都潮湿，空气相对湿度接近 100%的特别潮湿的场所。

（2）室内经常或长时间存在对电气设备的绝缘或导电部分产生破坏作用的腐蚀性蒸气、气体、液体等化学活性介质或有机介质的场所。

（3）具有两种及两种以上有较大危险环境特征的场所。例如，有导电性地板的潮湿场所、有导电性粉尘的炎热场所等。

很多生产厂房，包括铸造车间、酸洗车间、电镀车间、电解车间、漂染车间、化工厂的大多数车间以及发电厂的所有车间、室外电气装置设置区域、电缆沟等，都属于特别危险场所。

各种环境在不同程度上要受到季节、天气等外界因素的影响，任何环境都不可能是一成不变的。因此，环境危险等级的划分不是绝对的。但是潮气、粉尘、高温、腐蚀性气体和蒸气都会损伤电气设备的绝缘，增加触电的危险，必须十分重视这些不安全因素。

应根据空气介质的状态及环境触电危险程度选用适当形式的电气设备。电气设备的结构应能防护所在环境各种不安全因素的影响。

选用电气设备时，除了要注意触电危险性之外，还应注意工作环境爆炸和火灾的危险性。

2. 电气设备的触电防护分类

按防止人身触电的程度，电气设备分为以下5类。

（1）0类设备。这类设备仅仅依靠基本绝缘来防止触电，无接地元件（螺栓、端子等）或其他防止触电的保护元件，一旦基本绝缘失效，则电气设备是否安全完全取决于使用环境，这就要求设备在绝缘良好、不导电环境中使用，其使用范围受到局限。由于0类设备的触电防护条件较差，在一些工业发达国家已逐渐禁止生产这类设备。

（2）0Ⅰ类设备。这类设备也是依靠基本绝缘来防止触电的，但其金属外壳上装有接地的端子。这类设备的电源软线不提供接地导线，插头没有接地插脚，不能插入有接地插孔的电源插座。这类设备若不接通保护接地线，则按0类对待；若接通保护接地线，则按Ⅰ类对待。目前国内还存在这类家用电器。

（3）Ⅰ类设备。这类设备除依靠基本绝缘外，还有一个附加的安全措施，即将能触及的外露可导电部分与接地或接零保护线相连接。当基本绝缘失效后，接地或接零保护将发挥作用，使可能意外带电的金属部件不致带来触电的危险。Ⅰ类设备外壳上没有接地端子，但内部有接地端子，自设备内引出带有保护插头的电源线，电源线与保护接地导线固定在一起，且用同一个插头，插入插座后保护接地线即可接地。这类设备在我国占大多数。

（4）Ⅱ类设备。这类设备的触电防护不仅靠基本绝缘，还具有双重绝缘和加强绝缘的安全防护措施。Ⅱ类设备不采用保护接地或接零措施，其安全性也不依赖于安装或使用环境条件。

（5）Ⅲ类设备。这类设备的防触电保护依靠安全特低电压（SELV）供电，且设备内可能出现的电压不能高于安全电压限值。Ⅲ类设备是从电源方面就保证了安全。应注意Ⅲ类设备不得具有保护接地手段。

3. 电气设备外壳防护等级

电气设备的外壳防护包括两种：第一种是对固体异物进入壳内设备以及人体触及内部危险部件的防护；第二种是对水进入内部的防护。

外壳防护等级按如下方法标志。

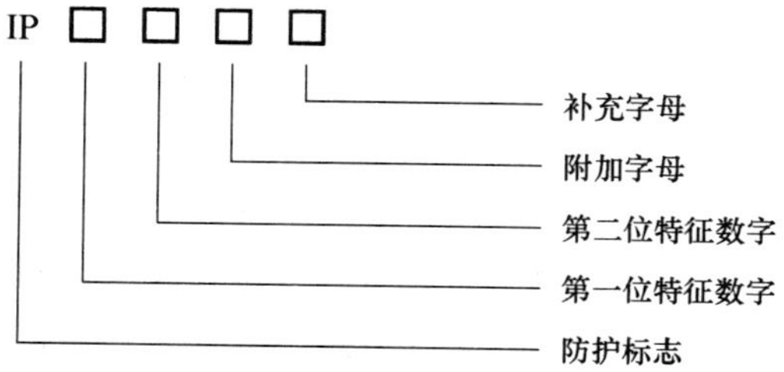

IP是国际防护（International Protection）的英文缩写。

第一位特征数字表示第一种防护型式的等级，第二位特征数字表示第二种防护型式的等级，见表 4-7。如只需考虑标志一种防护型式时，另一位数字用“×”代替。

表 4-7 电气设备的两种防护

防护种类	防护等级	简 称	防护性能
第一种防护型式	0	无防护	没有专门的防护
	1	防护直径不小于 50 mm 的固体	能防止直径不小于 50 mm 的固体异物进入壳内；能防止手背接近危险部件
	2	防护直径不小于 12.5 mm 的固体	能防止直径不小于 12.5 mm 的固体异物进入壳内；能防止手指接近危险部件
	3	防护直径不小于 2.5 mm 的固体	能防止直径不小于 2.5 mm 的固体异物进入壳内；能防止直径（或厚度）2.5 mm 的工具、金属线等接近危险部件
	4	防护直径不小于 1 mm 的固体	能防止直径不小于 1.0 mm 的固体异物进入壳内；能防止直径 1.0 mm 的金属线等接近危险部件
	5	防尘	不能完全防止尘埃进入，但进入的灰尘量不影响设备的正常运行和安全；能防止金属线接近危险部件
	6	尘密	能完全防止灰尘进入壳内；能防止金属线接近危险部件
第二种防护型式	0	无防护	没有专门的防护
	1	防垂直滴水	垂直方向的滴水，无有害影响
	2	防 15°滴水	当外壳的各垂直面在 15°角范围内倾斜时，垂直滴水无有害影响
	3	防淋水	与垂线呈 60°角范围内的淋水，无有害影响
	4	防溅水	向外壳各方向溅水，无有害影响
	5	防喷水	向外壳各方向喷水，无有害影响
	6	防强烈喷水	向外壳各方向强烈喷水，无有害影响
	7	防短时间浸水影响	在规定的压力和时间下浸在水中，进水量不达到有害程度
	8	防持续潜水影响	在规定的压力下长时间浸在水中，进水量不达到有害程度

附加字母表示对人接近危险部件的防护等级，有 A、B、C、D，分别表示能防止手背、手指、工具、金属线接近危险部件。附加字母仅在对人接近危险部件的防护高于第一位特征数字所代表的防护等级或第一位特征数字用“×”代替，仅需表示对接近危险部件防护等级的情况下使用。

补充字母是专门补充的信息：H 表示高压设备，M 表示做防水试验时设备的可动部件（如电机转子）运行，S 表示做防水试验时设备的可动部件静止，W 表示提供附加防护或处理以适用于规定的气候条件。如不需要特别说明，附加字母和补充字母可以省略。

4.4.2 用电设备安全

用电设备分为低压用电设备和高压用电设备，绝大多数用电设备是低压用电设备。低压用电设备种类极多，在此所涉及的用电设备只是一些最常用的、危险性较大的低压设备，主要包括电动机、手持电动工具与移动式电气设备、电焊设备、电气照明装置等。

1. 电动机

电动机是工业企业最常用的用电设备。作为动力机，电动机具有结构简单、操作方便、效率高等优点。生产企业中电动机消耗的电能占总能源耗量的50%以上。

1）电动机的种类

电动机种类很多，有直流电动机和交流电动机。交流电动机又分为同步电动机和异步电动机（即感应电动机）。

（1）直流电动机。直流电动机的电磁机构由定子部分和转子部分组成。直流电动机的定子上装有极性固定的磁极，直流电源经整流子（换向器）接入转子（电枢），转子电流与定子磁场相互作用产生机械力矩使转子旋转。直流电动机结构复杂，可靠性较低，但有良好的调速性能和启动性能。

（2）交流电动机。交流电动机的定子（电枢）上装有不同型式的交流绕组，接通交流电源后即产生旋转磁场。① 同步电动机。同步电动机转子上装有极性固定的磁极。定子接通交流电源后，转子开始旋转，至转速达到同步转速（旋转磁场转速）的95%时，转子经滑环接通直流电源，电动机进入同步运转。同步电动机的结构也比较复杂，制动困难，不能调速。但直流电动机可以通过励磁电流的调节改变定子电流的相位，使同步电动机成为容性负载。因此，同步电动机可为电网提供无功功率。同步电动机主要用于不需调速的、不需频繁启动的大型设备。② 异步电动机。异步电动机转子上都不接电源，由定子产生的旋转磁场在转子绕组中产生感应电势和感应电流，感应电流再与旋转磁场作用产生电磁转矩，拖动转子旋转。异步电动机分为绕线式电动机和笼式电动机。绕线式电动机转子绕组经滑环与外部电阻器等元件连接，用以改变启动特性和调速。绕线式电动机主要用于启动、制动控制频繁和启动困难的场合，如起重机械和一些冶金机械等。笼式电动机的转子绕组是笼状短路绕组，结构简单，工作可靠，维护方便，但启动性能和调速性能差。笼式电动机广泛用于各种机床、泵、风机等多种机械的电力拖动，是应用最多的电动机。

2）电动机的选择

（1）电动机的结构型式，应满足其工作环境和使用条件。例如，多尘、水土飞溅或火灾危险场所应选用封闭式电动机，爆炸危险场所应选用防爆式电动机。

（2）根据负载性质选择电动机的类型，例如，不需要调速的机械，应首先考虑采用交流电动机；对于负载平稳且无特殊要求的长期工作制机械，应采用一般笼式异步电动机。在需要重载启动时，小容量的可考虑采用高启动转矩的笼式异步电动机；大容量的则采用绕线式异步电动机等。

（3）电动机规格的选择，主要是通过校验电动机的发热、最小启动转矩、最大过载转矩等参数，来确定电动机的额定功率、电压、转速等。

（4）电动机的功率必须与生产机械负荷的大小及其持续和间断的规律相适应。电动机功率太小，势必造成电动机超负荷工作，造成电动机过热。过热对电动机的绝缘是很不利的，不仅会加速绝缘的老化，缩短电动机的使用年限，而且还可能由于绝缘损坏造成触电事故。

3）电动机的安全运行

电动机的电压、电流、频率、温升等运行参数应符合要求，电压波动不得超过 -5%~10%，电压不平衡不得超过 5%，电流不平衡不得超过 10%。

电动机必须装设短路保护和接地故障保护，并根据需要装设过载保护、断相保护和低电压保护。用熔断器保护时，熔体的额定电流应取为异步电动机额定电流的 1.5 倍（减压启动）或 2.5 倍（全压启动）。用热继电器保护时，热元件的电流不应大于电动机额定电流的 1.1~1.25 倍。

电动机在运行时，若发生电动机或其控制电器内冒烟起火、剧烈振动、温度超过额定值并继续上升、转速明显下降、三相电动机缺相运行、内部发生撞击声等异常现象，或其控制电器、被拖动机械发生严重故障时，应停止运行，按程序进行判断和处理，以免事故进一步扩大而产生其他影响。

4）电动机的维护和维修

电动机应保持主体完整、零附件齐全、无损坏并保持清洁。电动机应定期进行检修和保养工作。日常检修工作包括清除外部灰尘和油污，检查轴承并换补润滑油，检查润滑油、滑环和整流子并更换电刷，检查接地（零）线，紧固各螺丝，检查引出线连接和绝缘，检查绝缘电阻等。启动设备应与电动机同时检修。交流电动机大修后的试验项目包括测量各部位的绝缘电阻，500 kW 以上的电动机测量吸收比，定子绕组和绕线式转子绕组进行交流耐压试验（40 kW 以下只用摇表测绝缘电阻），定子绕组进行极性测定、空载试验，高压 500 kW 以上者进行直流耐压试验。

2. 手持电动工具和移动式电气设备

手持电动工具包括手电钻、手砂轮、冲击电钻、电锤、手电锯等工具。移动式设备包括蛤蟆夯、振捣器、水磨石磨平机等电气设备。

1）电击事故的原因

手持电动工具和移动式电气设备是电击事故较多的用电设备。事故较多的主要原因有以下几项。

（1）由于手持工具和设备在运行时，人与工具之间的电阻小，一旦工具带电，将有较大的电流通过人体，容易造成严重后果。同时，操作者一旦触电，由于肌肉收缩而难以摆脱带电体，使得触电的危险性加大。

（2）这些工具和设备有很大的移动性，其电源线容易受拉、磨损而漏电，电源线连接处容易脱落而使金属外壳带电，导致触电事故。

（3）这些工具和设备没有固定的工位，运行时振动大，而且可能在恶劣的条件下运行，本身容易损坏而使金属外壳带电，导致触电事故。

（4）小型手持电动工具采用220 V单相交流电源，由一条相线和一条工作零线供电，容易混淆工作零线（N线）与保护零线（PE线）之间的关系和接法。如错误地将相线接在金属外壳上，或错误地将保护零线与工作零线接在一起又赶上零线断线，就会造成金属外壳带电，导致触电事故。

2）安全使用要求

使用手持电动工具或移动式电气设备应当注意以下安全要求。

（1）工具或设备的铭牌、性能参数应当与使用条件相适应。

（2）工具或设备的防护罩、防护盖、手柄防护装置等不得有损伤、变形或松动。

（3）设备的电源开关不得失灵、不得破损，安装必须牢固、接线不得松动，转动部分应灵活。

（4）Ⅱ类、Ⅲ类设备没有保护接地或保护接零的要求；Ⅰ类设备必须采取保护接地或保护接零措施，在不接地配电网中，应当采用保护接地；在中性点接地的配电网中，应当采用保护接零。设备的保护线应接保护干线。

（5）移动式电气设备的保护零线（地线）不应单独敷设，而应当与电源线采取同样的防护措施，即采用带有保护芯线的橡皮套软线作为电源线。专用保护芯线应采用截面积为0.75~1.5 mm^{2}的软铜线。电源线不得有破损或龟裂，中间不得有接头，电源线与设备之间的防止拉脱的紧固装置应保持完好。设备的软电缆及其插头不得任意接长、拆除或调换。

（6）移动式电气设备的电源插座和插销应有专用的接零（地）插孔和插头。

（7）一般场所，手持电动工具应采用Ⅱ类设备；如果使用Ⅰ类工具，则应在电气线路中采用额定剩余动作电流不大于30 mA的剩余电流动作保护器、隔离变压器等保护措施。在潮湿或金属构架上等导电性能良好的作业场所，应使用Ⅱ类或Ⅲ类设备。在锅炉内、金属容器内、管道内等狭窄的特别危险场所，应使用Ⅲ类设备。如果使用Ⅱ类设备，则必须装设额定漏电动作电流不大于15 mA、动作时间不大于0.1 s的漏电保护器，而且，Ⅲ类设备的隔离变压器、Ⅱ类设备的漏电保护器以及Ⅱ、Ⅲ类设备控制箱和电源连接器等必须放在作业场所的外面。在狭窄作业场所操作时，应有人在外监护。

（8）使用Ⅰ类手持电动工具应配用绝缘用具，如绝缘手套、绝缘鞋、绝缘垫等。

（9）绝缘电阻合格，带电部分与可触及导体之间的绝缘电阻Ⅰ类设备不低于2 MΩ，Ⅱ类设备不低于7 MΩ。

（10）根据需要装设漏电保护装置。

（11）Ⅰ类和Ⅱ类手持电动工具修理后不得降低原设计确定的安全技术指标。

（12）工具用毕应及时切断电源，并妥善保管。

3. 电焊设备

用手工操作焊条进行焊接的电弧焊称为手工电弧焊。手工电弧焊应用很广，其不安全因素也比较多，其主要安全要求如下。

（1）电弧熄灭时焊钳电压较高，为了防止触电及其他事故，电焊工人应当戴帆布手套、穿胶底鞋。在金属容器中工作时，还应戴上头盔、护肘等防护用品。电焊工人的防护用品还应能防止烧伤和射线伤害。

（2）在高度触电危险环境中进行电焊时，可以安装空载自停装置。

（3）固定使用的弧焊机的电源线与普通配电线路同样要求，移动使用的弧焊机的电源线应按临时线处理。弧焊机的二次线路最好采用两条绝缘线。

（4）弧焊机的电源线上应装设隔离电器、主开关和短路保护电器。

（5）电焊机外露导电部分应采取保护接零（或接地）措施。为了防止高压窜入低压造成的危险和危害，交流弧焊机二次侧应当接零（或接地）。但必须注意二次侧接焊钳的一端是不允许接零或接地的，二次侧的另一条线也只能一点接零（或接地），以防止部分焊接电流经其他导体构成回路。

（6）弧焊机一次绝缘电阻不应低于 1 MΩ，二次绝缘电阻不应低于 0.5 MΩ。弧焊机应安装在干燥、通风良好处，不应安装在易燃易爆环境、有腐蚀性气体的环境、有严重尘垢的环境或剧烈振动的环境。室外使用的弧焊机应采取防雨雪措施，工作地点下方有可燃物品时应采取适当的安全措施。

（7）移动焊机时必须停电。

4. 电气照明

电气照明广泛应用于生产和生活的各个领域。在各种生产场所中，都必须有足够的电气照明装置，以改善劳动条件，提高产品质量和工作效率，确保安全生产。照明设备不正常运行可能导致火灾，也可能导致人身事故。

1）电气照明的类别

按光源的性质，电气照明分为热辐射光源（如白炽灯、碘钨灯等）和气体放电光源照明（如日光灯、高压汞灯等）。就照明功能而言，电气照明可分为工作照明和事故照明（包括应急照明）。工作照明又分为用于整个场地的一般照明和用于工作场地的局部照明。

在爆炸危险环境、中毒危险环境、火灾危险性较大的环境及手术室之类一旦停电即关系到人身安危的环境、500 人以上的公共环境、一旦停电使生产受到影响会造成大量废品的环境等都应该有事故照明（至少应有应急照明）。事故照明线路不能与动力线路或照明线路合用，而必须有自己的供电线路。

2）电气照明安装及安全要求

应根据环境条件选用适当防护形式的照明装置：为了安全，应采用带电部分不暴露在外的螺口灯座；为了防止火灾，除敞开式灯具外，凡 100 W 及其以上的照明器应采用瓷灯座；从安全角度考虑，灯座不宜带有开关或插座；户内吊灯灯具高度一般不应小于 2.5 m；灯具安装应牢固可靠；照明灯具、日光灯镇流器等发热元件不能紧贴可燃物安装；灯具若带金属件、金属吊管和吊链应采取接零（或接地）措施。

每一照明支路上熔断器熔体的额定电流不应超过 15~20 A，每一照明支路上所接的灯具，室内原则上不超过 20 盏（插座应按灯计入），室外原则上不超过 10 盏（节日彩灯除外）。照明配线应采用额定电压 500 V 的绝缘导线。照明线路应避开暖气管道，其间距离不得小于 30 cm。配电箱内单相照明线路的开关必须采用双极开关；照明器具的单极开关必须装在相线上。照明线路的相线和工作零线上都应装有熔断器。单相插座遵循“上相（L）下零（N）、右相（L）左零（N）”的原则。

4.4.3 低压电器安全

低压电器主要包括低压控制电器和低压保护电器。

1. 低压控制电器

低压控制电器主要用来接通、断开线路和用来控制电气设备，包括刀开关、低压断路器、减压启动器、电磁启动器等。

1）控制电器一般安全要求

（1）电压、电流、断流容量、操作频率、温升等运行参数符合要求。

（2）结构型式与使用的环境条件相适应。

（3）灭弧装置（包括灭弧罩、灭弧触头，灭弧用绝缘板）完好。

（4）触头接触表面光洁，接触紧密，并有足够的接触压力；各极触头应能同时动作。

（5）防护完善，联锁装置可靠，外壳、手柄、漆层无变形和损伤。

（6）安装合理、牢固；操作方便，且能防止自行合闸；一般情况下，电源线应接在固定触头上。

（7）正常时不带电的金属部分接地或接零良好。

（8）绝缘电阻符合要求。

2）刀开关

刀开关是手动开关，包括胶盖刀开关、石板刀开关、铁壳开关、转扳开关、组合开关等。

手动减压启动器属于带有专用机构的刀开关。刀开关只能用于不频繁启动。用刀开关操作异步电动机时，开关额定电流应大于或等于电动机额定电流的 3 倍。

3）低压断路器

低压断路器是具有很强的灭弧能力的低压开关。低压断路器的合闸由人工操作；分闸可由人工操作，也可在故障情况下自动分闸。

低压断路器瞬时动作过电流脱扣器用于短路保护，其动作电流的调整范围多为额定电流的 4~10 倍。其整定电流应大于线路上可能出现的峰值电流，并应为线路末端单相短路电流的 2/3。长延时动作过电流脱扣器应按照线路计算负荷电流或电动机额定电流整定，用于过载保护。

运行中的低压断路器的机构应保持灵活，各部分应保持干净。触头磨损超过原来厚度的 1/3 时，应予以更换。应定期检查各脱扣器的整定值。

4）接触器

接触器是电磁启动器的核心元件。

接触器的额定电流应按电动机的额定电流和工作状态来选择。接触器的额定电流应选为电动机的额定电流的 1.3~2 倍。工作繁重者应取较大的倍数。

接触器在运行中应注意以下问题。

（1）工作电流不应超过额定电流，温度不得过高，分合指示应与接触器的实际状态相符，连接和安装应牢固，机构应灵活，接地或接零应良好，接触器运行环境应无有害因素。

（2）触头应接触良好、紧密，不得过热；主触头和辅助触头不得有变形和烧伤痕迹；触头应有足够的压力和开距；主触头同时性应良好；灭弧罩不得松动、缺损。

（3）声音不得过大；铁芯应吸合良好；短路环不应脱落或损坏；铁芯固定螺栓不得松动；吸引线圈不得过热；绝缘电阻必须合格。

2. 低压保护电器

低压保护电器主要用来获取、转换和传递信号，并通过其他电器对电路实现控制。熔断器和热继电器属于最常见的低压保护电器。

1）熔断器

熔断器有管式熔断器、插式熔断器、螺塞式熔断器等多种型式。管式熔断器有两种，一种是纤维材料管，由纤维材料分解大量气体灭弧；另一种是陶瓷管，管内填充石英砂，由石英砂冷却和熄灭电弧。管式熔断器和螺塞式熔断器都是封闭式结构，电弧不容易与外界接触，适用范围较广。管式熔断器多用于大容量的线路。螺塞式熔断器和插式熔断器用于中、小容量线路。

熔断器熔体的热容量很小，动作很快，宜用于短路保护元件。在照明线路及其他没有冲击载荷的线路中，熔断器也可用作过载保护元件。

熔断器的防护形式应满足生产环境的要求；其额定电压符合线路电压；其额定电流满足安全条件和工作条件的要求；其极限分断电流大于线路上可能出现的最大故障电流。

对于单台笼型电动机，熔体额定电流 I_{FU}（A）按 $I_{FU}=(1.5\sim2.5)I_N$ 选取，I_N 为电动机额定电流（A）；对于没有冲击负荷的线路，熔体额定电流可按 $I_{FU}=(0.85\sim1)I_W$ 选取，I_W 为线路导线许用电流（A）。

同一熔断器可以配用几种不同规格的熔体，但熔体的额定电流不得超过熔断器的额定电流。熔断器各接触部位应接触良好。爆炸危险的环境不得装设电弧可能与周围介质接触的熔断器；一般环境也必须考虑防止电弧飞出的措施。不得轻易改变熔体的规格；不得使用不明规格的熔体。

2）热继电器

热继电器也是利用电流的热效应制成的。它主要由热元件、双金属片、控制触头等组成。热继电器的热容量较大，动作不快，只用于过载保护。

热元件的额定电流原则上按电动机的额定电流选取，对于过载能力较低的电动机，如果启动条件允许，可按其额定电流的 60%~80%选取；对于工作繁重的电动机，可按其额定电流的 110%~125%选取；对于照明线路，可按负荷电流的 0.85~1 倍选取。

4.4.4 变配电站安全

变配电站是企业的动力枢纽。变配电站装有变压器、互感器、避雷器、电力电容器、高低压开关、高低压母线、电缆等多种高压设备和低压设备。变配电站发生事故，不仅使整个生产活动不能正常进行，还可能导致火灾和人身伤亡事故。

（1）变配电站位置。变配电站位置应符合供电、建筑、安全的基本原则。从安全角度考虑，变配电站应避开易燃易爆环境；变配电站宜设在企业的上风侧，并不得设在容易沉积粉尘和纤维的环境；变配电站不应设在人员密集的场所。变配电站的选址和建筑应考虑灭火、防蚀、防污、防水、防雨、防雪、防振的要求。地势低洼处不宜建变配电站。变配电站应有足够的消防通道并保持畅通。

（2）建筑结构。高压配电室、低压配电室、油浸电力变压器室、电力电容器室、蓄电池室应为耐火建筑。蓄电池室应隔离。室内油量 600 kg 以上的充油设备必须有事故蓄油设施。储油坑应能容纳 100%的油。

变配电站各间隔的门应向外开启；门的两面都有配电装置时，应两边开启。门应为非燃烧体或难燃烧体材料制作的实体门。长度超过 7 m 的高压配电室和长度超过 10 m 的低压配电室至少应有两个门。

（3）间距、屏护和隔离。变配电站各部间距和屏护应符合专业标准的要求。室外变配电装置与建筑物应保持规定的防火间距。室内充油设备油量 60 kg 以下者允许安装在两侧有隔板的间隔内，油量 60~600 kg 者须装在有防爆隔墙的间隔内，600 kg 以上者应安装在单独的间隔内。

（4）通道。变配电站室内各通道应符合要求。高压配电装置长度大于 6 m 时，通道应设两个出口；低压配电装置两个出口间的距离超过 15 m 时，应增加出口。

（5）通风。蓄电池室、变压器室、电力电容器室应有良好的通风。

（6）封堵。门窗及孔洞应设置网孔小于 10 mm×10 mm 的金属网，防止小动物钻入。通向站外的孔洞、沟道应予以封堵。

（7）标志。变配电站的重要部位应设有“止步，高压危险！”等标志。

（8）联锁装置。断路器与隔离开关操动机构之间、电力电容器的开关与其放电负荷之间应装有可靠的联锁装置。

（9）电气设备正常运行。电流、电压、功率因数、油量、油色、温度指示应正常；连接点应无松动、过热迹象；门窗、围栏等辅助设施应完好；声音应正常，应无异常气味；瓷绝缘不得掉瓷、有裂纹和放电痕迹，并保持清洁；充油设备不得漏油、渗油。

（10）安全用具和灭火器材。变配电站应备有绝缘杆、绝缘夹钳、绝缘靴、绝缘手套、绝缘垫、绝缘站台、各种标示牌、临时接地线、验电器、脚扣、安全带、梯子等各种安全用具。变配电站应配备可用于带电灭火的灭火器材。

（11）技术资料。变配电站应备有高压系统图、低压系统图、电缆布线图、二次回路接线图、设备使用说明书、试验记录、测量记录、检修记录、运行记录等技术资料。

（12）管理制度。变配电站应建立并执行各项行之有效的规章制度，如工作票制度、操作票制度、工作许可制度、工作监护制度、值班制度、巡视制度、检查制度、检修制度及防火责任制、岗位责任制等规章制度。

4.4.5　主要变配电设备安全

除上述变配电站的一般安全要求外，变压器等设备尚需满足以下安全要求。

1. 电力变压器

电力变压器是变配电站的核心设备，按照绝缘结构分为油浸式变压器和干式变压器。油浸式变压器所用油的闪点在 135~160℃，属于可燃液体。变压器内的固体绝缘衬垫、纸板、棉纱、布、木材等都属于可燃物质，其火灾危险性较大，而且有爆炸的危险。

1）变压器的安装

变压器各部件及本体的固定必须牢固。电气连接必须良好，铝导体与变压器的连接应采用铜铝过渡接头。在不接地的 10 kV 系统中，变压器的接地一般是其低压绕组中性点、外壳及其阀型避雷器三者共用的接地（图 4-12）。接地必须良好，接地线上应有可断开的连接点。变压器防爆管喷口前方不得有可燃物体。位于地下的变压器室的门、变压器室通向配电装置室的门、变压器室之间的门均应为防火门。

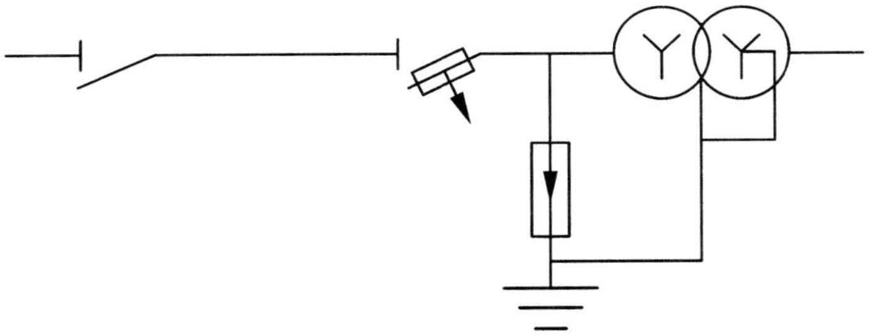

图 4-12　变压器接地

居住建筑物内安装的油浸式变压器，单台容量不得超过 400 kV·A。10 kV 变压器壳体距门不应小于 1 m，距墙不应小于 0.8 m（装有操作开关时不应小于 1.2 m）。采用自然通风时，变压器室地面应高出室外地面 1.1 m。

室外变压器容量不超过 315 kV·A 者可柱上安装，315 kV·A 以上者应在台上安装；一次引线和二次引线均应采用绝缘导线；柱上变压器底部距地面高度不应小于 2.5 m，裸导体距地面高度不应小于 3.5 m；变压器台高度一般不应低于 0.5 m，其围栏高度不应低于 1.7 m，变压器壳体距围栏不应小于 1 m，变压器操作面距围栏不应小于 2 m。变压器室的门和围栏上应有“止步，高压危险！”的明显标志。

2）变压器的运行

运行中变压器高压侧电压偏差不得超过额定值的±5%，低压最大不平衡电流不得超过额定电流的 25%。上层油温一般不应超过 85℃；冷却装置应保持正常，呼吸器内吸潮剂的颜色应为淡蓝色；通向气体继电器的阀门和散热器的阀门应在打开状态，防爆管的膜片应完整。变压器室的门窗、通风孔、百叶窗、防护网、照明灯应完好。室外变压器基础不得下沉，电杆应牢固，不得倾斜。

干式变压器的安装场所应有良好的通风，且空气相对湿度不得超过70%。

2. 高压开关

高压开关主要包括高压断路器、高压隔离开关和高压负荷开关。高压开关用以完成电路的转换，有较大的危险性。

1）高压断路器

高压断路器是高压开关设备中最重要、最复杂的开关设备。高压断路器有强力灭弧装置，既能在正常情况下接通和分断负荷电流，又能借助继电保护装置在故障情况下切断过载电流和短路电流。

断路器分断电路时，电弧如果不能及时熄灭，不仅会使断路器受到严重损坏，且还会迅速发展为弧光短路，导致更为严重的事故。

按照灭弧介质和灭弧方式，高压断路器可分为少油断路器、多油断路器、真空断路器、六氟化硫断路器、压缩空气断路器、固体产气断路器和磁吹断路器。

高压断路器必须与高压隔离开关或隔离插头串联使用，由断路器接通和分断电流，由隔离开关或隔离插头隔断电源。断路器和隔离开关必须按正确的操作顺序进行操作，切断电路时必须先拉开断路器，后拉开隔离开关：接通电路时必须先合上隔离开关，后合上断路器。为确保断路器与隔离开关之间的正确操作顺序，除严格执行操作制度外，10 kV 系统中常安装机械式或电磁式联锁装置。

2）高压隔离开关

高压隔离开关简称刀闸。隔离开关没有专门的灭弧装置，不能用来接通和分断负荷电流，更不能用来切断短路电流。隔离开关主要用来隔断电源，以保证检修和倒闸操作的安全。

隔离开关安装应当牢固，电气连接应当紧密、接触良好，与铜、铝导体连接须采用铜铝过渡接头。隔离开关不能带负荷操作。拉闸、合闸前应检查与之串联安装的断路器是否在分闸位置。运行中的高压隔离开关连接部位温度不得超过75℃，机构应保持灵活。

3）高压负荷开关

高压负荷开关有比较简单的灭弧装置，用来接通和断开负荷电流。负荷开关必须与有高分断能力的高压熔断器配合使用，由熔断器切断短路电流。

高压负荷开关分断负荷电流时有强电弧产生，因此，其前方不得有可燃物。

4.4.6 配电柜（箱）

配电柜（箱）分动力配电柜（箱）和照明配电柜（箱），是配电系统的末级设备。

1. 配电柜（箱）安装

配电柜（箱）安装应注意以下几点。

（1）配电柜（箱）应用不可燃材料制作。

（2）触电危险性小的生产场所和办公室，可安装开启式的配电板。

（3）触电危险性大或作业环境较差的加工车间、铸造、锻造、热处理、锅炉房、木工房等场所，应安装封闭式箱柜。

（4）有导电性粉尘或产生易燃易爆气体的危险作业场所，必须安装密闭式或防爆型的电气设施。

（5）配电柜（箱）各电气元件、仪表、开关和线路应排列整齐、安装牢固、操作方便，柜（箱）内应无积尘、积水和杂物。

（6）落地安装的柜（箱）底面应高出地面 50～100 mm，操作手柄中心高度一般为 1.2～1.5 m，柜（箱）前方 0.8～1.2 m 的范围内无障碍物。

（7）保护线应连接可靠。

（8）柜（箱）以外不得有裸带电体外露，装设在柜（箱）外表面或配电板上的电气元件，必须有可靠的屏护。

2. 配电柜（箱）运行

配电柜（箱）内各电气元件及线路应接触良好、连接可靠，不得有严重发热、烧损现象。配电柜（箱）的门应完好，门锁应有专人保管。

4.5　电气线路安全

电气线路可分为电力线路和控制线路。前者完成输送电能的任务；后者供保护和测量的连接之用。电气线路是电力系统的重要组成部分，它除满足供电可靠性或控制可靠性的要求外，还必须满足各项安全要求。

4.5.1　电气线路的种类

电气线路的种类很多，就其敷设方式来分，可分为架空线路、电缆线路、穿管线路等；就其性质来分，可分为母线、干线和支线；就其绝缘情况来分，可分为裸线和绝缘线等。

1. 架空线路

凡是档距超过 25 m，利用杆塔敷设的高、低压电力线路都属于架空线路。架空线路主要由导线、杆塔、绝缘子、横担、金具、拉线及基础等组成。

架空线路的导线用以输送电流。架空线路导线多采用钢芯铝绞线、硬铜绞线、硬铝绞线和铝合金绞线。

架空线路的杆塔用以支承导线及其附件，有钢筋混凝土杆、木杆和铁塔之分。水泥杆经久耐用、不受气候影响，不易腐蚀，维护简单，应用最为广泛。

架空线路的横担用以支承导线，常用的横担有木横担、铁横担和瓷横担。

架空线路的绝缘子用以支承、悬挂导线并使之与杆塔绝缘，分为针式绝缘子、蝶式绝缘子、悬式绝缘子、陶瓷横担绝缘子和拉紧绝缘子等。

架空线路的金具主要用于固定导线和横担，包括线夹、横担支撑、抱箍、垫铁、连接金具等金属器件。

架空线路的拉线及其基础用以平衡杆塔各方向受力，保持杆塔的稳定性。

2. 电缆线路

电力电缆线路主要由电力电缆、终端头和中间接头 3 部分组成。

（1）电力电缆。电力电缆分为油浸纸绝缘电缆、交联聚乙烯绝缘电缆和聚氯乙烯绝缘电缆。它主要由导电芯线、绝缘层和保护层组成。电缆可敷设在电缆沟或电缆隧道中，也可按规定的要求直接埋入地下。直接埋在地下的方式，容易施工，散热良好，但检修、更换不方便，不能可靠地防止外力损伤，而且易受土壤中酸、碱物质的腐蚀。

（2）电缆终端头。电缆终端头分户外、户内两大类。户外用的有铸铁外壳、瓷外壳的终端头和环氧树脂的终端头；户内用的主要有尼龙和环氧树脂的终端头。环氧树脂终端头成形工艺简单，与电缆金属护套有较强的结合力，有较好的绝缘性能和密封性能，应用最为普遍。

（3）电缆中间接头。电缆中间接头主要有铅套中间接头、铸铁中间接头和环氧树脂中间接头。10 kV 及以下的中间接头多采用环氧树脂浇注。电缆终端头和中间接头是整个电缆线路的薄弱环节，约有 70%的电缆线路故障发生在终端头和中间接头上，因此其安全运行对减少和防止事故有着十分重要的意义。

4.5.2 电气线路常见故障

电气线路故障可能导致触电、火灾、停电等多种事故。

1. 架空线路故障

架空线路敞露在户外，会受到气候和环境条件的影响。雷击、大雾、大风、雨雪、高温、严寒、洪水、烟尘和灰尘、纤维等都会从不同的方面对架空线路造成威胁。

架空线路的事故虽然大部分是由自然灾害造成的，但这些事故并非不可避免的。对于正确设计和施工的线路，只要电气工作人员严格贯彻执行有关运行、检修规程，切实做好日常的巡视、维护和检修工作，架空线路的安全运行就会有可靠的保证。

2. 电缆线路故障

就故障现象而言，电缆故障包括机械损伤、铅皮（铝皮）龟裂、终端头污染、终端头或中间接头爆炸、绝缘击穿、金属护套腐蚀穿孔等故障。

就事故原因而言，电缆故障包括外力破坏、化学腐蚀或电解腐蚀、雷击、水淹、虫害等自然灾害和施工不妥、维护不当等人员过失几类。

4.5.3 线路安全条件

电气线路应满足供电可靠性的要求及经济指标的要求，应满足维护管理方便的要求，还必须满足各项安全要求。

（1）导电能力。导线的导电能力应符合发热、电压损失和短路电流三方面的要求。①发热。各种导线的最高运行温度都有一定的限制。对于裸线，为防止接头氧化，最高运行温度为 70℃；对于橡皮绝缘导线和塑料绝缘导线，为防止绝缘老化，最高运行温度分别为 65℃和 70℃；对于电缆，为防止绝缘老化，防止热胀冷缩形成气泡，1 kV 及其以下的铅包或铝包电缆最高运行温度为 80℃，聚氯乙烯电缆最高运行温度为 65℃。②电压损失。为了保证用电设备正常工作，动力线路的电压损失不得超过 5%，照明线路不得超过 8%～10%。③短路电流。导线的截面应能承受电流的热效应而不致破坏，即保持足够的热稳定性。为此，导线最小截面面积为：

$$S_{min} \geqslant It^{1/2}/K$$

式中：S_{min}——导线芯线最小截面面积，mm^2；

I——短路电流有效值，A；

t——短路电流可能持续的时间，s；

K——计算系数。

（2）线路绝缘。线路绝缘应满足防电击、防火、耐腐蚀、耐机械损伤等要求。

（3）机械强度。导线的机械强度应当足以承受自重、温度变化的热应力，短路时的电磁作用力以及风雪、覆冰产生的应力。

（4）线路防护。各种线路对酸、碱、盐温度、湿度、灰尘、火灾和爆炸等外界因素应有足够的防护能力。特别潮湿环境应采用硬塑料管配线或针式绝缘子配线，高温环境应采用电线管或焊接钢管配线、针式绝缘子配线，多尘（非爆炸性粉尘）环境应采用各种管配线，腐蚀性环境应采用硬塑料管配线，火灾危险环境应采用电线管或焊接钢管配线，爆炸危险环境应采用焊接钢管配线等。

（5）导线连接。导线的接头是电气线路的薄弱环节，接头常常是发生故障的地方。接头接触不良或松脱会增大接触电阻，使接头过热而烧毁绝缘，还可能产生火花，严重的会酿成火灾和触电事故。因此，接头务必牢靠、紧密，接头的机械强度不应低于导线机械强度的 80%；接头的绝缘强度不应低于导线的绝缘强度；接头部位的电阻不得大于原线段电阻的 12 倍。工作中，应当尽可能减少导线的接头，接头过多的导线不宜使用。对于可移动线路的接头，更应当特别注意。

本章小结

电气事故是由于电能非正常地作用于人体或系统所造成的。根据电能的不同作用形式，可将电气事故分为触电事故、雷电和静电事故、射频伤害和电气装置故障等，上述 4 类电气事故均可能引起火灾和爆炸。电气火灾爆炸事故在火灾和爆炸事故中占有很大的比例。

一般来说，触电事故的预防技术可以分为直接接触电击防护技术、间接接触电击防护技术和其他电击防护技术。直接接触电击的基本防护措施有绝缘、屏护和间距；间接接触电击防护技术有保护接地、保护接零。其他电击防护技术包括安全电压、漏电保护、双重绝缘、电气隔离等，这些都是兼有直接接触电击和间接接触电击防护的安全措施。

根据触电危险程度，电器设备用电环境可分为普通环境、较大危险环境和特别危险环境3类。按防止人身触电的程度，电气设备分为0、0Ⅰ、Ⅰ、Ⅱ和Ⅲ 5类设备。设备外壳的防护等级代号用特征字母IP和附加在其后面的两个特征数字表示，第一位特征数字表示第一种防护型式的等级，第二位特征数字表示第二种防护型式的等级。此外，还使用附加字母和补充字母，前者表示对人接近危险部件的防护等级，后者则是专门补充的信息。

本章介绍了常见电气设备安全的相关知识，这些电气设备包括用电设备（电动机、手持电动工具与移动式电气设备、电焊设备和电气照明装置等）、低压电器（重点是低压保护电器）、变配电站和主要变配电设备，要求熟悉和掌握上述常见电气设备的安全运行知识。

练习与思考

一、单项选择题

1. 当有电流在接地点流入地下时，电流在接地点周围土壤中产生电压降。人在接地点周围，两脚之间出现的电压称为（　　）。

A. 跨步电势　　B. 跨步电压　　C. 临界电压　　D. 故障电压

2. 工频电流与高频电流在电击危险上相比，（　　）。

A. 高频危险性大　　B. 工频危险性大

C. 危险性相同　　D. 无法确定谁的危险性大

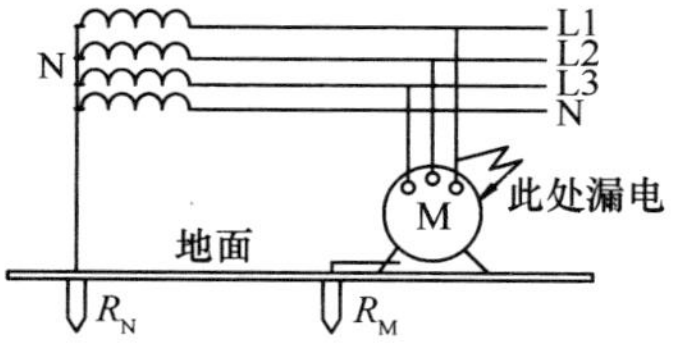

3. 【2014年】对地电压指带电体与零电位大地之间的电位差。右图为TT系统［即配电变压器低压中性点（N点）直接接地，用电设备（M）的外壳也直接接地的系统］示意图。已知低压中性点接地电阻 $R_N=2.2\ \Omega$，设备外壳接地电阻 $R_M=2.8\ \Omega$、配电线路电压 $U=220$ V。当用电设备发生金属性漏电（即接触电阻接近于零）时，该设备对地电压为（　　）V。

A. 220　　B. 123.2　　C. 96.8　　D. 36

4. 【2014年】绝缘是防止直接接触电击的基本措施之一，电气设备的绝缘电阻应经常检测，绝缘电阻用兆欧表测定。下列关于绝缘电阻测定的做法中，正确的是（　　）。

A. 在电动机满负荷运行情况下进行测量

B. 在电动机空载运行情况下进行测量

C. 在电动机断开电源情况下进行测量

D. 在电动机超负荷运行的情况下进行测量

5. 【2014年】漏电保护又称剩余电流保护，在保障用电安全方面起着重要作用，运行中的漏电保护装置必须保持完好状态。上图为一微型漏电保护断路器，图中圆圈内的按钮是（　　）。

A. 复位按钮　　B. 试验按钮　　C. 分闸按钮　　D. 合闸按钮

6. 【2014年】电磁辐射属于物理性职业病危害因素，由于其频率、波长、量子能量的不同，对人体的危害作用也不同。射频辐射是电磁辐射的一种。下列电磁辐射中，属于射频辐射的是（　　）。

A. 红外线　　B. 紫外线　　C. 微波　　D. X 射线

7.【2013 年】电气装置运行时产生的危险温度、电火花（电弧）是引发电气火灾的两大类原因。电火花的温度高达数千摄氏度，是十分危险的引火源。下列常用低压电器中，正常运行和正常操作中不会在空气中产生电火花的电器是（　　）。

A. 螺旋式熔断保险　　B. 接触器

C. 空气断路器　　D. 继电器

8.【2013 年】接地保护和接零保护是防止间接接触电击的基本技术措施，其类型有 IT 系统（不接地配电网、接地保护）、TT 系统（接地配电网、接地保护）、TN 系统（接地配电网、接零保护）。存在火灾爆炸危险的生产场所，必须采用（　　）系统。

A. TN–C　　B. TN–C–S　　C. TN–S–C　　D. TN–S

9.【2013 年】安全电压是在一定条件下、一定时间内不危及生命安全的电压。我国标准规定的工频安全电压等级有 42 V、36 V、24 V、12 V、6 V（有效值）。不同的用电环境、不同种类的用电设备应选用不同的安全电压。在有触电危险的环境中所使用的手持照明灯电压不得超过（　　）V。

A. 12　　B. 24　　C. 36　　D. 42

10.【2013 年】电气设备的防触电保护可分为 5 类，各类设备使用时对附加安全措施的装接要求不同。下列关于电气设备装接保护接地的说法中，正确的是（　　）。

A. 0 Ⅰ类设备必须装接保护接地

B. Ⅰ类设备可以装接也允许不装接保护接地

C. Ⅱ类设备必须装接保护接地

D. Ⅲ类设备应装接保护接地

11.【2012 年】兼防直接接触和间接接触电击的措施有安全电压、剩余电流动作保护。其中，剩余电流动作保护的工作原理是（　　）。

A. 通过电气设备上的保护接触线把剩余电流引入大地

B. 由零序电流互感器获取漏电信号，经转换后使线路开关跳闸

C. 保护接地经剩余电流和构成接地短路从而导致熔断器熔断以切断供电电源

D. 剩余电流直接促使电气线路上的保护元件迅速动作断开供电电源

12.【2012 年】直接接触电击是人体触及正常状态下带电的带电体时发生的电击。预防直接接触电击的正确措施是（　　）。

A. 绝缘、屏护和间距　　B. 保护接地、屏护

C. 保护接地、保护接零　　D. 绝缘、保护接零

13.【2012 年】电伤是由电流的热效应、化学效应、机械效应等效应对人体造成的伤害，下列各种电伤中，最为严重的是（　　）。

A. 皮肤金属化　　B. 电流灼伤　　C. 电弧烧伤　　D. 电烙印

14.【2011 年】保护接零的安全原理是当电气设备漏电时形成单相短路，促使线路上的短路保护元件迅速动作，切断漏电设备的电源。因此，保护零线必须有足够的截面面积。当相线截面为 10 mm^2 时，保护零线的截面不应小于（　　）mm^2。

A. 2.5　　B. 4　　C. 6　　D. 10

15.【2011 年】漏电保护又称为剩余电流保护。漏电保护是一种防止电击导致严重后果的重要技术手段。但是，漏电保护不是万能的。下列触电状态中，漏电保护不能起保护作用的是（　　）。

A. 人站在木桌上同时触及相线和中性线

B. 人站在地上触及一根带电导线

C. 人站在地上触及漏电设备的金属外壳

D. 人坐在接地的金属台上触及一根带电导线

二、多项选择题

1.【2014 年】根据能量转移论的观点，电气危险因素是由于电能非正常状态形成的。触电是电气危险因素之一，触电分为电击和电伤两种伤害形式。下列关于电击、电伤的说法中，错误的有（　　）。

A. 大部分触电死亡既有电击的原因也有电伤的原因

B. 电击是电流直接作用于人体或电流转换为其他形态的能量作用于人体造成的伤害

C. 电伤是电流直接作用于人体造成的伤害

D. 电击都发生在低压电气设备上，电伤都发生在高压设备上

E. 单纯的电伤不会致人死亡

2.【2013 年】电流的热效应、化学效应、机械效应对人体的伤害有电烧伤、电烙印、皮肤金属化等多种。下列关于电流伤害的说法中，正确的有（　　）。

A. 不到 10 A 的电流也可能造成灼伤

B. 电弧烧伤也可能发生在低压系统

C. 短路时开启式熔断器熔断，炽热的金属微粒飞溅出来不至于造成灼伤

D. 电光性眼炎表现为角膜炎、结膜炎

E. 电流作用于人体使肌肉非自主的剧烈收缩可能产生伤害

3.【2012 年】电击分为直接接触电击和间接接触电击，针对电击的类型应当采取相应的安全技术措施。下列说法中，属于间接接触电击的有（　　）。

A. 电动机漏电，手指直接碰到电动机的金属外壳

B. 起重机碰高压线，挂钩工人遭到电击

C. 电动机接线盒盖脱落，手持金属工具碰到接线盒内的接线端子

D. 电风扇漏电，手背直接碰到风扇的金属护网

E. 检修工人手持电工刀割破带电的导线

4.【2011 年】触电事故分为电击和电伤。电击是电流直接作用于人体所造成的伤害；电伤是电流转换成热能、机械能等其他形式的能量作用于人体造成的伤害。人触电时，可能同时遭到电击和电伤。电击的主要特征有（　　）。

A. 致命电流小

B. 主要伤害人的皮肤和肌肉

C. 人体表面受伤后留有大面积明显的痕迹

D. 受伤害的严重程度与电流的种类有关

E. 受伤害程度与电流的大小有关

三、简答题

1. 触电事故有哪些种类？
2. 什么叫人体的摆脱电流？成年男、女的平均工频摆脱电流各是多少？
3. 人体触电后，如何进行触电急救？
4. 直接电击和间接电击应采取什么措施进行防护？
5. 试说明工作接地、保护接地和保护接零的区别。
6. 按防止人身触电的程度，电气设备可分为哪几类？
7. 电气设备外壳防护等级是如何划分的？分别有什么含义？
8. 工作中的电动机在什么情况下应停止运行并及时进行处理？
9. 手持电动工具和移动式电气设备事故较多的主要原因是什么？

第 5 章　雷电、静电及其防护

☞ [**教学目标**]

1. 了解雷电的种类及危害。
2. 了解静电的产生及危害。
3. 掌握雷电、静电的安全防护措施。

雷电和静电都是相对于观察者静止的电荷聚集的结果，都可能造成设备或设施的损坏，引起火灾和爆炸，危及人身安全。雷电是一种大自然现象，电压极高，电流很大，所以危及面广，破坏性更大。本章将分别介绍雷电和静电的产生、危害及其安全防护技术。

5.1　雷电的种类及危害

雷电是一种自然现象，雷击是一种自然灾害。雷击房屋、电力线路、电力设备等设施时，会产生极高的过电压和极大的过电流，在所波及的范围内，可能造成设施或设备的毁坏，可能造成大规模停电、火灾或爆炸，还可能直接伤及人畜。

5.1.1　雷电的种类

带电积云是构成雷电的基本条件。当带不同电荷的积云互相接近到一定程度，或带电积云与大地凸出物接近到一定程度时，就会发生强烈的放电现象，发出耀眼的闪光。由于放电时温度高达 20 000℃，空气受热急剧膨胀，发出爆炸的轰鸣声，这就是闪电和雷鸣。

雷电按照其危害方式可分为直击雷、感应雷、雷电侵入波和球雷 4 种。

1. 直击雷

带电积云与地面目标（建筑物或其他物体）之间的强烈放电称为直击雷。直击雷的每次放电过程包括先导放电、主放电、余光 3 个阶段。带电积云接近地面时，在地面凸出物顶部感应出异性电荷，其间电场强度增大。当积云与地面凸出物之间的电场强度达到 25～30 kV/cm 时，即发生由带电积云向大地发展的跳跃式先导放电，持续时间 5～10 ms。当先导放电到达地面凸出物时，即发生从地面凸出物向积云发展的极明亮的主放电，其放电时间仅 50～100 μs。主放电向上发展至云端即告结束。主放电结束后继续有微弱的余光，持续时间为 30～150 ms。

大约 50%的直击雷有重复放电的性质。平均每次雷击有三四个冲击，最多能出现数十个冲击。一次雷击的全部放电时间一般不超过 500 ms。

2. 感应雷

感应雷也称为雷电感应或感应过电压。它分为静电感应雷和电磁感应雷。

静电感应雷是由于带电积云接近地面，在架空线路导线或其他导电凸出物顶部感应出大量与积云带电极性相反的电荷引起的。在带电积云与其他客体放电后，架空线路导线或导电凸出物顶部的感应电荷失去束缚，如没有就近泄入地中，就会以大电流、高电压冲击波的形式，沿线路导线或导电凸出物极快地传播。此冲击波由静电感应产生，具有雷电特征，故称为静电感应雷。

电磁感应雷是由于雷电放电时，巨大的冲击雷电流在周围空间产生迅速变化的强磁场引起的。这种迅速变化的磁场能在邻近的导体上产生很高的感应电动势。如果是开口的环形导体，开口处可能产生过电压或火花放电；如果是闭合的导体环路，环路内将产生很大的冲击电流，图 5-1 为感应雷示意图。

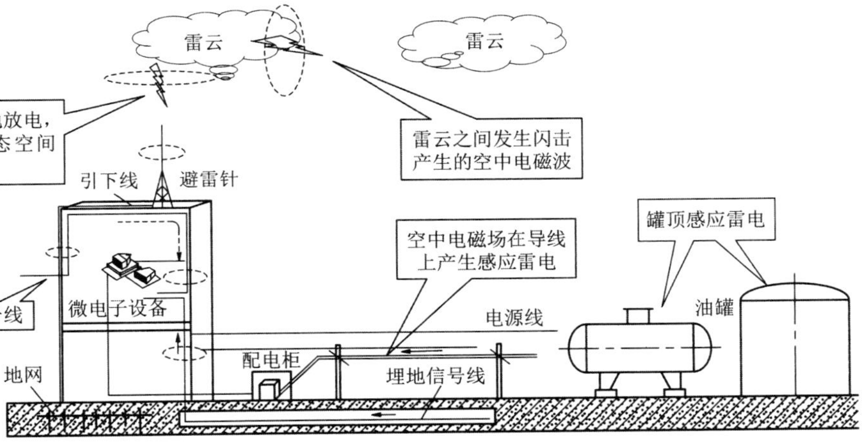

图 5-1　感应雷示意图

3. 雷电侵入波

雷电侵入波也称为闪电电涌、高电位侵入波。当户外架空导线或空中金属管道被雷击，如果大量电荷不能迅速入地，就会沿线路或管道迅速传播，这就是雷电侵入波。雷电侵入波的传播速度在架空线路中约为 3×10^5 m/s，在电缆中约为 1.5×10^5 m/s。直击雷和感应雷都能产生雷电侵入波。若雷电波侵入建筑物内，可造成配电装置和电气线路绝缘层击穿产生短路，或使建筑物内易燃易爆品燃烧和爆炸。

4. 球雷

球雷也称为电滚雷，是雷电放电时形成的一团发光球状气体，呈红光、橙光、白光或其他颜色。球雷出现的概率约为雷电放电的2%，其直径多为20 cm左右，最大的可达10 m，随风飘动或滚动，速度为1~3 m/s，存在时间为数秒至数分钟。在雷雨季节，球雷可能从门、窗、烟囱等通道侵入室内；在油罐区，球雷可从油罐的排气管、呼吸阀、采样孔、检尺孔等通道侵入罐内。

5.1.2 雷电参数

雷电参数系指雷暴日、雷电流幅值、雷电流陡度、冲击过电压等电气参数，是防雷设计的重要依据之一。

1. 雷暴日

为了统计雷电活动的频繁程度，经常采用年雷暴日数来衡量。只要一天之内能听到雷声的就算一个雷暴日。通常说的雷暴日都是指一年内的平均雷暴日数，即年平均雷暴日。雷暴日数越大，说明雷电活动越频繁。山地雷电活动较平原频繁，山地雷暴日约为平原的3倍。我国广东省的雷州半岛和海南岛一带雷暴日在80 d/a以上，长江流域以南地区雷暴日为40~80 d/a，长江以北大部分地区雷暴日为20~40 d/a，西北地区雷暴日多在20 d/a以下。西藏地区因印度洋暖流沿雅鲁藏布江上溯，很多地方雷暴日高达50~80 d/a。就大城市来说，广州、昆明、南宁为70~80 d/a，重庆、长沙、贵阳、福州约为50 d/a，北京、上海、武汉、南京、成都、呼和浩特约为40 d/a，天津、郑州、沈阳、太原、济南约为30 d/a。

我国把年平均雷暴日不超过15 d/a的地区划为少雷区，超过40 d/a划为多雷区。在防雷设计时，应考虑当地雷暴日条件。

我国各地雷雨季节相差也很大，南方一般从2月份开始，长江流域一般从3月份开始，华北和东北延迟至4月份开始，西北延迟至5月份开始。防雷准备工作均应在雷雨季节前做好。

2. 雷电流幅值

雷电流幅值是指主放电时冲击电流的最大值。雷电流幅值可达数十千安至数百千安。根据实测数据，可绘制出雷电流概率曲线。我国年平均雷暴日为20 d/a以上地区的雷电流幅值的概率可按下式计算：

$$\lg P = -\frac{I_{SM}}{88}$$

式中：P——雷电流幅值超过I_{SM}的概率,%；

I_{SM}——雷电流幅值，kA。

例如，对于100 kA的雷电流幅值，可求得其概率为7.3%，即每100次雷击中大约有7次雷击的雷电流幅值达到100 kA。做防雷设计时，雷电流幅值可按100 kA考虑。

对于雷电活动较弱、年平均雷暴日为20 d/a以下地区（如西北、内蒙古、西藏等地区），雷电流幅值的概率可按下式计算：

$$\lg P = -\frac{I_{SM}}{44}$$

3. 雷电流陡度

雷电流陡度是指雷电流随时间上升的速率。雷电流是一种冲击波，其幅值和陡度随各次放电条件而异，一般幅值大的陡度也大。幅值和最大陡度都出现在波头部分，故防雷设计只考虑在波头部分。雷电流冲击波波头陡度可达到 50 kA/μs，平均陡度约为 30 kA/μs。

做防雷设计时，为便于进行计算，将雷电流波头形状等值为典型波形，最常用的等值波形是斜角波和半余弦波，如图 5-2 所示。

雷电流陡度越大，其对电气设备造成的危害也越大。因此，在防雷要求较高的场合，波头形状宜取为半余弦波。

半余弦波的波头部分表达式为

$$i = \frac{I_{SM}}{2}(1 - \cos\omega t) = \frac{I_{SM}}{2}\left(1 - \cos\frac{\pi t}{\tau_t}\right)$$

式中：τ_t ——雷电流波头时间，$\tau_t = \pi/\omega$。

容易证明，半余弦波波头的最大陡度为斜角波陡度的 π/2 倍。显然，按余弦波波头考虑的防雷设计是偏于安全的。

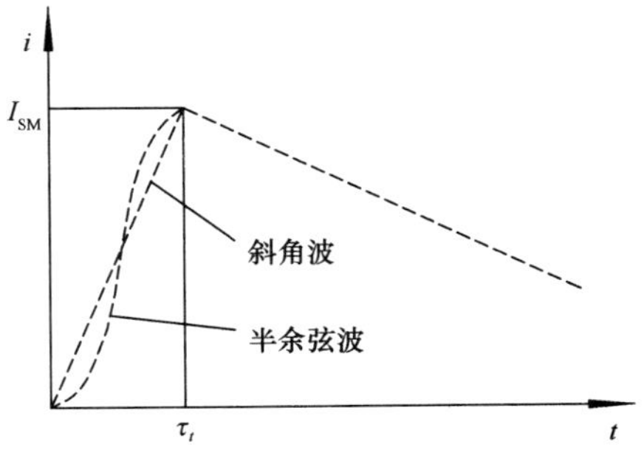

图 5-2　雷电流波形图

4. 雷击冲击过电压

雷击时的冲击过电压很高，直击雷冲击过电压可用下式表达：

$$U_D = iR_{IE} + L\frac{di}{dt}$$

式中：U_D——直击雷冲击过电压，kV；

i ——雷电流，kA；

R_{IE}——防雷接地装置的冲击接地电阻，Ω；

$\frac{di}{dt}$ ——雷电流陡度，kV/μs；

L ——雷电流通路的电感，μH。如通路长度 l 以 m 为单位，则 $L=1.3l$。

由上式可知，直击雷冲击过电压由两部分组成。第一部分取决于雷电流的大小；第二部分取决于雷电流陡度。直击雷冲击过电压可高达数千千伏。

5.1.3　雷电的危害

由于雷电具有电流大、电压高、冲击性强等特点，有多方面的破坏作用，且破坏力很大。就其破坏因素来看，雷电具有电效应、热效应和机械效应三方面的破坏作用。

（1）电效应。电效应的破坏作用表现为数百万伏乃至更高的冲击电压，可击穿电气设备的绝缘，损坏电气设备和线路，造成大规模停电；绝缘损坏会引起短路，导致火灾或爆炸事故。巨大的雷电流经防雷装置时会造成防雷装置的电位升高，这样的高电位作用在电气线路、电气设备或金属管道上，它们之间会产生二次放电（这种现象称为反击）。二次放电的电火花可能引起火灾或爆炸，二次放电也能造成电击，引起电气设备绝缘损坏，造成高压窜入低压，在大范围内带来触电的危险。数十千安至数百千安的雷电流流入地下，会在雷击点及其连接的金属部分产生极高的对地电压，可能直接导致接触电压电击和跨步电压的触电事故。由于雷电流的迅速变化，在其周围的空间里会产生强大而且变化的磁场，处于磁场中的导体会感应出很高的电动势，此电动势可使闭合回路的金属导体产生很大的感应电流，引起发热和其他危害。

（2）热效应。热效应的破坏作用表现在：一是直击雷放电的高温电弧能直接引燃邻近的可燃物，从而造成火灾；二是巨大的雷电流通过导体，在极短的时间内转换为大量的热能，可能烧毁导体、用电设备，并导致易燃品的燃烧和金属熔化、飞溅，从而引起火灾或爆炸。雷击点的发热量为500~20 000 MJ，危险性大的化工设备和储罐尤其要重点防范。

（3）机械效应。机械效应的破坏作用表现为被击物遭到破坏，甚至爆裂成碎片。这是由于巨大的雷电流通过被击物时，由于雷电流的温度很高（一般为6 000~20 000℃），使被击物缝隙中的气体剧烈膨胀，同时缝隙中的水分受热也急剧汽化成大量气体，因而在被击物内部出现强大的机械压力，致使被击物破坏和爆炸。此外，同性电荷之间的静电斥力、同方向电流或电流转弯处的电磁作用力也有很强的破坏力，雷击时的气浪也有一定的破坏作用。

5.2 雷电防护技术

应根据建筑物和构筑物、电力设备以及其他保护对象的类别和特征，分别对直击雷、感应雷、雷电侵入波等采取适当的防雷措施，使雷击能量安全地泄放与转换，以防止雷电以各种形式对建筑物及设备造成的危害。

5.2.1 建筑物防雷级别与防雷技术分类

1. 建筑物的防雷级别

根据建筑物重要性、生产性质、遭受雷击的可能性和后果的严重性，《建筑物防雷设计规范》（GB 50057—2010）将建筑物防雷级别划分为3类。

1）第一类防雷建筑物

遇下列情况之一时，应划为第一类防雷建筑物。

（1）凡制造、使用或储存火炸药及其制品的危险建筑物，因电火花而引起爆炸、爆轰，会造成巨大破坏和人身伤亡者。

（2）具有0区或20区爆炸危险场所的建筑物。

（3）具有1区或21区爆炸危险场所的建筑物，因电火花而引起爆炸，会造成巨大破坏和人身伤亡者。

2）第二类防雷建筑物

遇下列情况之一时，应划为第二类防雷建筑物。

（1）国家级重点文物保护的建筑物。

（2）国家级的会堂、办公建筑物、大型展览和博览建筑物、大型火车站和飞机场、国宾馆，国家级档案馆、大型城市的重要给水水泵房等特别重要的建筑物。

（3）国家级计算中心、国际通信枢纽等对国民经济有重要意义的建筑物。

（4）国家特级和甲级大型体育馆。

（5）制造、使用或储存火炸药及其制品的危险建筑物，且电火花不易引起爆炸或不致造成巨大破坏和人身伤亡者。

（6）具有1区或21区爆炸危险场所的建筑物，且电火花不易引起爆炸或不致造成巨大破坏和人身伤亡者。

（7）具有2区或22区爆炸危险场所的建筑物。

（8）有爆炸危险的露天钢质封闭气罐。

（9）预计雷击次数大于0.05次/a的部、省级办公建筑物和其他重要或人员密集的公共建筑物以及火灾危险场所。

（10）预计雷击次数大于0.25次/a的住宅、办公楼等一般性民用建筑物或一般性工业建筑物。

3）第三类防雷建筑物

遇下列情况之一时，应划为第三类防雷建筑物。

（1）省级重点文物保护的建筑物及省级档案馆。

（2）预计雷击次数大于或等于0.01次/a，且小于或等于0.05次/a的部、省级办公建筑物和其他重要或人员密集的公共建筑物以及火灾危险场所。

（3）预计雷击次数大于或等于0.05次/a，且小于或等于0.25次/a的住宅、办公楼等一般性民用建筑物或一般性工业建筑物。

（4）在平均雷暴日大于15 d/a的地区，高度在15 m及以上的烟囱、水塔等孤立的高耸建筑物；在平均雷暴日小于或等于15 d/a的地区，高度在20 m及以上的烟囱、水塔等孤立的高耸建筑物。

上述爆炸危险场所分区，根据《建筑物防雷设计规范》（GB 50057—2010），0区是指连续出现或长期出现爆炸性气体混合物的环境；1区是指在正常运行时可能出现爆炸性气体混合物的环境；2区是指在正常运行时基本不可能出现爆炸性气体混合物的环境，或即使出现也仅是短时存在的爆炸性气体混合物的环境。20区是指在正常运行时，空气中的爆炸性粉尘云持续（长期或经常短时频繁）存在的场所；21区是指在正常运行时，空气中的爆炸性粉尘云很可能偶尔出现的场所；22区是指在正常运行时，空气中的爆炸性粉尘云不太可能出现的场所。

2. 防雷技术的分类

防雷主要分为外部防雷、内部防雷和防雷击电磁脉冲。

（1）外部防雷。即针对直击雷的防护，不包括防止外部防雷装置受到直接雷击时向其他物体的反击。

（2）内部防雷。包括防雷电感应、防反击以及防雷击电涌侵入和防生命危险。

（3）防雷击电磁脉冲。是对建筑物内电气系统和电子系统防雷电流引发的电磁效应，包含防经导体传导的闪电电涌和防辐射脉冲电磁场效应。

5.2.2 防雷装置

防雷装置可分为外部防雷装置和内部防雷装置两大类。外部防雷装置主要针对直击雷的防护，内部防雷装置则主要用于防感应雷、雷电侵入波和雷击电滋脉冲等。现代防雷技术通过完整的防雷装置，采取拦截、屏蔽、均压、分流（保护）和接地等综合措施，来防止雷电的危害，从而保护建（构）筑物、人员和设备的安全。

1. 外部防雷装置

外部防雷装置的作用是设法拦截直击雷，防止雷电流经过建（构）筑物。外部防雷装置由接闪器、引下线和接地装置 3 部分组成。

1）接闪器

接闪器是专门用来接受雷击的金属导体，它利用其高出被保护物的凸出部位，把雷电流引向自身，并通过引下线和接地装置，把雷电流泄入大地，从而抑制雷击的发生。常用的接闪器有避雷针（接闪杆）、避雷线（接闪线）、避雷带（接闪带）、避雷网（接闪网）以及建筑物的金属屋面、金属构件等。

避雷针主要用来保护露天变电所的配电设备、建筑物、构筑物、储罐区等，一般是用镀锌圆钢或镀锌焊接钢管制成。

避雷线主要用来保护长距离架空线路，一般采用截面积不小于 35 mm^2 镀锌钢绞线，架设在架空线的上方，用引下线与接地装置连接，因此又称架空地线。避雷线的作用原理与避雷针相同，只是保护范围要小一些。

避雷网和避雷带主要用来保护高层建筑物免遭直接雷击和感应雷击。避雷网和避雷带宜采用镀锌圆钢和扁钢，应优先采用圆钢。

所有的接闪器都必须与引下线可靠焊接，并经引下线与接地装置相连接，以便将雷电安全地引入大地中。

我国过去的防雷规范和过电压保护设计规范，对避雷针和避雷线的保护范围都是按“折线法”来计算的，而现行《建筑物防雷设计规范》（GB 50057—2010）则规定采用国际电工委员会（IEC）推荐的“滚球法”来确定。

所谓滚球法，就是假设以 h_r 为半径的一个球体，沿需要防直击雷的部位滚动，当球体只触及接闪器，或只触及接闪器和地面，而不触及需要保护的部位时，则该部位就得到接闪器的保护，此时对应的球面线即保护范围的轮廓线，如图 5-3 所示。

滚球半径 h_r 就是地面目标的雷击距离，根据建筑物防雷级别不同，滚球半径 h_r 也不同，见表 5-1。

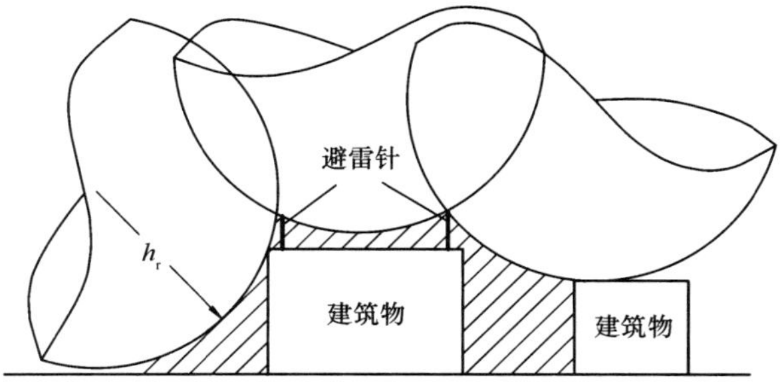

图 5-3　用“滚球法”确定避雷针的保护范围

表 5-1　滚球半径的确定

建筑物防雷级别	第一类防雷建筑物	第二类防雷建筑物	第三类防雷建筑物
滚球半径 h_r/m	30	45	60

按《建筑物防雷设计规范》（GB 50057—2010）规定，避雷针保护范围的具体计算方法如下（以单支避雷针为例）。

（1）距地面 h_r 处作一平行于地面的平行线，如图 5-4 所示。

（2）以避雷针的针尖为圆心，h_r 为半径，作弧线与上述平行线交于 A、B 两点。

（3）分别以 A、B 为圆心，h_r 为半径作弧线，均与针尖相交，并与地面相切，由此弧线起到地面止的整个锥形空间就是避雷针的保护范围。

（4）在被保护物高度 h_x 水平面上的保护半径为

$$r_x = \sqrt{h(2h_r - h)} - \sqrt{h_x(2h_r - h_x)}$$

以上是按避雷针高度 $h \leqslant h_r$ 的情况来计算的。如果 $h > h_r$，则应在避雷针上取高度为 h_r 的一点来代替避雷针针尖作为圆心，其余做法同上。

避雷线的保护范围也可以用同样的方法求得。

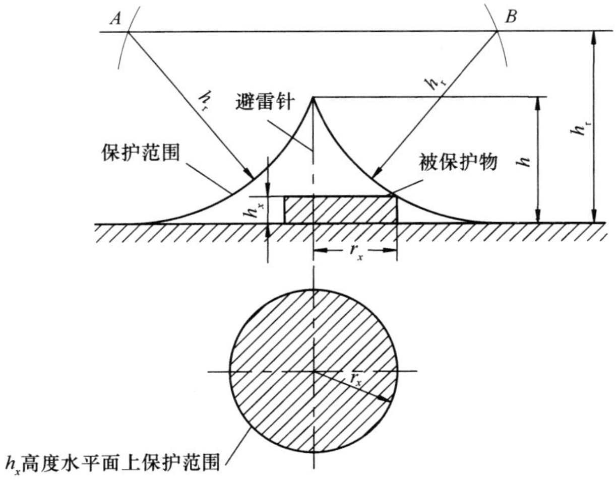

图 5-4　单支避雷针保护范围的确定

关于两支及多支避雷针的保护范围计算，可参看《建筑物防雷设计规范》（GB 50057—2010）或有关设计手册。

2）引下线

引下线是连接接闪器与接地装置的金属导体，其作用是将雷电流从接闪器传导至接地装置。引下线应满足机械强度、耐腐蚀和热稳定性的要求，宜采用圆钢或扁钢，优先采用圆钢。引下线一般应沿建筑物外墙明敷，并经最短路线接地。如果暗敷，其截面积应加大一级。建（构）筑物的金属构件（如建筑物的消防梯、钢柱，油罐壁等）也可作为引下线，但所有的金属构件均应连成电气通路。为避免接触电压的危险，引下线应避开建（构）筑物的出入口和行人较易接触的地点，用于防直击雷的专设引下线距建筑物出入口或人行道边沿不宜小于 3 m。

3）接地装置

接地装置的作用是将引下线引下的雷电流迅速泄流到大地土壤中去，它包括接地体和接地线。接地体是埋入土壤中作为流散雷电流用的金属导体，其既可采用建筑物内的基础钢筋，也可采用金属材料进行人工敷设。接地线是从引下线的断接卡或换线处至接地体的连接导体。一般情况下，接地体均应使用镀锌钢材，以延长其使用年限，但当接地体埋设在可能有化学腐蚀性的土壤中时，应适当加大接地体和连接点的截面，并加厚镀锌层。

接地装置的性能是否符合要求，主要取决于它的接地电阻。防雷接地电阻通常指冲击接地电阻。冲击接地电阻一般小于工频接地电阻，这是因为极大的雷电流自接地体流入土壤时，接地体附近形成很强的电场，击穿土壤并产生火花，相当于增大了接地体的泄放电流面积，减小了接地电阻。冲击接地电阻与接地装置的结构形式和土质等因素有关，土壤电阻率越高，雷电流越大以及接地体和接地线越短，则流散电阻减小越多。独立避雷针的冲击接地电阻不宜大于 10 Ω，附设接闪器每根引下线的冲击接地电阻一般也不应大于 10 Ω，若接地电阻过大则不利于雷电流的流散。

当有雷电流通过接地装置向大地流散时，在接地装置附近的地面上，将形成较高的跨步电压。为了防止跨步电压伤人，人工接地体距建（构）筑物出入口和人行道不应小于 3 m。

除独立避雷针外，在接地电阻满足要求的前提下，防雷接地装置可以和其他接地装置共用。

2. 内部防雷装置

内部防雷装置由避雷器、屏蔽导体、电涌保护器和等电位连接件等组成。

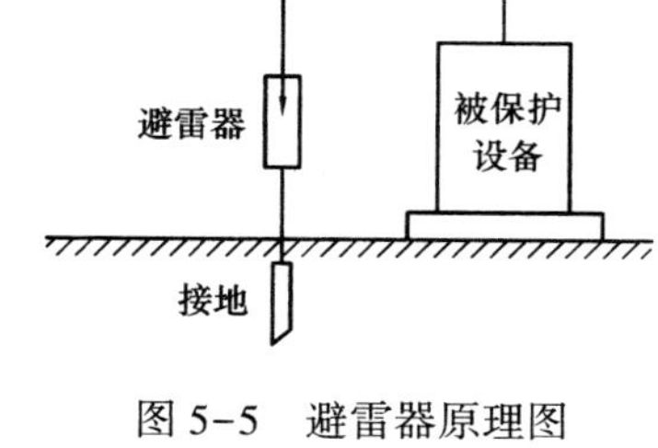

图 5-5　避雷器原理图

1）避雷器

避雷器是并联在被保护的用电设备或设施上、用于防御雷电波侵入的一种防雷装置。图 5-5 为其原理示意图，当雷电波通过输电线路侵入时，首先通过避雷器迅速对地放电，使被保护设备的绝缘免受雷电侵入波的损坏。当侵入波消失后，避雷器又能自动恢复起始状态。

按其结构，避雷器主要分为阀型避雷器和氧化锌避雷器等。

（1）阀型避雷器。阀型避雷器主要由瓷套、火花间隙和阀片电阻组成，其外形结构如图 5-6 所示。火花间隙按网路额定电压的高低，采用若干个单元间隙叠合而成，每个单元间隙如图 5-7 所示。

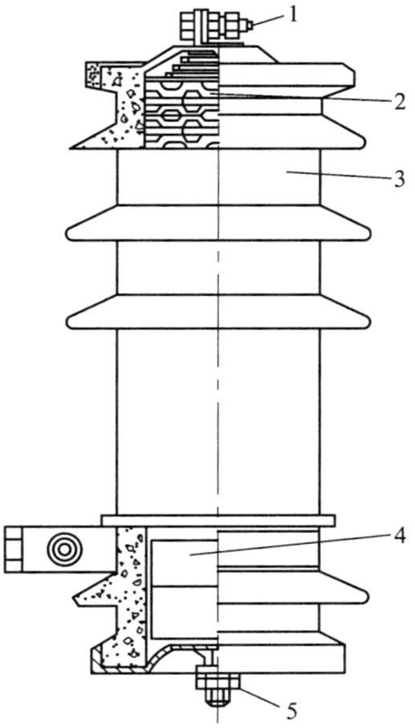

图 5-6　阀型避雷器

1—上接线端；2—火花间隙；3—瓷套；4—阀片电阻；5—下接线端

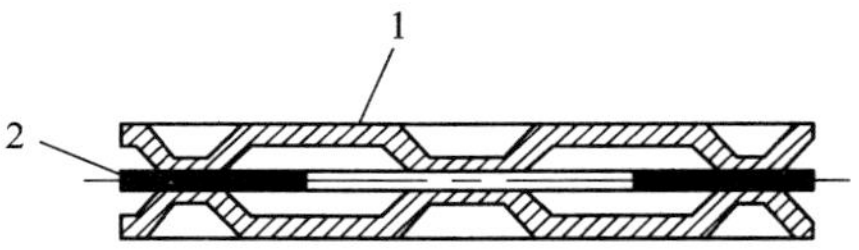

图 5-7　阀型避雷器的单位火花间隙

1—黄铜电极；2—云母垫片

阀型避雷器的工作原理是：在正常情况下火花间隙有足够的绝缘强度，不会被正常工作电压击穿。当有雷电过电压时，火花间隙被击穿放电，雷电压作用在阀片电阻上，由于阀片电阻的非线性伏安特性（即在正常工频电压下呈高电阻特性，而在高电压大电流时呈低电阻特性），电阻值会变得很小，从而把雷电流泄入大地。当冲击波过去后，作用在阀片电阻上的电压为正常的工作电压时，此时电阻就变得很大，限制工频电流通过，因此线路又恢复了正常对地绝缘状态。

阀片电阻通常以碳化硅为主体，与结合剂混合后，经压形、烧结而成，因此，这种阀型避雷器又称为碳化硅避雷器。碳化硅避雷器按结构不同，又分为普通阀式和磁吹阀式两类，型号有 FS、FZ、FCD 和 FCZ 等。磁吹阀式避雷器在火花间隙中增加了磁吹灭弧装置，具有更好的保护性能。

（2）氧化锌避雷器。氧化锌避雷器是目前国际上最先进的过电压保护器。由于其核心元件电阻片主要采用氧化锌配方制作，与碳化硅避雷器相比，大大改善了电阻片的非线性伏安特性。在工频电压下，电阻片呈现极大电阻，流过避雷器的电流仅为微安级，相当于一个绝缘体，因此这种避雷器不需要设置火花间隙。当过电压作用时，由于其优异的非线性伏安特性，避雷器的电流瞬间增大到数千安培，避雷器处于导通状态，释放过电压能量，从而有效地限制了过电压对用电设备的损害。

氧化锌避雷器具有无间隙、无续流、残压低、体积小等优点，得到广泛应用，已逐步取代碳化硅避雷器。

2）屏蔽导体

屏蔽导体通常指电阻率较小的良导体材料，如建筑物的钢筋及金属构件，电气设备及电子装置金属外壳，电气及信号线路的外设金属管、线槽、外皮、网、膜等。屏蔽的主要目的是防雷电电磁脉冲。用金属网、箱、壳、管子等导体把需要保护的对象包围起来，这些导体即构成屏蔽层，当雷电电磁脉冲波入射到屏蔽层金属体表面时，会产生反射和吸收，电磁能量被衰减，从而起到屏蔽作用。各种屏蔽体必须妥善接地。

3）电涌保护器

电涌保护器（SPD），又称浪涌保护器，是一种用于限制瞬态过电压和分泄电涌电流的器件。其作用是把窜入电力线、信号传输线的瞬态过电压限制在设备或系统所能承受的电压范围内，或将强大的雷电流泄流入地，防止设备或系统遭受闪电电涌冲击而损坏。

电源线路上带电导体与地间出现的雷电冲击过电压是不能用连接线来消除的，否则就会造成带电导体的对地短路。为此需要在其间装设电涌保护器，它只在出现过电压的瞬间导通泄流而降低过电压。目前，电涌保护器广泛用于建筑物内低压设备的防雷电冲击波过电压保护系统中。

电涌保护器的原理类似金属氧化物避雷器，其类型和结构按不同的用途有所不同，但它至少含有一个非线性元器件。按照工作原理，电涌保护器可以分为开关型、限压型、分流型或扼流型3类。

（1）开关型。其工作原理是，当没有瞬时过电压时呈现为高阻抗，当出现瞬时雷电压时突变为低阻抗，用作此类装置的元器件有放电间隙、充气放电管、晶体闸流管等。

（2）限压型。其工作原理是，在没有瞬时过电压出现时为高阻抗，但随着电涌电流和电压的增加，其阻抗随之不断减小，其电流电压特性为强烈非线性。用作此类装置的元器件有压敏电阻和抑制二极管等。

（3）分流型或扼流型。分流型与被保护的设备并联，对雷电脉冲呈现为低阻抗，而对正常工作频率呈现为高阻抗；扼流型与被保护的设备串联，对雷电脉冲呈现为高阻抗，而对正常工作频率呈现为低阻抗。用作此类装置的元器件有扼流线圈、高通滤波器、低通滤波器、1/4波长短路器等。

4）等电位连接件

等电位连接件包括等电位连接带、等电位连接导体等。防直击雷装置在捕获雷电时，有部分雷电流经引下线流入大地，使引下线的电位升高，会对防雷系统周围尚处于大地电位的导体产生危险的电位差，发生雷电反击（放电击穿），损坏设备。为了减小这种危险，需要采用等电位连接来均衡电压。所谓等电位连接，就是将分开的装置、诸导电物体等用等电位连接导体或电涌保护器连接起来，保证各导电部件之间及各系统之间不会产生有害的电位差。完善的等电位连接还可以防止闪电电流入地造成的大地电位骤然升高所产生的反击。防雷等电位连接与电气安全的等电位连接一个最主要的区别是，它可以将系统中无法直接连接的带电体通过电涌保护器实现瞬态等电位连接。

5.2.3　防雷技术措施

1. 直击雷防护

对直击雷的防护是让雷电在人为设置的直击雷防护装置上放电，并沿防护装置泄入地中，以免被保护的设备或建筑物受到损坏。

第一类防雷建筑物、第二类防雷建筑物和第三类防雷建筑物的易受雷击部位应采取防直击雷的防护措施；可能遭受雷击，且一旦遭受雷击后果比较严重的设施或堆料（如装卸油台、露天油罐、露天储气罐等）也应采取防直击雷的措施；高压架空电力线路、发电厂和变电站等也应采取防直击雷的措施。

为了防止直击雷的危害，常采用避雷针、避雷线和避雷网等接闪装置。这些装置的设置必须满足《建筑物防雷设计规范》（GB 50057—2010）中规定的相关要求。避雷针、避雷线的保护范围按“滚球法”计算。

一般情况下，独立避雷针或架空避雷线应有独立的接地装置，其冲击接地电阻不应超过 10 Ω。

宜优先利用建（构）筑物基础内的钢筋网作为接地体，当接地体的接地电阻值达不到要求时，应增加人工接地体。

2. 二次放电防护

防雷装置承受雷击时，其接闪器、引下线和接地装置呈现很高的冲击电压，可能击穿与邻近的导体之间的绝缘，造成二次放电，可能引起爆炸、火灾或电击事故。为了防止二次放电，不论是空气中或地下，都必须保证接闪器、引下线、接地装置与邻近导体之间有足够的安全距离。在任何情况下，第一类和第二类防雷建筑物防止二次放电的最小间距分别不得小于 3 m 和 2 m。不能满足间距要求时，应予以跨接。

为了防止防雷装置对带电体的反击事故，在可能发生反击的地方应加装避雷器或保护间隙，以限制带电体上可能产生的冲击电压。降低防雷装置的接地电阻，也有利于防止二次放电事故。

3. 感应雷防护

雷电感应也能产生很高的冲击电压。在建（构）筑物中，应主要考虑由二次放电引起爆炸和火灾的危险。无火灾和爆炸危险的建（构）筑物一般不考虑雷电感应的防护。

1）静电感应防护

为了防止静电感应产生的高电压，建筑物内所有较大的金属物（如金属设备、金属管道、钢屋架、钢窗等）以及凸出屋面的金属物（如放散管、风管）均应与防雷电感应的接地装置相连。屋面结构钢筋宜绑扎或焊接成电气闭合回路。

根据建筑物的不同屋顶，应采取相应的防止静电感应的措施：对于金属屋顶，应将屋顶妥善接地；对于钢筋混凝土屋顶，应将屋面钢筋焊成边长 5~12 m 的网格，连成通路并予以接地；对于非金属屋顶，宜在屋顶上加装边长 5~12 m 的金属网格，并予以接地。

屋顶或其上金属网格的接地可以与其他接地装置共用。防雷电感应接地干线与接地装置的连接不得少于两处，其间距离为 16~24 m。

2）电磁感应防护

为了防止电磁感应，平行敷设的长金属物（如管道、构架、电缆等），当其净距小于 100 mm 时，应用金属线跨接，跨接点之间的距离不应超过 30 m；当交叉净距小于 100 mm 时，交叉处也应用金属线跨接。此外，当管道接头、弯头、阀门等连接处的过渡电阻大于 0.03 Ω 时，连接处也应用金属线跨接。

防感应雷的接地装置的接地电阻不应大于 10 Ω，一般应与电气设备共用接地装置。室内接地干线与防感应雷装置的连接不应少于 2 处。

4. 雷电侵入波防护

属于雷电冲击波造成的雷害事故很多。在低压系统，这种事故占总雷害事故的 70% 以上。

1）变配电装置的防护

10 kV 变配电站防雷保护接线如图 5-8 所示。图中，FS、FZ 为阀型避雷器，L 为限流电抗器；3 条线路分别表示变配电所的配电装置直接与架空线路连接、经电缆段与架空线路连接、经电抗器和电缆段与架空线路连接 3 种情况下，避雷器的配置。对于 3~10 kV 配电所（无变压器），母线上的阀型避雷器（FZ）可以不装。

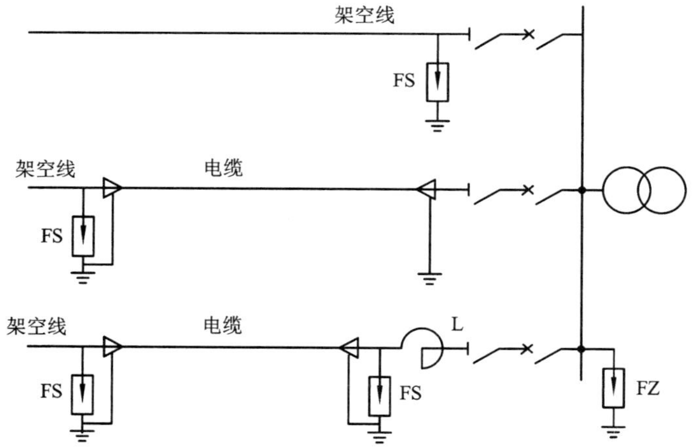

图 5-8　10 kV 变配电站防雷保护接线

2）建筑物的防护

雷击低压线路时，雷电侵入波将沿低压线传入用户，进入户内。特别是采用木杆或木横担的低压线路，由于其对地冲击绝缘水平很高，会使很高的电压进入户内，酿成大面积雷害事故。除电气线路外，架空金属管道也有引入雷电侵入波的危险。

对于建筑物，雷电侵入波可能引起火灾或爆炸，也可能伤及人身。因此，必须采取防护措施。条件许可时，第一类防雷建筑物全长宜采用直接埋地电缆供电；爆炸危险较大或年平均雷暴日 30 d/a 以上的地区，第二类防雷建筑物应采用长度不小于 50 m 的金属铠装直接埋地电缆供电。

除年平均雷暴日不超过 30 d/a 、低压线不高于周围建筑物、线路接地点距入户处不超过 50 m、土壤电阻率低于 200 Ω · m 且采用钢筋混凝土杆及铁横担几种情况外，0. 23/0. 4 kV 低压架空线路接户线的绝缘子铁脚均应接地，冲击接地电阻不宜超过 30 Ω。

户外天线的馈线临近避雷针或避雷针引下线时，馈线应穿金属管线或采用屏蔽线，并将金属管或屏蔽接地。如果馈线未穿金属管，又不是屏蔽线，则应在馈线上装设避雷器或放电间隙。

5. 石油化工设备的防护

1）金属储罐的防护

（1）当罐顶钢板厚度大于 4 mm，且装有呼吸阀时，可不装设防雷装置。但油罐体应做良好的接地，接地点不少于 2 处，间距不大于 30 m，其接地装置的冲击接地电阻不大于 30 Ω。

（2）当罐顶钢板厚度小于 4 mm 时，应在罐顶装设避雷针，且避雷针与呼吸阀的水平距离不应小于 3 m，保护范围高出呼吸阀不应小于 2 m。

（3）浮顶油罐（包括内浮顶油罐）可不设防雷装置，但浮顶与罐体应有可靠的电气连接。

（4）易燃液体的敞开储罐应设独立避雷针，其冲击接地电阻不大于 5 Ω。

（5）覆土厚度大于 0. 5 m 的地下油罐，可不考虑防雷措施，但呼吸阀、量油孔、采气应做良好接地。接地点不少于 2 处，冲击接地电阻不大于 10 Ω。

2）非金属储罐的防护

非金属易燃液体的储罐应采用独立的避雷针，以防止直接雷击。同时还应有防感应雷措施。避雷针冲击接地电阻不大于 30 Ω。

3）户外架空管道的防护

（1）户外输送可燃气体、易燃或可燃体的管道，可在管道的始端、终端、分支处、转角处以及直线部分每隔 100 m 处接地，每处接地电阻不大于 30 Ω。

（2）当上述管道与爆炸危险厂房平行敷设而间距小于 10 m 时，在接近厂房的一段，其两端及每隔 30~40 m 应接地，接地电阻不大于 20 Ω。

（3）当上述管道连接点（弯头、阀门、法兰盘等）不能保持良好的电气接触时，应用金属线跨接。

（4）接地引下线可利用金属支架，若是活动金属支架，在管道与支持物之间必须增设跨接线；若是非金属支架，必须另做引下线。

（5）接地装置可利用电气设备保护接地的装置。

6. 人身防雷

雷暴时，应尽量减少在户外或野外逗留；在户外或野外最好穿塑料等不浸水质地的雨衣。如有条件，可进入有宽大金属构架或有防雷设施的建筑物、汽车或船只；如依靠建筑屏蔽的街道或高大树木屏蔽的街道躲避，要注意离开墙壁或树干 8 m 以外。

雷暴时，应尽量离开小山、小丘、隆起的小道，离开海滨、湖滨、河边、池塘旁，避开铁丝网、金属晒衣绳以及旗杆、烟囱、宝塔、孤独的树木附近，还应尽量离开没有防雷保护的小建筑物或其他设施。

雷暴时，在户内应注意防止雷电侵入波的危险，应离开照明线、动力线、电话线、广播线、收音机和电视机电源线、收音机和电视机天线以及与其相连的各种金属设备，以防止这些线路或设备对人体二次放电。调查资料表明，户内 70% 以上对人体的二次放电事故发生在与线路或设备相距 1 m 以内的场合，相距 1.5 m 以上者尚未发生死亡事故。由此可见，雷暴时人体最好离开可能传来雷电侵入波的线路和设备 1.5 m 以上。应当注意，仅仅断开开关对于防止雷击是起不了多大作用的。

雷雨天气，还应注意关闭门窗，以防止球雷进入户内造成危害。

5.3 静电的产生及危害

静电现象是十分普遍的电现象。人们活动中，特别是生产工艺过程中产生的静电可能引起爆炸及其他危险和危害。在石油化工企业，静电事故造成的破坏性很大，仅由一个静电火花，就可能使大型储油罐、炼油装置、油轮或运油车毁于一旦。

5.3.1 静电的产生和消散

静电产生是一个比较复杂的过程，当两种不同性质的物体相互摩擦或紧密接触后分离，容易发生电子转移，使这两种物体带上不同符号的电荷。如果该物体对大地绝缘，则电荷停留在物体内部或表面呈相对静止状态，这种电荷就称为静电。

物质产生静电，不仅与物质的本身特性（如物质逸出功、电阻率、介电常数等）有关，同时还与外界的影响条件有关。

1. 静电起电方式

静电的起电方式很多，以下列出几种常见的静电起电方式。

（1）接触起电。两种不同材料的物体接触，当其间距小于 25×10^{-8} cm 时，由于不同物质使电子脱离原物体表面所需的功（称为逸出功）有所区别，其间就发生电子的转移；逸出功小的物质失去电子而带正电荷，逸出功大的物质得到电子而带负电荷。这样，在接触面两侧就会出现大小相等、符号相反的两层电荷，这两层电荷称为双电层，其间的电位差称为接触电位差。当这两种物质分离时，其中部分电荷回流，但仍然残留有符号相反的电荷，即产生了静电，如图 5-9 所示。

摩擦起电现象是人们都知道的。两种物质互相摩擦后之所以能产生静电，就是因为通过摩擦（即不断地紧密接触和分离），在较大面积的接触面上产生了双电层，而摩擦也提高了接触后的分离速度，促进静电的产生。可见，摩擦起电是接触起电的一种特殊形式。物质的撕裂、剥离、拉伸、压碾、撞击以及生产过程中物料的粉碎、筛分、滚压、搅拌、

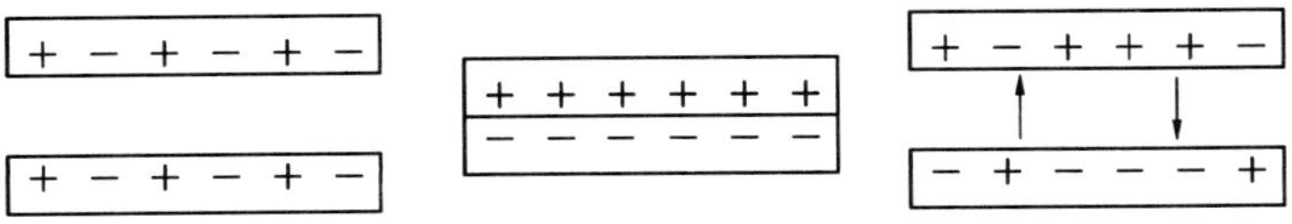

(a) 接触前 (b) 接触产生双电层 (c) 分离产生静电

图 5-9 接触起电

喷涂、过滤等操作，均存在摩擦的因素。对于上述过程，应特别注意静电的产生与消除。

两金属导体之间紧密接触虽然也能产生双电层，但当两金属导体分离时，各接触点不可能做到同时分离，通常情况下，接触面两边的正、负电荷将通过尚未脱离开的那些点迅速中和，致使两金属导体都不带电。在绝缘状态下的金属绝缘材料摩擦时，两者都有可能带电。

（2）破断起电。不论材料破断前其内电荷分布是否均匀，破断后均可能在宏观范围内导致正、负电荷的分离，即产生静电，这种起电称为破断起电。固体粉碎、液体分离所产生的静电，就是由于这种原因造成的。

（3）附着起电。某种极性的离子或自由电子附着在对地绝缘的物体上，也能使该物体带电或改变其带电状况。物体获得电荷的多少取决于物体对地电容及周围条件，如空气湿度、物体形状等。人在有带电微粒的场合活动后，也会带电。

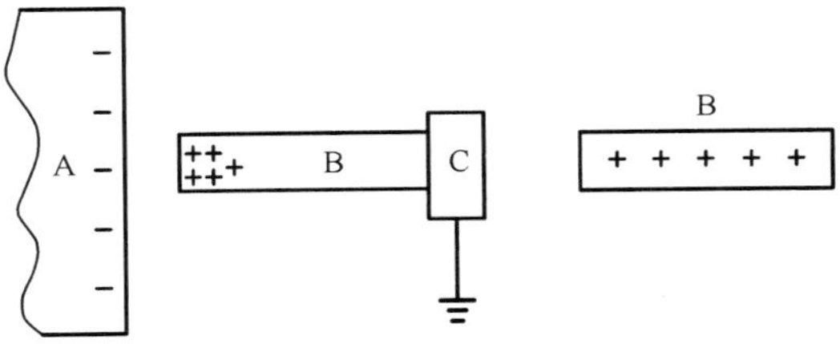

(a) 分离前 (b) 分离后

图 5-10 感应起电

（4）感应起电。导体在静电场的作用下，其表面不同部位感应出不同电荷，或导体上原有电荷重新分布的现象，称为感应起电。图 5-10 所示为一种典型的感应起电过程。导体 A 为带有负电荷的带电体，导体 B 与接地体 C 相连时，在带电体 A 的感应下，端部出现正电荷，但导体 B 由于接地，对地电位仍然为零；当导体 B 离开接地体 C 时，导体 B 就成为带正电荷的带电体。

（5）极化起电。某些物体置入静电场内，其内部或外表面的分子能产生极化而出现电荷的现象，称为极化起电。在绝缘的容器内盛装带有静电的物体时，容器外壁也具有带电性，就是此原因。

除上述几种起电方式外，还有剥离起电、电解起电、热电起电、压电起电等。当液相与固相、液相与气相、两种不相溶混的液相之间，由于搅拌、沉降、过滤、摇晃、冲击、喷射、飞溅、发泡以及流动等接触、分离的相对运动，同样会在介质中产生静电。

2. 静电的消散

物体所带的静电，如没有其他电源持续供电，静电会逐渐消散。静电的消散主要有两种途径：静电放电与静电泄漏。前者主要是通过空气发生的，后者主要是通过带电体本身及其相连接的其他物体发生的。

1）静电放电

静电放电是当带电体周围的场强超过周围介质的绝缘击穿场强时，因介质产生的电离而使带电体上的电荷部分或全部消失的现象。静电放电是电能转换成热能的过程，能将可燃物引燃，成为引起燃料或爆炸的火源之一。

根据放电的特点，静电放电形式主要有电晕放电、刷形放电和火花放电 3 种，如图 5-11 所示。

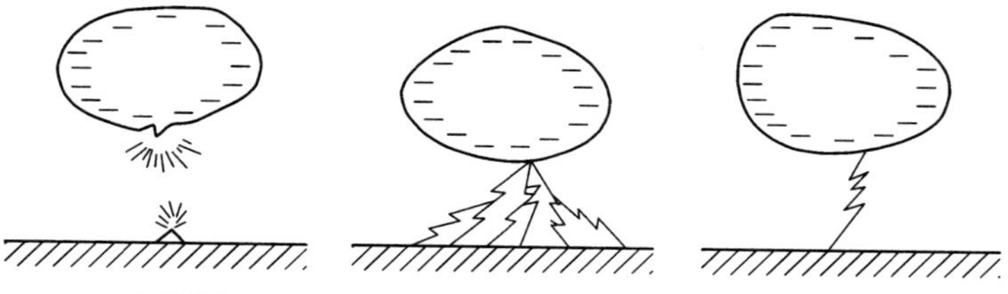

图 5-11　静电放电的主要形式

（1）电晕放电。电晕放电是发生在不均匀的、场强很高的电场中的辉光放电，一般发生在带电体尖端附近或其他曲率半径很小处附近的局部区域。在这很小的区域内，电场强度很高，使气体分子发生电离，形成电晕放电。较强的电晕放电伴有嘶嘶声和淡紫色光。电晕放电时，电流很小，能量密度不高，如果电晕放电不继续发展，一般没有引燃危险。

（2）刷形放电。刷形放电是发生在绝缘体和导体之间的空气介质中的放电，是火花放电的一种。其放电通道有很多分支，而不是集中在一点，放电时伴有声光。由于绝缘体束缚电荷的能力很强，其上的电荷很难移动，于是表面上容易出现刷状放电通道；而且由于电荷不能通过一次刷形放电全部放尽，同一个绝缘体与其他物体之间，可能发生多次刷形放电。刷形放电的火花能量比较分散，但对引燃能量较低的爆炸性混合物，有引燃的危险性。

（3）火花放电。与刷形放电不同，火花放电的放电通道较为集中，电极上有明显放电集中点。火花放电时有短促的爆裂声和明亮的闪光，火花放电多发生在分隔的导体之间。由于放电能量集中，其引燃、引爆能力很强，危险性大。

2）静电泄漏

带电体的电荷除可通过放电而消散外，另一消散的方式就是静电泄漏。静电泄漏是指带电体上的电荷通过自身或其他途径向大地传导而使电荷部分或全部消失的过程。

绝缘体上静电泄漏有两种途径，即表面泄漏和内部泄漏。前者其泄漏电流遇到的是表面电阻，后者其泄漏电流遇到的是体积电阻。

静电通过绝缘体本身的泄漏很像电容器放电，其电量符合以下规律：

$$Q = Q_0 e^{-t/\tau}$$

式中：Q——泄漏后的电量，C；

Q_0——泄漏前的电量，C；

t——泄漏时间，s；

τ——泄漏时间常数。

$$\tau = RC$$

式中：R——放电电阻，Ω；

C——电容，F。

泄漏时间常数 τ 反映了静电放电的快慢，τ 越大，静电越不容易泄漏，危险性越大。

通常取绝缘体上静电电量泄漏一半，即当 $Q = Q_0/2$ 时所用的时间 $t_{1/2}$，来衡量静电泄漏的快慢，这个时间称为电荷半值时间。对于固体带电物质，$t_{1/2}$可用下式求得

$$t_{1/2} = 0.693\tau = 0.693\varepsilon\rho$$

式中：ε——介电常数，F/m；

ρ——电阻率，Ω · m。

由上式可知，产生静电材料的电阻率和介电常数是影响静电泄漏的重要因素，电阻率和介电常数越大，则电荷半值时间越长，静电泄漏越慢。例如，某材料的电阻率 $\rho = 1\times 10^{14}$ Ω · m、介电常数 $\varepsilon = 17\times 10^{-12}$ F/m，则时间常数 $\tau = \varepsilon\rho = 1\ 700$ s，电荷半值时间 $t_{1/2} = 1\ 178$ s ≈ 20 min。

3. 静电的影响因素

静电的产生、积聚和消散，受产生静电物质的材质和杂质、工艺设备和工艺参数等多种因素的影响。

1）材质和杂质

不同材质的物体，具有不同的电阻率和介电常数。因此，对于静电的产生和积累的影响也不同。

（1）电阻率。物质的电阻率是影响静电产生和积聚的关键因素。电阻率高的物质，其导电性能差，带电层中的电子移动比较困难，构成了静电荷积聚的条件。就防静电而言，如液态物质的电阻率在 $10^6 \sim 10^8$ Ω · cm 数量级以下者，即使产生静电，也较易消散，不会引起危害，此种物质称为静电导体；电阻率在 $10^9 \sim 10^{10}$ Ω · cm 者，通常产生的静电量不大，产生的静电积聚也不严重；电阻率在 $10^{11} \sim 10^{15}$ Ω · cm 者，极易积聚静电，危害较大，是防静电的重点；至于电阻率大于 10^{15} Ω · cm 者，不易形成静电，但一旦产生静电，也较难消除。

油品的电阻率一般都较大，如汽油、煤油、苯、乙醚等电阻率为 $10^{11} \sim 10^{15}$ Ω · cm，极易积聚静电。原油、重油的电阻率低于 10^{10} Ω · cm，一般静电问题不严重。水是静电的良导体，但当少量水混合于油品中时，由于水滴与油品相对流动也会产生静电，反而会使油品静电量增加。表 5-2 列出了几种常见液体的电阻率。

表 5-2　常见液体的电阻率

名　称	电阻率/（Ω·cm）	名　称	电阻率/（Ω·cm）
乙烷	1.0×10^{8}	三氯乙烯	6.1×10^{11}
石油醚	8.4×10^{14}	乙醚	5.6×10^{11}
煤油	7.3×10^{14}	乙醇	7.4×10^{8}
庚烷	4.9×10^{13}	正丁醇	1.1×10^{3}
轻油	1.3×10^{14}	丙酮	1.7×10^{7}
二硫化碳	3.9×10^{13}	醋酸乙酯	1.7×10^{7}
二甲苯	3.0×10^{13}	甲醇	2.3×10^{6}
甲苯	2.7×10^{13}	醋酸甲酯	2.9×10^{5}
汽油	2.5×10^{13}	蒸馏水	1.0×10^{6}
苯	1.6×10^{13}	异丙醇	2.8×10^{9}

（2）介电常数。介电常数也称电容率，是决定电容的一个因素。在具体配置条件下，物体的电容与电阻结合起来，决定了静电的消散规律。如果液体相对介电常数超过 20，而且有接地装置时，则不管是输送还是储运，都不大可能积累静电。

（3）杂质。一般情况下，杂质有增加静电的趋势。但如杂质能降低原有材料的电阻率，加入杂质则有利于静电的泄漏。

液体内含有高分子材料（如橡胶、沥青）的杂质时，会增加静电的产生。

液体内含有水分时，在液体流动、搅拌或喷射过程中会产生静电。液体内水珠的沉降过程中也会产生静电。如果油罐或油槽底部积水，经搅动后可能由静电引发爆炸事故。

2）工艺设备和工艺参数

接触面积越大，双电荷就越多，产生静电越多；接触压力越大或摩擦越强烈，会增加电荷的分离，以致产生较多的静电。工艺速度越高，产生的静电越强。

产生和积累静电的典型过程有以下几项。

（1）纸张与辊轴摩擦、传动皮带与皮带轮或辊轴摩擦等；橡胶的碾制、塑料压制、上光等；塑料的挤出、赛璐珞的过滤等。

（2）固体物质的粉碎、研磨过程；粉体物料的筛分、过滤、输送、干燥过程；悬浮粉尘的高速运动等。

（3）在混合器中各种高电阻率物质的搅拌。

（4）高电阻率液体（如汽油、苯等）在管道中流动且流速超过 1 m/s；液体喷出管口；液体注入容器发生冲击、冲刷和飞溅等。

（5）液化气体、压缩气体或高压蒸气在管道中流动和由管口喷出，如从气瓶放出压缩气体、喷漆等。

以上操作过程均可能产生静电的大量积聚，应采取必要的防静电措施。

3）环境条件

空气中的湿度对静电积聚有很大影响，当相对湿度超过 60%时，物体表面就会形成一层极薄的水膜，使表面电阻大为降低，成为静电的良导体，这样静电就不易积聚。

此外，导电性地面、周围导体的布置也会对静电的产生和积聚有一定的影响。

5.3.2　静电的类型

按产生静电的对象或物质的形态，静电可以分为固体静电、人体静电、粉体静电、液体静体和气体静电等几种。

1. 固体静电

固体物质大面积的接触-分离或大面积的摩擦以及固体物质的粉碎等过程中，都可能产生强烈的静电。橡胶、塑料、纤维等行业工艺过程中的静电高达数万伏，甚至数十万伏，如不采取有效措施，很容易导致电击或引起火灾。

固体静电电压高可以用双电层和接触电位差的理论来解释。双电层上的接触电位差是极为有限的，固体物质的接触电位差只有千分之几至十分之几伏，最大为 1 V 左右；而固体静电电位差高达数万伏以上，其原因在于电容的变化。

电容器上的电压 U 、电量 Q 、电容 C 三者之间保持 $U=Q/C$ 的关系。对于平板电容器，其电容为

$$C=\frac{\varepsilon S}{d}$$

式中：ε——极间电介质的介电常数，F/m；

S ——极板面积，m^2；

d ——极间距离，m。

由上述关系式可以得到

$$U=\frac{Qd}{\varepsilon S}$$

可见，当 Q、ε、S 不变时，U 与 d 成正比。将两种相接近的两个带电面看成是电容器的极板，紧密接触时，其间距离只有 25×10^{-8} cm 。若二者分开为 1 cm，距离即增大为 400 万倍。如接触电位差为 0.01 V，则在不考虑分开时电荷逆流的情况下，二者之间的电压高达 40 000 V。应当指出，不仅平面接触产生的静电有这种情况，而且由其他方式产生的静电也有类似的情况，由此不难理解静电电压高的道理。

2. 人体静电

在从毛衣外面脱下合成纤维衣料的衣服时，或经头部脱下毛衣时，在衣服之间或衣服与人体之间，均可能发生放电。这说明人体及衣服在一定条件下是会产生静电的。人在活动过程中，人的衣服、鞋以及所携带的用具与其他材料摩擦或接触-分离时，均可能产生静电。例如，人穿混纺衣料的衣服坐在人造革面的椅子上，如人和椅子的对地绝缘都很高，则当人起立时，由于衣服与椅面之间的摩擦和接触-分离，人体静电高达 10 000 V 以上。

液体或粉体从人拿着的容器中倒出或流出时，带走一种极性的电荷，而人体上将留下

另一种极性的电荷。

人体是导体，在静电场中可能感应起电而成为带电体，也可能引起感应放电。如果空间存在带电尘埃、带电水沫或其他带电粒子，并为人体所吸附，人体也能带电。人体静电与衣服料质、操作速度、地面和鞋底电阻、相对湿度、人体对地电容等因素有关。

因为人体活动范围较大，而人体静电又容易被人们忽视，所以，由人体静电引起的放电往往是酿成静电灾害的重要原因之一。

3. 粉体静电

粉体物料在研磨、搅拌、筛分或高速运动时，由于粉体颗粒与颗粒之间及粉体颗粒与管道壁、容器壁或其他器具之间的碰撞、摩擦以及由于破断都会产生有害的静电，轻则给人以电击，重则引起爆炸。例如，某化工厂采用塑料管气力输送粉体苯酐时，由于静电放电引起爆炸，导致盛料器被炸裂。

与整块固体相比，粉体具有分散性和悬浮状态的特点。由于分散性，使得粉体表面积比同样材料、同样质量的整块固体的表面积要大很多倍。例如，把直径 100 mm 的球状材料分散成等效直径为 0.1 mm 的粉体时，表面积增加 1 000 倍以上。由于表面积的增加，使得静电更容易产生。表面积增加亦即材料与空气的接触面积增加，使得材料的稳定度降低。因此，虽然整块的聚乙烯是很稳定的，而粉体聚乙烯却可能发生强烈的爆炸。由于粉体处于悬浮状态，颗粒与大地之间总是通过空气绝缘的，而与组成粉体的材料是否绝缘材料无关。因此，铝粉、镁粉等金属粉体也能产生和积累静电。

4. 液体静电

液体在流动、过滤、搅拌、喷雾、喷射、飞溅、冲刷、灌注和剧烈晃动等过程中，可能产生十分危险的静电。由于电渗透、电解、电泳等物理过程，液体与固体的接触面上也会出现双电层。如图 5-12 所示，紧贴分界面的电荷层只有一个复杂直径的厚度，是不随液体流动的固定电荷层；与其相邻的异性电荷层为数十至数百倍分子直径的随液体流动的滑移电荷层。

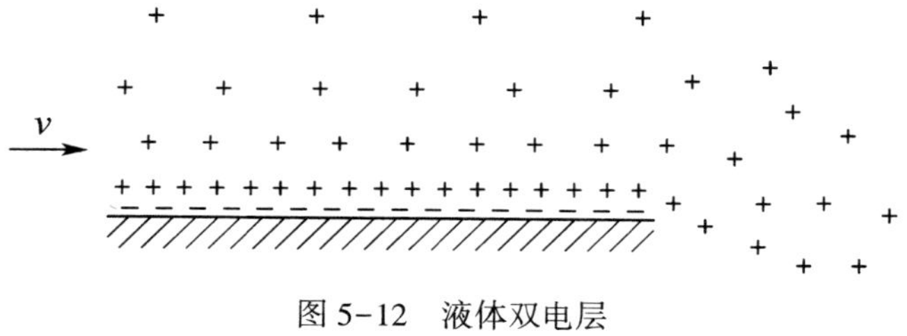

图 5-12　液体双电层

如果液体在管道内呈紊流状态，则滑移的电荷被搅动，不局限在某一范围，而近似地沿管道断面均匀分布。显然，液体流动时，一种极性的电荷随液体流动，形成所谓的流动电流。由于流动电流的出现，管道的终端容器里将积累静电电荷。

在流速、管径不变的情况下，流动电流 I 与管道长度 L 保持以下关系：

$$I = I_{\infty}(1 - e^{-L/L_b}) + I_0 e^{-L/L_b}$$

式中：I_{∞}——饱和流动电流，可以写为

$$I_{\infty}=\frac{\pi}{4}D^{2}v\rho_{m\infty}$$

I_0——进口处流动电流，A；

L_b——管道饱和长度，m，管道饱和长度计算公式如下：

$$L_b=\tau v$$

D——管道内径，m；

$\rho_{m\infty}$——液体饱和电荷密度（即稳定时的电荷密度），m^3；

v——流速，m/s；

τ——液体静电时间常数。

显然，随着管道长度的增加，$I=I_{\infty}(1-e^{-L/L_b})+I_0e^{-L/L_b}$中带有$e^{-L/L_b}$的两项逐渐趋近于零，管道内流动电流逐渐趋近一个稳定值。这个稳定值就是饱和流动电流I_{∞}。饱和流动电流可近似计算。

5. 蒸气和气体静电

蒸气或气体在管道内高速流动或由阀门、缝隙高速喷出时也会产生危险的静电。蒸气产生静电类似液体产生静电，即其静电也是由于接触、分离和分裂等原因产生的。完全纯净的气体是不会产生静电的，但由于气体内往往含有灰尘、铁金属粉末、干冰、液滴、蒸气等固体颗粒或液体颗粒，通过这些颗粒的碰撞、摩擦、分裂等过程可产生静电。喷漆是含有大量杂质的气体高速喷出，会产生比较强的静电。蒸气和气体静电比固体和液体的静电要弱一些，但也能高达万伏以上。

5.3.3　静电的危害

工艺过程中产生的静电可能引起爆炸和火灾，也可能给人以电击，还可能妨碍生产。静电最危险的后果就是由于静电放电而引起严重的火灾或爆炸灾害。

1. 爆炸和火灾

静电能量虽然不大，但因其电压很高而容易发生放电。如果所在场所有易燃物质，又有由易燃物质形成的爆炸性混合物（包括爆炸性气体和蒸气）以及爆炸性粉尘等，即可能由静电火花引起爆炸或火灾。

汽油、苯、乙醚等石油化工产品很容易产生和积累静电，一些轻质油料如汽油、煤油、酒精、苯等容易挥发，与空气形成爆炸性混合物。在这些液体的载运、搅拌、过滤、注入、喷出和流出等工艺过程中，容易由静电火花引起爆炸和火灾。与轻质油料相比，重油和渣油的危险性较小，但其静电的危险依然存在，而且也有爆炸和火灾的事例。

金属粉末、药品粉末、合成树脂和天然树脂粉末、燃料粉末和农作物粉末等都能与空气形成爆炸性混合物。在这些粉末的磨制、干燥、筛分、收集、输送、倒装及其他有摩擦、撞击、喷射、振动的工艺过程中，都比较容易由静电火花引起爆炸和火灾。

塑料、橡胶、造纸等行业经常用到一些化学溶剂，也能形成爆炸性混合物。在其原料

搅拌、制品挤压和分离、摩擦等工艺过程中，容易由静电火花引起火灾，甚至引起爆炸。

氢气、乙炔等气体易形成爆炸性混合物。易燃液体的蒸气或气体高速喷射时容易由静电引起爆炸。水蒸气高速喷射时也能引起乙炔爆炸危险环境里的爆炸性混合物爆炸。

操作人员在活动时，如果没有采取必要的防静电措施，当与其他物体摩擦或与其他带电物体接触时，就会产生人体静电；而带静电的人体靠近金属物体时，就可能发生火花放电，导致爆炸或火灾。

对于静电引起的爆炸和火灾，就行业性质而言，以炼油、化工、橡胶、造纸、印刷和粉末加工等行业事故最多。就工艺种类而言，以输送、装卸、搅拌、喷射、开卷和卷绕、涂层、研磨等工艺过程事故最多。

绝缘体放电时，一般来说，由于其上电荷不能一次放电而全部消失，其静电场所储存的能量也不能一次集中释放，危险性较小。但当爆炸性混合物的最小引燃能量很小时，绝缘体上的静电放电火花也能引起混合物爆炸；而且正是由于绝缘体上的电荷不能在一次放电中全部消失，而使得绝缘体具有多次放电的危险性。静电电压为 30 kV 的绝缘体在空气中放电时，放电能量可达数百微焦，足以引燃某些爆炸性混合物发生爆炸。

2. 静电电击

静电电击不是电流持续通过人体的电击，而是静电放电造成的瞬间冲击性的电击。

由于生产工艺过程中积累的静电能量总是有限的，静电所引起的电击一般不致直接使人致命，大多数只是使人产生痛感和震颤。但是，不能排除由静电电击导致严重后果的可能性。例如，人体可能因静电电击而坠落或摔倒，造成二次事故。静电电击还可能引起工作人员精神紧张，甚至产生恐惧心理，从而使工作效率下降等。

3. 妨碍生产

在某些生产过程中，如不消除静电，将会妨碍生产或降低产品质量。例如，在化学纤维纺织工业中，由于化纤与金属机件的相互摩擦，会使化纤带电而相互排斥，以致化纤丝松散，整经困难，产生乱丝。随着涤沦、锦纶、腈纶、丙纶、氯纶等合成纤维材料的广泛应用，静电问题显得更为突出。

随着科学技术的快速发展，生产过程中的工艺控制采用计算机控制系统日益增多，由于静电的存在，可能会影响到计算机控制系统的正常运行，发生误动作而影响正常生产。

5.4 静电防护技术

静电最为严重的危险是引起爆炸和火灾。因此，静电安全防护主要是对爆炸和火灾的防护。当然，一些防护措施对于防护静电电击和消除影响生产的危害也同样是有效的。

静电引起火灾爆炸事故的基本条件有 5 个：①有产生静电的来源；②静电得以积累，并达到足以引起火花放电的静电电压；③有能引起火花放电的合适间隙；④静电放电的火花能量达到爆炸性混合物的最小点燃能量；⑤在放电间隙和周围环境中有可燃性气体、蒸气和空气形成的可燃性气体混合物。因此，只要采取适当的措施，就能有效防止静电引起的火灾爆炸。

5.4.1 静电防护的基本措施

静电危害的防护主要是在控制静电环境危险程度、尽量减少静电的产生、加快静电的消散和中和电荷等方面采取措施。

1. 静电场合的危险程度控制

在静电放电时，其周围有可燃物存在是发生静电火灾和爆炸事故的最基本条件。因此控制或排除放电场合的可燃物，成为防静电危害的重要措施。

（1）用非可燃物取代易燃介质。在石油化工等许多行业的生产工艺过程中，都要大量使用闪点很低的有机溶剂和易燃液体（如汽油、煤油和甲苯等），容易带来爆炸和火灾的危险。在不影响生产工艺过程的正常运转和产品质量且经济上合理的情况下，用非可燃物代替易燃介质是防止静电引起的爆炸和火灾的重要措施之一。采用这种措施不但对于防止静电引起的爆炸和火灾有效，而且对于防止其他原因引起的爆炸和火灾也是有效的。例如，在清洗设备和在精密加工去油过程中，用苛性钠、苛性钾、碳酸钠或水玻璃等非可燃洗涤剂取代汽油、煤油做洗涤剂，就会大大减少发生静电危害事故的可能性。

（2）降低爆炸性混合物的浓度。在爆炸和火灾危险场所，安装通风装置或抽气装置，及时排出爆炸性混合物，将混合物在空气中的浓度控制在爆炸极限的范围内，就可有效防止静电引起爆炸的危险。

（3）减少氧的含量。通常爆炸性混合物中氧的含量不超过 8% 时就不会引起燃烧和爆炸。因此，可以充填氮、二氧化碳或其他化学性质不活泼的气体，来减少气体、蒸气或粉尘爆炸性混合物中氧的含量。对于镁、铝、锆、钍等粉尘爆炸性混合物，充填氮或二氧化碳是无效的，这时可充填氩、氦等惰性气体以防止爆炸和火灾。

2. 工艺控制

工艺控制是从工艺上采取适当的措施，限制和避免静电荷的产生和积累。工艺控制方法很多，应用很广，是消除静电危害的重要方法之一。

1）合理选择材料和设备

选用导电性好的材料和设备，可以限制静电的产生和积累。例如，带轮及输送带采用导电材料制作，或者在带上涂以导电性涂料，可限制静电的产生和积累。用齿轮传动带代替带轮传动，以减少摩擦产生的静电；采用阻值为 $1\times10^{7}\sim1\times10^{9}\ \Omega$ 的导电性工具，增加静电泄漏渠道。

按带电序列选用不同的材料，使物料与它们进行摩擦时正好产生不同极性的电荷，从而使物料上形成的静电荷互相抵消。

2）降低物料的运动速度

（1）降低摩擦速度。降低物料移动中的摩擦速度，可以大大减少静电的产生。

（2）降低流速。对液体物料来说，控制流速是减少静电电荷产生的有效办法。烃类燃油在管道内流动时，流速与管径应满足以下关系：

$$v^2D \leqslant 0.64$$

式中：v——流速，m/s；

D——管径，m。

以上式计算的不同管径的限制流速见表5-3。

表5-3 不同管径的允许流速

管径 D /m	允许流速 v /（m/s）	v^2	v^2D	管径 D /m	允许流速 v /（m/s）	v^2	v^2D
0.01	8	64	0.64	0.20	1.8	3.24	0.648
0.025	4.9	24	0.60	0.40	1.3	1.69	0.676
0.05	3.5	12.25	0.61	0.60	1.0	1.0	0.60
0.10	2.5	6.25	0.625				

流速和液体电阻率也有十分密切的关系（表5-4）。

表5-4 液体电阻率与允许流速的关系

液体电阻率/（Ω·m）	$<10^5$	$10^5\sim10^9$	$>10^9$
允许流速 v/（m/s）	<10	<5	1.2

粉体在管道中的允许输入速度决定于粉体的性质、载荷量、电阻率及管道内壁的光滑程度等。

3）限制压力、温度

液体由喷口喷出时，要控制好压力。喷口附近不得设障碍物，要注意喷口材质、形状的选择。气体物料自喷口喷出时，应尽量先将水雾和尘粒等杂质除去，喷出量要小，压力要低，管道应常常清扫。在液态二氧化碳喷出时，要防止带出干冰。

当不同温度油品混合时，由于温差出现扰动，也会产生静电，因此要控制好温度。

3. 接地和屏蔽

接地是消除静电危害最简单、最常见的方法，它主要是消除导体上的静电。屏蔽虽然不能消除静电电荷，但可减轻静电放电的危险。

1）导体接地

金属导体应直接接地。为了防止火花放电，应将可能发生火花放电的间隙跨接连通起来，并予以接地，使其各部位与大地等电位。不仅产生静电的金属部分应当接地，而且为了防止感应静电的危险，其他不相连接但邻近的金属部分也应接地。

静电接地的一般对象是：加工、储存、运输各种易燃液体、易燃气体和粉体的设备，如储存池、储油（气）罐、产品输送装置、排注设备、混合器、过滤器、压缩机、干燥器、反应器及输送管道等；注油或有机溶剂的设备和油槽车，包括注油栈桥、铁轨机、油桶、磅秤、加油管、漏斗容器及装卸油的船舶等；工厂或车间的氧气、乙炔等管道、通风装置和空气管道，特别是局部排风的空气管道；其他容易产生和积累静电的工艺设备，如压延机、上光机，各种辊轴、磨、筛等工艺设备。

此外，在有火灾爆炸危险的场所或静电对产品质量、人身安全有影响的场所使用的金属用具、门把手、盲插销、移动式金属车辆、家具以及编有金属丝的地毯等也应接地。

为防止感应带电，凡有火灾爆炸危险场所，平行管道间距小于 10 cm 时，每隔 20 m 应用连接线互相连接起来。管道与管道管道与其他金属物件交叉或接近，其间距小于 10 cm 时，在交叉或接近处也应连通。金属梁柱、构架与管道金属设备间距小于 10 cm 时，也应相互连接并接地。

应当指出，导体因感应而放电时，接地只能消除部分危险。如图 5-13 所示，导体 B 端不接地时，A、B 两端都有静电危险；B 端接地以后，B 端没有放电危险了，但 A 端仍有放电危险。

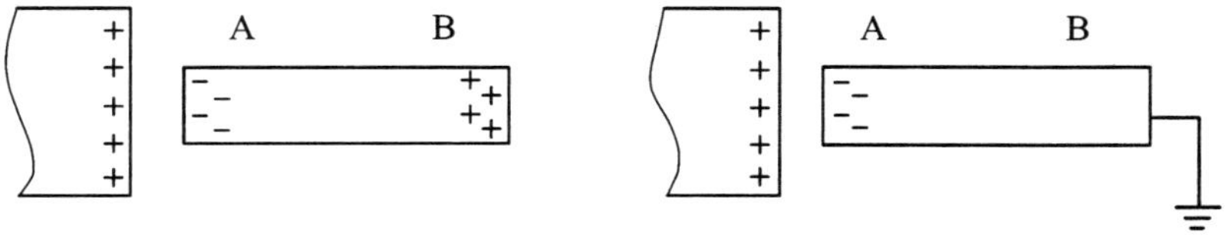

(a)未接地　　(b)接地

图 5-13　导体感应带电及其接地

2）导电性地面

采用导电性地面，实质上也是一种接地措施。采用导电性地面不但能泄漏设备上的静电，而且有利于泄漏聚集在人体上的静电。导电性地面是指用电阻率为 $1\times10^8\ \Omega\cdot m$ 以下的材料制成的地面，如混凝土、导电橡胶、导电合成树脂、导电木板、导电水磨石和导电瓷砖等地面。在绝缘板上喷刷导电性涂料，也能起到与导电性地面同样的作用。采用导电性地面或导电性涂料喷刷地面时，地面与大地之间的电阻不应超过 1 MΩ，地面与接地导体的接触面积不宜小于 10 cm^2。

3）绝缘体接地

试验证明，一般接地对于消除高绝缘体上的静电效果是不大的。而且，对于已产生静电的高绝缘材料，如经导体直接接地，则相当于把大地电位引向带电的绝缘体，有可能反而增加火花放电的危险性。因此，如果绝缘体上有静电，为了使绝缘体上的静电较快地泄漏，宜在绝缘体与大地之间保持 $1\times10^6\sim1\times10^9\ \Omega$ 的电阻，让它缓慢而持续不断地消除静电。

4）屏蔽

静电场可以用导电的金属元件加以屏蔽。例如，可以用接地的金属网、容器等将带静电的物体屏蔽起来，不使外界遭受静电危害。此外，屏蔽还能减小可能的放电面积，限制放电能量，防止静电感应。

4. 增湿

随着湿度的增加，绝缘体表面会形成薄薄的水膜，其中含有杂质和溶解物质，有较好的导电性，它能使绝缘体的表面电阻大大降低，能加速静电的泄漏。因此，在工艺条件允许的情况下，增加空气中相对湿度，可以降低静电的危险。一般相对湿度在70%时就能减少静电的危险，在80%时几乎不带静电，因此，局部环境的相对湿度宜增加至80%以上。但对于吸湿性很强的聚合材料，为了保证降低静电的效果，相对湿度应提高到80%~90%。

增湿方法可采用通风系统调湿、地面洒水及喷洒水蒸气等。

应当注意，增湿并非对所有的绝缘体都有效果，只有表面容易形成水膜（即容易被水润湿）的绝缘体，如醋酸纤维、纸张、橡胶等，增湿对消除静电才是有效的。

增湿的方法不宜用于消除高温环境里的绝缘体上的静电，也不得用在气体爆炸危险场所0区。

5. 抗静电添加剂

抗静电添加剂是一种具有良好的导电性或较强的吸湿性的化学药剂。在容易产生静电的高绝缘材料中，加入少量的抗静电添加剂之后，能显著降低材料的体积电阻率或表面电阻率，加速静电的泄漏，消除静电的危险。但对于悬浮粉体和蒸气静电，因其每一微小的颗粒（或小珠）都是互相绝缘的，所以，任何抗静电添加剂都不起作用。

抗静电添加剂的种类很多，在石油行业，可采用油酸盐、环烷酸盐、铬盐、合成脂肪酸盐等作为抗静电添加剂，以提高石油制品的导电性，消除静电危险。例如，某种汽油加入少量以油酸和油酸盐为主的抗静电添加剂以后，即可大大降低石油制品的电阻率，消除静电的危险。这种微量的抗静电添加剂并不影响石油制品的理化性能。

使用抗静电添加剂是从根本上消除静电危险的办法，但应注意防止某些抗静电添加剂的毒性和腐蚀性造成的危害。因此，应从工艺状况、生产成本和产品使用条件等方面考虑使用抗静电添加剂的合理性。

6. 静电中和器

静电中和器又称静电消除器，是一种能将中性气体分子电离，以产生消除静电所需要的离子的装置。当带电体附近装有静电中和器时，静电中和器便电离出离子（一般为正负离子对），其中与带电体极性相反的离子朝带电体移动，并和带电体的电荷进行中和，从而消除静电的危险。

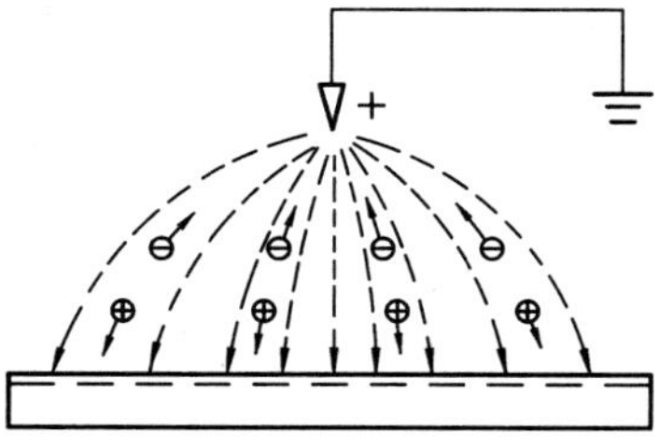

图5-14 感应式中和器原理图

图5-14为感应式中和器的工作原理示意图。生产物料上的静电在放电针感应出极性相反的电荷，并在针尖附近形成很强的电场。当局部电场强度超过30 kV/cm时，空气被电离，形成电晕放电，产生正离子和负离子。在电场的作用下，正、负离子分别向生产物料和放电针移动，静电电荷得到中和。

静电中和器种类很多。按照工作原理和结构的不同，大体上可以分为外接高压电源式中和器、感应式中和器和放射线式中和器 3 种，它们的特点和适用场合见表 5-5。

表 5-5　静电中和器种类、特点和适用场合

种　类		特　点	应用场合
外接高压电源式	通用式	消静电能力强	单膜、纸、布
	送风式	作用距离较远、范围较广	配管内、局部空间
	防爆式	不会成为引火源、结构较复杂	有防爆要求的场所
感应式		不需要外加电源，结构简单，易于制作和安装，不易成为火源；当电体电位在 2~3 kV 时，难以消电	单膜、纸、布、某些粉末
放射线式		不需要外加电源，结构简单，不会成为引火源；可能产生放射性污染，要注意安全使用	密闭空间等

在消静电要求较高的场所，还可以采用组合性的静电中和器，如兼有感应作用和放射线作用的中和器以及兼有高压作用和放射作用的中和器等。

静电中和器主要用来中和非导体上的静电。尽管不一定能把带电体上的静电完全中和掉，但可将其中和至安全范围以内。与抗静电添加剂相比，静电中和器具有不影响产品质量及使用方便等优点。

5.4.2　石化工业防静电措施

石油化工生产中最常处理的就是液体物料。石油化工生产中的液体物料大都属于高绝缘物质，在流动、搅拌、喷射、灌注、飞溅、冲刷、过滤、喷雾、剧烈晃动等过程都有可能产生和积累静电荷，当静电积累到一定程度可产生放电火花，从而有可能引起火灾和爆炸。因此，在石油化工生产中，必须重视对液体物料的防静电措施。

在石油化工生产中，除采用上面提到的防静电基本措施外，还须结合生产设备和工艺的不同特点，采取以下防静电措施。

1. 选择正确的灌装方式

在储存容器内，由于注入液流的喷射和分裂、气泡通过液体等均可能产生静电，因此，应将注油管延伸至容器底部，以避免液体在容器内喷射或溅射，而且其方向应有利于减轻容器底部积水或沉淀物搅动。图 5-15 所示为 3 种比较合理的注油方式。

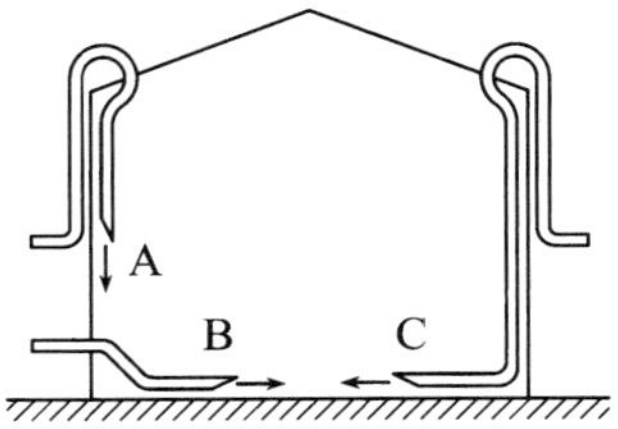

图 5-15　注油示意图

为了减轻从油罐顶部注油时的冲击，减少注油时产生的静电，改变注油管头（鹤管头）的形状能收到一定的效果。图 5-16 是几种注油管头的示意图。经验表明，“T”形注油管头、锥形注油管头、45°斜口形注油管头和“人”字形注油管头都能降低油罐内油面的最高电位。

为了防止搅动罐底积水或污物产生附加静电，装油前应将罐底的积水和污物清除掉。

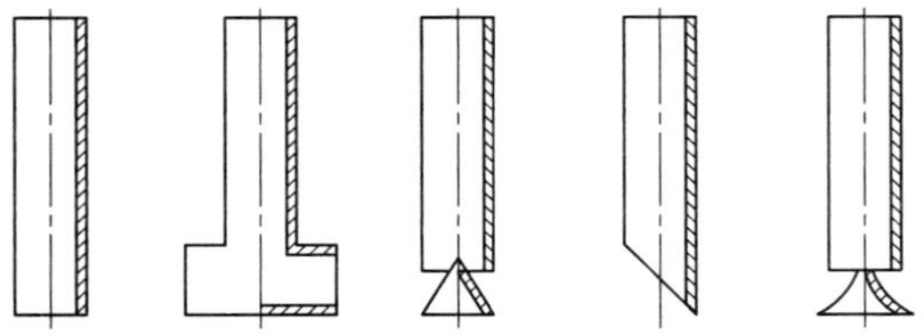

图 5-16　注油管头示意图

石油制品含有水分等杂质时，会产生较多静电；溶解在溶液里的空气或其他气体形成气泡时，也会增加静电的危险。因此，净化石油制品对于防止静电的危害是有好处的。为了降低罐内油面电位，过滤器不应离注油管口太近。

2. 控制烃类液体灌装的流速

按《液体石油产品安全规程》（GB 13348—2009）的规定，不同方式的烃类液体灌装，流速的要求是不同的。

（1）油罐。对于电导率低于 50 pS/m 的液体石油产品，在注入口未浸没前，初始流速不应大于 1 m/s，当注入口浸没 200 mm 后，可逐步提高流速，但最大流速不应超过 7 m/s。如采用其他有效防静电措施，可不受上述限制。

（2）汽车罐车。汽车罐车应尽量采用底部装油。采用顶部装油时，装油鹤管口应深入到距槽罐的底部 200 mm。装油流速应符合下式要求：

$$vD \leqslant 0.5$$

式中：v——油品流速，m/s；

D——鹤管管径，m。

当油料体积电阻率大于 2×10^{11} Ω · m 时，最大流速不得超过 7 m/s。

（3）铁路罐车。顶部装卸油时，装卸油鹤管应深入到槽罐的底部。装油流速应符合下式要求：

$$vD \leqslant 0.8$$

式中：v——油品流速，m/s；

D——鹤管直径，m。

当油料体积电阻率大于 2×10^{11} Ω · m 时，最大流速不得超过 7 m/s。

（4）油轮和船舶。装油初速度不大于 1 m/s，当入口管浸没后，可提高流速，但不应大于 7 m/s。

（5）飞机。当油品电导率大于 250 pS/m 时，其加油速度可达 7 m/s。

3. 合理利用静置时间

所谓静置时间是指从产生静电终了至拆除接地线或采样、测温之间的时间。静置的目的是为了将物体上的静电泄漏至大地，以减少油罐、槽车等物体的带电量，减少火灾或爆炸的危险性。

为了防止静电放电，在烃类液体灌装、循环或搅拌等工作过程中，不得进行取样、检尺或测温等现场操作。进行上述操作前，应使液体静置一定的时间，使静电得到足够的消散或松弛。所需静置时间见表 5-6。

表 5-6　烃类液体静置时间　　单位：min

液体电导率/（S·m^{-1}）	液体容积/m^3			
	<10	10~50（不含）	50~5 000	>5 000
>1×10^{-8}	1	1	1	2
1×10^{-12}~1×10^{-8}	2	3	20	30
1×10^{-14}~1×10^{-12}	4	5	60	120
<1×10^{-14}	10	15	120	240

注：若容器内设有专用量槽时，则按液体容积<1×10 m^3 取值。

对油槽车的静置时间为 2 min 以上。如烃类液体中含有游离水等杂质，静置时间应延长为表 5-6 中所列数值的 3 倍。当容器材料的电阻率高于液体的电阻率时，静置时间也应延长为表 5-6 中所列数值的 3 倍。

4. 接地

（1）固定设备。罐、塔等固定设备的外壳应进行静电接地。直径大于或等于 2.5 m 及容积大于或等于 50 m^3 的设备，其接地点应设 2 处以上，接地点应沿设备外围均匀布置，其间距不应大于 30 m。

（2）储罐。储罐内各金属构件（搅拌器、升降器、仪表管道、金属浮体等），必须与罐体等电位连接并接地。在罐顶取样操作平台上，操作口的两侧应各设一组接地端子，为取样绳索、检尺等工具接地用。

（3）管路系统。管路系统的所有金属件，包括护套的金属包覆层应接地。管路两端和每隔 200~300 m 处，应有一处接地。平行管道净距小于 100 mm 时，应每隔 20 m 加跨接线。当管道交叉且净距小于 100 mm 时，应加跨接线。对金属管路中间的非导体管路段，除需做屏蔽保护外，两端的金属管应分别与接地干线相接，非导体管路段上的金属件应跨接并接地。管道泵及过滤器、缓冲器等应可靠接地。

（4）铁路栈台与罐车。栈台区域内的金属管道、设备、构筑物、铁路钢轨等应等电位连接并接地，还应构成接地网。金属注液管与固定管道、钢架等应进行等电位连接并接地，其静电接地电阻应小于 10^6 Ω。罐车的罐体、车体应与注液管系统以及栈台钢架等电位连接。在装卸作业前，应用专用接地线与平台接地端子连接，装卸完毕将顶盖盖好后方可拆除。

（5）汽车站台与罐车。站台区域内的金属管道、设备、构筑物等应进行等电位连接并接地。储罐汽车在装卸作业前，应采用专用接地线及接地夹将汽车、储罐与装卸设备等电位连接。作业完毕封闭储罐盖后方可拆除。接地设备宜与装卸泵联锁。

（6）搅拌、混合、调和设备。搅拌、混合、调和设备的所有金属零部件均应连接在一起并接地。如果设备有绝缘内衬，可用内部接地措施促使电荷泄漏。

（7）油轮和舶船作业。在作业前，应先将船体与陆地上接地端进行接地。使用软管输送轻质油品前，应做电气连续性检查。遵循先接搭接线后接软管，作业后先拆输油软管后拆搭接线。

（8）吹扫和清洗。采用蒸气进行吹扫和清洗时，受蒸气喷击的管线、导电物体都必须与油罐或设备进行接地连接。

5. 其他

（1）严禁用压缩空气进行汽油、煤油、轻柴油的调和。重柴油等用压缩空气调和时，必须控制风压不大于 343 kPa，并使油品调和温度至少低于该油品闪点 20℃。

（2）严禁使用压缩空气对汽油、煤油、苯、轻柴油等产品的管线进行清扫。严禁使用汽油、苯类等易燃溶剂对设备、器具吹扫和清洗。使用液体喷洗容器时，压力不得大于 980 kPa。

5.4.3 人体防静电措施

为消除人体静电，可采用接地、穿防静电鞋、穿防静电工作服等方法。

（1）当气体爆炸危险场所的等级属 0 区和 1 区，且可燃物的最小点燃能量在 2.5×10^{-4} J 以下时，工作人员应穿防静电鞋、防静电服。当环境相对湿度保持在 50%以上时，可穿棉工作服。

（2）静电危险场所的工作人员，外露穿着物（包括鞋、衣物）应具防静电或导电功能，各部分穿着物应存在电气连续性，地面应配用导电地面。

（3）在气体爆炸危险场所的等级属 0 区和 1 区工作时，应佩戴防静电手套。

（4）防静电衣物所用材料的表面电阻率应低于 $5\times10^{10}\ \Omega\cdot m$，防静电工作服技术要求应满足相关国家标准要求。

（5）可以采用安全有效的局部静电防护措施（如腕带），以防止静电危害的发生。

（6）为确保安全操作，在实际工作中，尽量不做与人体产生静电有关的事情，如不接近强电场；禁止在静电危险场所穿脱衣物、帽子及类似物，并避免剧烈的身体运动。

（7）在有静电的危险场所操作、巡检时，不得携带与工作无关的金属物品，如钥匙、指甲剪、硬币、小刀、手表、戒指等。

本章小结

雷电和静电有许多相似之处，例如，雷电和静电都是相对于观察者静止的电荷聚积的结果，雷电放电与静电放电也都有一些相同之处，雷电和静电的主要危害都是引起火灾和爆炸等。但雷电与静电电荷产生和聚积的方式不同、存在的空间不同、放电能量相差甚远，二者的防护措施也有很多不同之处。

雷电具有电流大、电压高、冲击性强等特点，可造成火灾和爆炸、触电、设备和设施破坏、大规模停电，有的可能带来极为严重的后果。建筑物、电力设备等防雷的一般原则是根据当地的雷电活动规律以及被保护物的特点和防雷分类等，确定是否需要设置防雷装置、防雷装置的形式及其布置，因地制宜地分别对直击雷、雷电感应、雷电侵入波等采取适当的防雷措施，做到安全可靠、技术先进、经济合理，设计符合国家现行有关标准和规范的规定。

当两种物质紧密接触而后再分离时，就可能产生静电。工艺过程中产生的静电可能引起爆炸和火灾，也可能给人以电击，还可能妨碍生产；其中，爆炸或火灾是最大的危害和危险。静电安全防护主要是对爆炸和火灾的防护，主要措施有：采用环境危险程度控制措施（如取代易燃介质、降低爆炸性气体、蒸气混合物的浓度等）来控制所在环境爆炸和火灾危险性；从工艺上采取适当的措施，限制和避免静电的产生和积累；利用接地、增湿、加入抗静电添加剂等泄漏导走的方法迅速排除静电；使用静电中和器，利用中和电荷的方法减少静电积累，从而避免产生静电事故。

练习与思考

一、单项选择题

1.【2014年】雷电是大气中的一种放电现象，具有雷电流幅值大、雷电流陡度大、冲击性强、冲击过电压高等特点。下列关于雷电破坏作用的说法中，正确的是（　　）。

A. 破坏电力设备的绝缘　　B. 引起电气设备过负荷

C. 造成电力系统过负荷　　D. 引起电动机转速异常

2.【2014年】直击雷、闪电感应（雷电感应、感应雷）、球形雷（球雷）、雷击电磁脉冲都可能造成严重事故。下列关于避雷针安全作业的描述中，正确的是（　　）。

A. 避雷针能防闪电静电感应　　B. 避雷针能防直击雷

C. 避雷针能防闪电电磁感应　　D. 避雷针能防雷击电磁脉冲

3.【2014年】为防止静电危害，在装、卸油现场，应将所有正常时不带电的导体连通成整体并接地。下图是装油鹤管的示意图。下列装油操作步骤，正确的是（　　）。

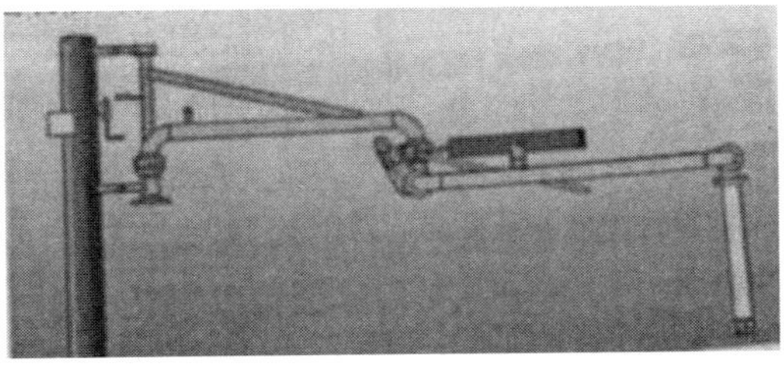

A. 先接地后开始装油，结束时先断开接地线后停止装油

B. 先接地后开始装油，结束时先停止装油后断开接地线

C. 先开始装油后接地，结束时先停止装油后断开接地线

D. 先开始装油后接地，结束时先断开接电线后停止装油

4.【2013年】下列关于雷电的破坏性说法中，错误的是（　　）。

A. 直击雷具有机械效应、热效应

B. 闪电雷应不会在金属管道上产生雷电波

C. 雷电劈裂树木系雷电流使树木中的气体急剧膨胀或水汽化所导致

D. 雷击时电视和通信受到干扰，源于雷击产生的静电场突变和电磁辐射

5.【2013年】接地是防止静电事故最常用、最基本的安全技术措施。由于静电本身的特点，静电接地与电气设备接地的技术要求有所不同。下列做法中，不符合静电接地技术要求的是（　　）。

A. 将现场所有不带电的金属杆连接成整体

B. 装卸工作开始前先连接接地线，装卸工作结束后才能拆除接地线

C. 使防静电接地电阻越小越好

D. 防静电接地在一定情况下可与电气设备的接地共用

6.【2012年】产生静电的方式有很多种，当带电雾滴或粉尘撞击导体时，会产生静电，这种静电产生的方式属于（　　）。

A. 接触-分离起电　　B. 破断起电

C. 感应起电　　D. 电荷迁移

7.【2012年】有一种防雷装置，当雷电冲击波到来时，该装置被击穿，将雷电流引入大地，而在雷电冲击波过去后，该装置自动恢复绝缘状态，这种装置是（　　）。

A. 闪接器　　B. 接地装置　　C. 避雷针　　D. 避雷器

8.【2011年】雷击有电性质、热性质、机械性质等多方面的破坏作用，并产生严重后果，对人的生命、财产构成很大的威胁。下列各种危险危害中，不属于雷击危险危害的是（　　）。

A. 引起变压器严重过负载　　B. 烧毁电力线路

C. 引起火灾和爆炸　　D. 使人遭受致命电击

9.【2011年】工艺过程中所产生的静电有多种危险，必须采取有效的互相结合的安全技术措施和安全管理措施进行预防。下列关于预防静电危险的措施中，错误的做法是（　　）。

A. 降低工艺速度　　B. 增大相对湿度

C. 高绝缘体直接接地　　D. 应用抗静电添加剂

二、多项选择题

1.【2012年】一些火灾和爆炸的点火源为静电放电火花，为了防止静电放电火花引起爆炸，可根据生产过程中的具体情况采取相应的防静电措施。下列措施中，属于防止静电措施的有（　　）。

A. 控制流速　　B. 保持良好接地

C. 人体静电防护　　D. 采用静电消散技术

E. 设法降低厂房或者设备内的湿度

2.【2006年】雷击的破坏性与其特点有紧密关系。雷击的特点有（　　）。

A. 雷电流幅值大　　B. 冲击过电压低

C. 作用时间长　　D. 冲击过电压高

E. 雷电流陡度大

三、简答题

1. 雷电的种类及危害有哪些?
2. 静电引起燃烧爆炸的基本条件有哪些?
3. 防止静电危害主要应从哪几个方面入手?
4. 在石化工业中有哪些防静电措施?

第6章　电气防火防爆技术

☞［教学目标］

1. 熟悉电气引燃源、危险物质与危险环境的分类。
2. 掌握防爆电气设备的类型和选用。
3. 了解防爆电气线路有关知识。
4. 掌握电气防火防爆的基本措施。

由于电气方面的原因形成火源而引起的火灾和爆炸，在火灾和爆炸事故中占有很大的比例。配电线路、高低压开关电器、熔断器、插座、照明器具、电动机、电热器具等电气设备均可能引起火灾。电力电容器、电力变压器、电力电缆、多油断路器等电气装置除可能引起火灾外，本身还可能发生爆炸。尤其是石油化工企业，在生产、储存、运输过程中，极易形成易燃易爆的环境，在这种场所使用的电气设备，由于选型不当、绝缘损坏等原因产生电火花时，就可能引起火灾和爆炸。电气火灾火势凶猛，如不及时扑灭，势必迅速蔓延。电气火灾和爆炸事故除可能造成人身伤亡、设备损坏和随之而来的大面积停电停产外，还可能在紧急停电中又酿成新的灾害，带来无法估量的损失。

6.1　电气引燃源

发生电气火灾和爆炸要具备两个条件：一是要有易燃易爆物质和环境，二是要有引燃条件。电气装置运行中产生的危险温度、电火花及电弧就构成了电气火灾和爆炸的引燃条件，是发生电气火灾和爆炸的直接原因。从电气安全角度讲，应重点预防由于电气方面产生的引燃条件。

6.1.1　危险温度

电气设备运行时发热和温度都限制在一定范围内，但在异常情况下可能产生危险温度。

1. 电气设备过热产生的危险温度

电气设备运行时总是要发热的，其热量的来源主要有以下几个方面：由于导体总是有电阻的，使得电流通过导体要消耗一定的电能。这部分电能使导体发热，温度升高。在导体上消耗的电能 $W=I^2Rt$（I 为流过导体的电流，R 为导体的电阻，t 为通电时间）；电动机、变压器等电气设备的铁芯，在交变电流的交变磁场作用下，因磁滞损耗和涡流损耗而发热，温度升高。铁芯磁通密度越高，电流频率越高，铁芯钢片厚度越大，这部分热量越大。此外，有机械运动的电气设备由于摩擦也会引起发热，绝缘材料的绝缘性质劣化、电气设备的漏磁、谐波也都会引起发热，使温度升高。

正确设计、正确施工、正确运行的电气设备，稳定运行时，发热与散热平衡，其最高温度和最高温升都不会超过一定的允许范围。但当电气设备的正常运行遭到破坏时，发热量增加，温度升高，出现危险温度，在一定条件下即可能引起火灾。引起电气设备过度发热的不正常运行大体有以下几种情况。

（1）短路。短路又称碰线、混线或连电，是指电气线路或设备中，相线与相线之间短接，或相线与大地、相线与中性线之间短接的现象。发生短路时，线路中电流增大为正常时的数倍乃至数十倍；使得温度急剧上升，大大超过允许范围。如果温度达到可燃物的引燃温度，即引起燃烧。造成短路的原因很多，例如，电气设备的绝缘老化变质或受到高温、潮湿或腐蚀的作用而失去绝缘能力，绝缘导线直接缠绕、钩挂在铁钉或铁丝上时由于磨损和铁锈腐蚀使绝缘破坏，电气设备的绝缘遭到雷电击穿，所选用设备的额定电压太低、不能满足工作电压的要求而被击穿，维护不及时导致导电性粉尘或纤维进入电气设备内部，在安装和检修中接线和操作错误等，都可能导致短路。

（2）过载。过载又称为过负载。过载也会引起电气设备过热。造成过载大体有如下 3 种情况：一是设计、选用线路或设备不合理，或没有考虑足够的裕量，以致在正常负载下出现过热。二是使用不合理，即线路或设备的负载超过额定值或连续使用时间过长，超过线路或设备的设计能力，由此造成过热；管理不严，乱拉乱接，容易造成线路或设备过载运行。三是设备故障运行会造成设备和线路过载，如三相电动机断相运行或三相变压器不对称运行均可能造成过载。

（3）接触不良。接触部位是电路的薄弱环节，是产生危险温度的主要部位之一。不可拆卸的接头连接不牢、焊接不良或接头处夹有杂物，都会增加绝缘电阻而导致接头过热。可拆卸的接头连接不紧密或由于振动而松动，也会导致接头发热。可开闭的触头，如刀开关的触头、断路器的触头、接触器的触头、插销的触头等，如果没有足够的接触压力或表面粗糙不平，均可能增大接触电阻，产生危险温度。对于铜、铝接头，由于铜和铝的理化性能不同，接触状态逐渐恶化，会导致接头过热。

（4）铁芯过热。对于电动机、变压器、接触器等带有铁芯的电气设备，如果铁芯短路（片间绝缘破坏）或线圈电压过高，或通电后铁芯不能吸合，由于涡流损耗和磁滞损耗增加，都将造成铁芯过热并产生危险温度。

（5）散热不良。各种电气设备在设计和安装时都考虑有一定的散热或通风措施。如果这些措施遭到破坏，如散热油管堵塞、通风道堵塞、安装位置不当、环境温度过高或距离外界热源太近，均可能使散热条件恶化，导致电气设备和线路过热。

（6）漏电。电气设备或线路发生漏电时，漏电电流一般不大，不能促使线路熔丝动作。如漏电电流沿线路比较均匀地分布，则发热量分散，火灾危险性不大；但当漏电电流集中在某一点时，可能引起比较严重的局部发热，引燃成灾。漏电电流常常流经金属螺丝或钉子，使其发热而引起木制构件起火。

（7）机械故障。对于带有电动机的设备，如果转动部分被卡死或轴承损坏，造成堵转或负载转矩过大，都会导致电动机过热。电磁铁卡死，衔铁吸合不上，线圈中的大电流持续时间过长，也会造成过热。

（8）电压太高或太低。电压太高，除使铁芯受热增加外，对于恒阻抗设备，还会使电流增大而发热。电压太低，除可能造成电动机堵转、电磁铁衔铁吸合不上，使线圈电流大大增加而发热外，对于恒功率设备，还会使电流增大而发热。

2. 电热器具和照明灯具的危险温度

电热器具是将电能转换成热能的用电设备。常用的电热器具有小电炉、电烤箱、电熨斗、电烙铁、电褥子等。

电炉电阻丝的工作温度高达800℃，可引燃与之接触的或附近的可燃物。电炉连续工作时间过长，将使温度过高（恒温炉除外），烧毁绝缘材料，引燃起火。电炉电源线容量不够，可导致发热起火。电热丝使用时间过长，截短后继续使用，将使发热增加，直至引燃其他材料引发火灾。

电烤箱内物品烘烤时间太长、温度过高，可能引起火灾。使用红外线加热装置时，如误将红外光束照射到可燃物上，也可能引起燃烧。

电熨斗和电烙铁的工作温度高达500~600℃，能直接引燃可燃物。

电褥子通电时间过长，将使电褥子温度过高而引起火灾；电褥子铺在床上，经常受压、揉搓、折叠，致使电热元件受到损坏，如电热丝出现短路，将因过热而引起火灾；将电褥子折叠使用，破坏其散热条件，也可导致起火燃烧。

灯泡和灯具工作温度较高，如安装、使用不当，均可能引起火灾。例如，200 W 的白炽灯泡在一般散热条件下，其表面温度为160~300℃，紧贴纸张时，十几分钟即可将纸张点燃。

当供电电压超过灯泡额定电压，或大功率灯泡的玻璃壳发热不均匀，或水溅到灯泡上时，都能导致灯泡爆碎。炽热的钨丝落到可燃物上，将引起可燃物燃烧。

灯座内接触不良，使接触电阻增大，温度上升过高，可引燃可燃物。日光灯镇流器运行时间过长或质量不高，将使发热增加，温度上升，如超过镇流器所用绝缘材料的引燃温度，也可引燃成灾。

6.1.2 电火花和电弧

电火花是电极间的击穿放电，电弧是大量电火花汇集而成的。一般电火花的温度很高，特别是电弧，温度高达8 000℃。因此，电火花和电弧不仅能引起可燃物燃烧，还能使金属熔化、飞溅，构成危险的火源。在有爆炸危险的场所，电火花的电弧十分危险。电火花大体包括工作火花和事故火花两类。

（1）工作火花。指电气设备正常工作或正常操作过程中所产生的电火花，例如，刀开关、断路器、接触器、控制器接通和断开线路时会产生电火花；插销拔出或插入时的火花；直流电动机的电刷与换向器的滑动接触处、绕线式异步电动机的电刷与滑环的滑动接触处也会产生电火花等。切断感性或容性电器时，断口处将产生比较强烈的电火花或电弧。其火花能量较大，危险性也较大。当火花能量超过周围爆炸性混合物的最小引燃能量时，即可能引起爆炸。

(2) 事故火花。包括线路或设备发生故障时出现的火花。如导线过松、连接松动或绝缘损坏导致短路或接地时产生的火花；电路发生故障，熔丝熔断时产生的火花；沿绝缘表面发生的闪络等。事故火花还包括由外部原因产生的火花，如雷电直接放电及二次放电火花、静电火花、电磁感应火花等。

除上述外，电动机转子与定子发生摩擦（扫膛）或风扇与其他部件相碰也都会产生火花，这是由碰撞引起的机械性质的火花。

就电气设备着火而言，外界热源也可能引起火灾。如变压器周围堆积杂物、油污，并由外界火源引燃，可能导致变压器喷油燃烧甚至发生爆炸。

电气设备本身，除多油断路器、电力变压器、电力电容器、充油套管、油浸纸绝缘电力电缆等设备可能爆破外，以下情况可能引起空间爆炸。

第一，周围空间有爆炸性混合物，在危险温度或电火花作用下引起空间爆炸；

第二，充油设备的绝缘油在高温电弧作用下汽化和分解，喷出大量油雾和可燃性气体，引起空间爆炸；

第三，发电机的氢冷装置漏气或酸性蓄电池排出氢气等，形成爆炸性混合物，引起空间爆炸。

6.2　危险物质与危险环境

6.2.1　危险物质的分类、分级

对危险物质进行分类、分级，目的在于便于对不同的危险物质，采取有针对性的防范措施，以达到既安全又经济的目的。

1. 危险物质的分类

在一定条件下，气体、蒸气、薄雾、粉尘或纤维状的易燃物质与空气混合，引燃后燃烧能在整个范围内传播的混合物称为爆炸性混合物。能形成上述爆炸性混合物的物质称为爆炸危险物质。

根据爆炸危险物质的危险性并考虑实际生产过程的特点，我国将爆炸危险物质分为以下 3 类。

Ⅰ类：矿井甲烷（CH_4）。因矿井下环境的特殊性，甲烷被列为Ⅰ类。

Ⅱ类：爆炸性气体、蒸气、薄雾。

Ⅲ类：爆炸性粉尘、纤维或飞絮。

2. 爆炸性气体混合物的分级、分组

对于上述Ⅱ类爆炸性气体，还可以按最大试验安全间隙（MESG）、最小引燃电流比（MICR）和引燃温度等参数进一步分级、分组。

1）按最大试验安全间隙（MESG）分级

最大试验安全间隙（MESG）是两个径长为25 mm的间隙连通容器，在规定试验条件下，一个容器内燃爆时不致引起另一个容器内燃爆的最大连通间隙的宽度。此参数反映了爆炸性物品传爆能力，其值越小，传爆能力就越强。爆炸性气体混合物按最大试验安全间隙（MESG）的大小划分为ⅡA、ⅡB和ⅡC 3级，见表6-1。其中，ⅡB级危险性大于ⅡA级；ⅡC级危险性大于前两者，最为危险。

表6-1　爆炸性气体混合物分级

级别	最大试验安全间隙（MESG）/mm	最小引燃电流比（MICR）	典型气体
ⅡA	≥0.9	>0.8	丙烷
ⅡB	>0.5，<0.9	≥0.45，≤0.8	乙烯
ⅡC	≤0.5	<0.45	氢气

2）按最小引燃电流比（MICR）分级

最小引燃电流比（MICR）是指在规定试验条件下，各种可燃物质的最小点燃电流值与实验室甲烷的最小引燃电流值之比。最小引燃电流比越小，危险性就越大。爆炸性气体混合物按最小引燃电流比（MICR）的大小也分为ⅡA、ⅡB和ⅡC 3级，见表6-1。

3）按引燃温度分组

引燃温度是指可燃性气体或蒸气与空气形成的混合物，不需要用明火，而在规定条件下被热表面引燃的最低温度。显然，引燃温度越低的混合物，越容易引燃。爆炸性气体混合物按引燃温度可分为6组：T1、T2、T3、T4、T5、T6，各组别对应的引燃温度表见6-2。

表6-2　爆炸性气体按引燃温度分组

组别	T1	T2	T3	T4	T5	T6
引燃温度 T/℃	$T>450$	$300<T\leq450$	$200<T\leq300$	$135<T\leq200$	$100<T\leq135$	$85<T\leq100$

部分爆炸性气体的分类和分组见表6-3。

表 6-3　部分爆炸性气体的分类和分组

	最大试验安全间隙（MESG）/mm	最小引燃电流比（MICR）	引燃温度及组别/℃					
			T1	T2	T3	T4	T5	T6
			$T>450$	$300<T\leq450$	$200<T\leq300$	$135<T\leq200$	$100<T\leq135$	$85<T\leq100$
ⅡA	≥0.9	>0.8	甲烷、乙烷、丙烷、丙酮、氯苯、苯乙烯、氯乙烯、甲苯、苯胺、甲醇、一氯化碳、乙酸乙酯、乙酸、丙烯腈	丁烷、乙醇、丙烯、丁醇、乙酸丁酯、乙酸戊酯、乙酸酐	戊烷、己烷、庚烷、癸烷、辛烷、汽油、硫化氢、环己烷	乙烯、乙醛	—	亚硝酸乙酯
ⅡB	0.5~0.9	0.45~0.8	乙甲醚、民用煤气、环丙烷	乙烯、环氧乙烷、环氧丙烷、丁二烯	异戊二烯	—	—	—
ⅡC	≤0.5	<0.45	氢、水煤气、焦炉煤气	乙炔	—	—	二硫化碳	硝酸乙酯

3. 爆炸性粉尘混合物的分级

Ⅲ类爆炸性粉尘混合物可划分为ⅢA、ⅢB 和ⅢC 3 级。

ⅢA：可燃性飞絮。指标称尺寸大于 500 μm 的包括纤维在内的固体颗粒，可悬浮在空气中，也可依靠自身重量沉淀下来。常见飞絮包括人造纤维、棉花（包括棉绒纤维、棉纱头）、剑麻、黄麻、麻屑、可可纤维、麻絮、废打包木丝绵等。

ⅢB：非导电性粉尘。指电阻率大于 1×10^3 Ω·m 的可燃性粉尘。

ⅢC：导电性粉尘。指电阻率等于或小于 1×10^3 Ω·m 的可燃性粉尘。

其中，ⅢB 级粉尘危险性大于ⅢA 级，而ⅢC 级导电性粉尘一旦进入电气装置外壳可直接产生电火花形成引燃源，其危险性又大于ⅢB 级，是最为危险的粉尘。

6.2.2　危险环境

对不同危险环境进行分区，目的是便于根据危险环境特点正确选用电气设备、电气线路及照明装置等的防火防爆措施。

1. 爆炸性气体环境

爆炸性气体环境是指在大气条件下，气体或蒸气可燃物质与空气的混合物引燃后，能够保持燃烧自行传播的环境。

1）爆炸性气体环境危险场所分区

我国国家标准《爆炸危险环境电力装置设计规范》（GB 50058—2014）根据爆炸性气体混合物出现的频繁程度和持续时间，将危险场所分为 0 区、1 区和 2 区。

（1）0 区：指连续出现或长期出现爆炸性气体混合物的环境。

（2）1 区：指正常运行时可能出现爆炸性气体混合物的环境。

（3）2 区：指正常运行时不大可能出现爆炸性气体混合物的环境，或即使出现也仅是短时存在的爆炸性气体混合物的环境。

上述正常运行是指设备在其设计参数范围内的运行状况，即设备的正常启动、停止、运行以及正常的装卸、测量和取样等作业活动。

图 6-1 为储存易燃油品的地上固定顶油罐爆炸危险区域划分示例。油罐内部未充惰性气体的液体表面以上的空间划分为 0 区；以通气口为中心，半径 1.5 m 的空间以及地坪下的坑、沟划分为 1 区；距油罐外壁和顶部 3 m 范围内及油罐外壁至防火堤，其高度为堤高的范围内划分为 2 区。

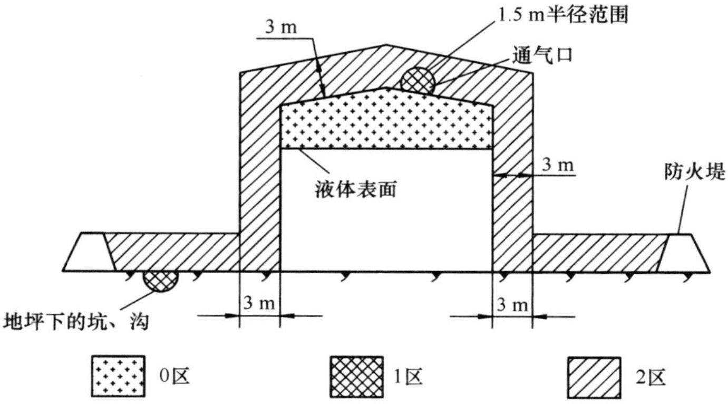

图 6-1 储存易燃油品的地上固定顶油罐爆炸危险区域

2）释放源的级别

释放源是指可燃物质可能释放出能形成爆炸性混合物所在的部位或地点。图 6-2 为油库油气的主要释放源。

释放源和通风条件对爆炸危险区域的分区有直接影响，其中释放源是划分爆炸危险区域的基础。按可燃物质的释放频繁程度和持续时间长短，释放源可分为以下 3 种。

（1）连续级释放源：连续释放或预计长期释放的释放源。如没有用惰性气体覆盖的固定顶储罐中的可燃液体的表面、油水分离器等直接与空气接触的可燃液体表面。

（2）一级释放源：正常运行时，预计可能周期性释放或偶尔释放的释放源。如正常运行时，会向空间释放可燃性物质的泵、压缩机或阀门的密封处。

（3）二级释放源：正常运行时，预计不可能释放，当出现释放时，仅是偶尔和短期释放的释放源。如正常运行时不可能泄漏的泵、压缩机和阀门的密封处。

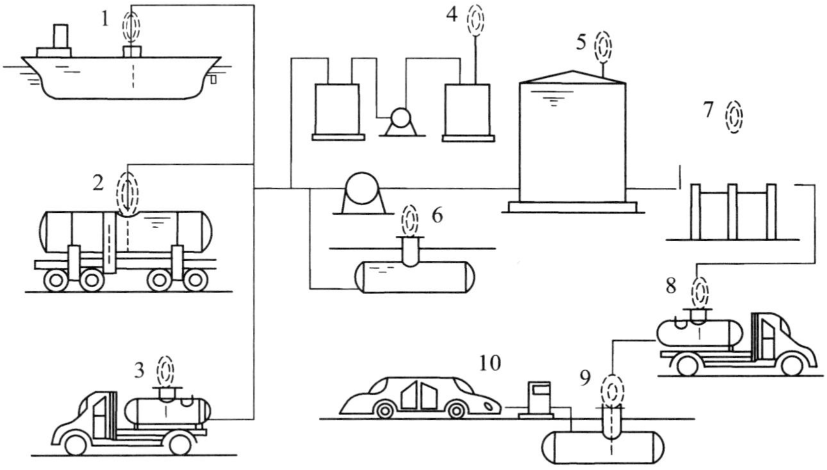

图6-2　油库油气的主要释放源

1—油船；2—铁路油罐车；3—汽车油罐车；4—真空泵；5—储油罐；6—回空罐；7—高位油罐；8—汽车油罐车；9—加油站脏油罐；10—汽车油箱

3）通风条件

通风条件也是确定环境的危险区域类型的重要因素之一。通风主要有自然通风和机械通风两种类型。自然通风指的是因自然力形成的风压和热压的作用而引起的空气流动或新鲜空气的置换，如户外开放场所、户外开放式建筑物或具备良好自然通风条件的户内环境（如空气对流通道）的通风。机械通风指的是利用机械能驱动空气（如风扇、排风机等）使危险环境的空气流动或新鲜空气置换，是一种强制性通风。机械通风又可分为对整体场所进行的一般机械通风和对局部场所进行的局部机械通风。

通风效果直接影响着爆炸性环境的存在和形成。良好的、有效的通风效果可以加速爆炸性混合物在空气中的扩散和消散，缩小危险环境的范围，或使高一级的危险环境降为低一级的危险环境，甚至无爆炸危险环境。相反，无通风或差的通风效果也会扩大危险环境的范围，甚至可能使低一级的危险环境变成高一级的危险环境。

按《爆炸危险环境电力装置设计规范》（GB 50058—2014）的规定，当爆炸危险区域通风的空气流量能使可燃物质很快稀释到爆炸下限值的25%以下时，可定为通风良好。

下列场所可列为通风良好场所：①露天场所；②敞开式建筑物，在建筑物的壁、屋顶开口，其尺寸和位置保证建筑物内部通风效果等效于露天场所；③非敞开建筑物，建有永久性的开口，使其具有自然通风的条件；④对于封闭区域，每平方米地板面积每分钟至少提供0.3 m^3 的空气或至少1 h换气6次。

4）爆炸性气体场所危险区域的划分

划分危险区域时，应综合考虑释放源级别和通风条件，并应遵循以下原则。

（1）应按下列释放源级别划分区域：存在连续级释放源的区域可划为0区；存在一级释放源区域可划为1区；存在二级释放源的区域可划为2区。

（2）应根据通风条件调整区域划分：① 当通风良好时，应降低爆炸危险区域等级，当通风不良时，应提高爆炸危险区域等级；② 局部机械通风在降低爆炸性气体混合物浓度方面比自然通风和一般机械通风更为有效时，可采用局部机械通风降低爆炸性危险区域等级；③ 在障碍物、凹坑和死角等处，由于通风不良，应局部提高爆炸危险区域等级；④ 利用堤或墙等障碍物，可限制比空气重的爆炸性气体混合物的扩散，缩小爆炸危险范围。

5）爆炸性气体环境危险区域的范围

爆炸危险区域的范围是指从释放源的边缘到不再存在与释放相关危险的地点之间任一方向的距离。爆炸性气体环境危险区域的范围应按下列要求确定。

（1）爆炸危险区域的范围应根据释放源的级别和位置、可燃物质的性质、通风条件、障碍物及生产条件、运行经验，经技术经济比较综合确定。

（2）建筑物内部宜以厂房为单位划定爆炸危险区域的范围。当厂房内空间大时，应根据生产的具体情况划分，释放源释放的可燃物质量少时，可将厂房内部按空间划定爆炸危险的区域范围，并符合《爆炸危险环境电力装置设计规范》（GB 50058—2014）中有关规定要求。

（3）当高挥发性液体可能大量释放并扩散到 15 m 以外时，爆炸危险区域的范围应划分为附加 2 区。

（4）当可燃液体闪点高于或等于 60℃时，在物料操作温度高于可燃液体闪点的情况下，可燃液体可能泄漏时，其爆炸危险区域的范围应适当缩小，但不宜小于 4.5 m。

6）爆炸性气体环境危险区域划分步骤

（1）查找和确定释放源。空气中存在可燃性气体或蒸气才能形成爆炸性气体环境，因此，必须首先查找场所中是否存在可燃性物质。一般来说，对于含有可燃性物质的储存设备、加工设备或输送管道，需要分析容器或管道中的可燃性物质是否能逸出到周围环境中形成爆炸性危险环境，或者空气能够进入容器内与可燃性气体混合在容器内部形成爆炸性危险环境。每一台设备（储罐、管道、泵、压缩机等），如果内部装有可燃性物料，就应该视为潜在的释放源。

（2）确定释放源级别。如果已经确认设备会向环境释放可燃性物质，则应该确定释放频率和持续时间，并根据释放频率和持续时间，将释放源进一步分级。

（3）确定危险区域等级。主要取决于场所中释放源的等级和通风条件。

（4）划分危险区域范围。根据可燃物质的释放量、释放速率、沸点、温度、闪点、相对密度、爆炸下限、通风、障碍等条件，结合实践经验确定，并应符合国家相关标准中爆炸性气体不同的密度和不同的通风条件下典型爆炸危险区域划分示例的规定。

2. 爆炸性粉尘环境

爆炸性粉尘环境是指在大气环境条件下，可燃性粉尘、纤维或飞絮与空气形成的混合物被点燃后，能够保持燃烧自行传播的环境。

根据爆炸性粉尘环境出现的频繁程度和持续时间，将爆炸性粉尘环境分为 20 区、21

区和22区。

（1）20区。空气中的可燃性粉尘云持续地或长期地或频繁地出现于爆炸性环境中的区域。

（2）21区。在正常运行时，空气中的可燃性粉尘云很可能偶尔出现于爆炸性环境中的区域。

（3）22区。在正常运行时，空气中的可燃性粉尘云一般不可能出现于爆炸性粉尘环境中的区域，即使出现，持续时间也是短暂的。

爆炸性粉尘环境危险区域的划分，应按爆炸性粉尘的量、爆炸极限和通风条件来确定。

3. 火灾危险环境

火灾危险环境按下列规定分为21区、22区和23区。

（1）火灾危险21区。具有闪点高于环境温度的可燃液体，在数量和配置上能引起火灾危险的环境。

（2）火灾危险22区。具有悬浮状、堆积状的可燃粉尘或可燃纤维，虽不可能形成爆炸混合物，但在数量和配置上能引起火灾危险的环境。

（3）火灾危险23区。具有固体状可燃物质，在数量和配置上能引起火灾危险的环境。

6.3　防爆电气设备与防爆电气线路

6.3.1　防爆电气设备

在火灾爆炸危险环境中使用的电气设备，在运行过程中必须具备不引燃周围爆炸性混合物的性能。防爆电气设备就是在规定条件下其结构不会引起周围爆炸性环境点燃的电气设备。

1. 防爆电气设备的类型

按防爆结构型式，防爆电气设备可分为隔爆型、增安型、本质安全型、正压型、油浸型、充砂型、浇封型、“n”型和特殊型等。

（1）隔爆型（d）。具有隔爆外壳并由其保护的电气设备。把设备可能点燃爆炸性气体混合物的部件全部封闭在一个外壳内，该外壳能够承受内部爆炸性混合物的爆炸压力而不损坏，并阻止内部爆炸通过外壳任何结合面或结构孔洞点燃外部爆炸性环境，从而达到隔爆目的，该外壳称为隔爆外壳。按照标准规定，隔爆外壳应至少能承受内部爆炸参考压力的1.5倍。隔爆型技术是1区防爆技术，适用于1区、2区场所。应该指出的是，该类设备使用必须遵守“断电源后开盖”的规定。

（2）增安型（e）。对在正常运行条件下不会产生但在异常条件下（如过载）却可能产生危险温度、电弧、火花的电气设备采取一些措施，以提高其安全程度的设备，也就是说，它是一种依靠高质量的材料、设计和装配来消除引燃爆炸危险的结构技术。它不包括在正常运行情况下产生火花或电弧的设备。该类型设备主要用于 2 区危险场所，部分种类可以用于 1 区，例如具有合适保护装置的增安型低压异步电动机、接线盒等。该类设备使用也必须遵守“断电源后开盖”的规定。

（3）本质安全型（i）。简称本安型，所有电路均为本质安全电路的电气设备。所谓本质安全电路，是指在标准规定条件（包括正常工作条件和规定的故障条件）下，产生的任何电火花或任何热效应均不能点燃规定的爆炸性气体环境的电路。本质安全技术是一种低功率设计技术，因此它能很好地适用于工业过程自动化仪表。本质安全防爆技术是爆炸性气体环境用防爆技术，它有 ia、ib 和 ic 3 种保护等级。其中，ia 为 0 区防爆技术，ib 为 1 区防爆技术，ic 为 2 区防爆技术。

（4）正压外壳型（p）。简称正压型，具有正压外壳的电气设备。外壳内充有保护气体，能保持外壳内部气体的压力高于周围爆炸性环境的压力，且能阻止外部爆炸性气体混合物进入外壳，而使电气设备的危险源与环境中爆炸性混合物隔离。正压型设备的防爆型式可细分为 px、py 和 pz 3 种型式。其中，px 和 py 型防爆技术是 1 区防爆技术，pz 型防爆技术是 2 区防爆技术。

（5）油浸型（o）。是将整个设备或某些带电部件浸没在保护液（油）内，使设备不能点燃油面以上或外壳外面的爆炸性混合物的电气设备。油浸型技术为 1 区防爆技术，适用于 1 区或 2 区危险场所。油浸型设备外壳上应有排气孔。设备内所充的油应是符合《变压器油》（GB 2536—2011）规定的矿物油，油量必须足够。带电部件浸入油中的深度要确保不引爆油面上的爆炸性混合物，具体数值由试验确定。直流开关设备不得制成充油型设备。

（6）充砂型（q）。是一种将能点燃爆炸性气体的导电部件固定在适当位置上，且完全埋入细颗粒填充材料（如石英或玻璃颗粒）中，以防止点燃外部爆炸性气体环境的电气设备。此类电气设备实际上是基于阻止点燃源与爆炸性混合物相接触的防爆原理。充砂型技术为 1 区防爆技术，适用于 1 区或 2 区危险场所。该类设备只适用于额定电压不超过 6 kV，设备活动零件不直接与填充材料接触的电容器、熔断器和变压器等。

（7）浇封型（m）。是一种将整台设备或其中可能产生火花、电弧或危险温度部分的电气部件浇封在浇封剂（如合成树脂）中，使其不能点燃周围爆炸性混合物的电气设备。采用浇封措施，可防止电气元件短路、固化电气绝缘，避免了电路上的火花以及电弧和危险温度等引燃源的产生，防止了爆炸性混合物的侵入，控制正常和故障状况下的表面温度。传统的浇封型技术为 1 区防爆技术，现行国家标准规定了 ma 和 mb 两种保护等级，其中 ma 为 0 区防爆技术，mb 为 1 区防爆技术。

（8）“n”型。是一种专门适用于 2 区爆炸性气体危险场所使用的电气设备防爆型式，具有这种型式的电气设备，应满足在正常运行时和相应标准规定的条件下不能点燃周围的爆炸性气体环境。“n”型防爆型式可分为 5 种不同的类型：① Ex nA，即无火花型，设备正常运行时不产生火花或电弧；② Ex nC，设备正常运行时产生火花和电弧，采用相应的设计措施使其成为“封闭式断路装置”“非点燃元件”“气密装置”“密封装置”或“浇封装置”等；③ Ex nL，采用能量限制技术，在规定的运行条件下，电路或操作电弧和火花中所储存的能量不足以引起点燃；④ Ex nR，限制呼吸外壳，即设计成能限制气体、蒸气和薄雾进入的一种外壳；⑤ Ex nZ，正压（简单正压）外壳，该技术是用保护气体充入外壳，并保持压力高于周围环境，以阻止外壳内部形成爆炸环境的一种技术。

（9）特殊型（s）。凡在结构上不属于上述各种防爆类型，由主管部门制定暂行规定，并经指定的防爆检验单位检验认可，能够具有防爆性能的电气设备。该类设备是根据实际使用开发研制，可适用于相应的危险场所。

2. 防爆电气设备的标志

防爆电气设备外壳的明显处，必须设置清晰的永久性凸纹标志“Ex”字样；Ex 是英文 Explosion 的缩写，提示该产品是一个防爆电气设备。小型电气设备及仪器仪表可采用标志牌铆接或焊接在外壳上，也可采用凹纹标志。

在防爆电气设备外壳的明显处必须设置铭牌，并加以可靠固定。铭牌的右上方应有明显的防爆标志“Ex”，并在铭牌上标明防爆型式、设备类别、级别、温度组别等标志内容。

1）防爆标记格式

按照《爆炸性环境　第 1 部分：设备　通用要求》（GB 3836.1—2010）的规定，防爆标记的一般格式为：

Ex　[防爆型式符号]　[设备类别]　[温度组别/最高表面温度]　[设备保护等级]

（1）防爆型式符号。电气设备的防爆型式符号见表 6-4。

表 6-4　防爆电气设备防爆型式符号表

序号	防爆型式	符号	序号	防爆型式	符号
1	隔爆型	d	6	充砂型	q
2	增安型	e	7	“n”型	nA，nC，nL，nR，nZ
3	本质安全型	ia，ib，ic	8	浇封型	ma，mb
4	正压外壳型	px，py，pz	9	特殊型	s
5	油浸型	o			

防爆型式符号一般只标一种型式，如隔爆型用“d”表示。若采用一种以上的复合型式时，应先标出主体防爆型式，后标出其他防爆型式，如隔爆型与增安型复合防爆用“de”表示。对涉及本质安全型的关联设备外加［ ］来表示。

（2）设备类别。爆炸性环境用电气设备的分类与爆炸危险物质的分类相对应，被分为Ⅰ类、Ⅱ类和Ⅲ类，用于煤矿甲烷气体环境为Ⅰ类，用于除煤矿甲烷气体之外的其他爆炸性气体环境为Ⅱ类，用于除煤矿以外的爆炸性粉尘环境为Ⅲ类。

Ⅱ类隔爆型电气设备或本质安全型电气设备，按最大试验安全间隙（MESG）和最小引燃电流比（MICR），进一步分为ⅡA、ⅡB 和ⅡC 3 类，用以表明设备气体适用范围。

以上分类的依据，对于隔爆外壳电气设备是最大试验安全间隙，对于本质安全型电气设备是最小引燃电流比，分类方法与Ⅱ类爆炸性气体混合物相同。

用于煤矿以外的爆炸性粉尘环境的“Ⅲ”类设备也可细分为“ⅢA”（可燃性纤维环境用）、“ⅢB”（非导电粉尘环境用）和“ⅢC”（导电粉尘环境用）3类。

（3）温度组别。爆炸性气体混合物的引燃温度是能被点燃的温度极限值。电气设备按其最高表面温度分为T1～T6组，使得对应的T1～T6组的电气设备的最高表面温度不能超过对应的温度组别的允许值。爆炸性气体危险环境电气设备最高表面温度见表6-5。

表6-5　爆炸性气体危险环境电气设备最高表面温度

温度组别	气体或蒸气的引燃温度 T/℃	设备允许表面温度/℃
T1	>450	450
T2	$300<T\leqslant450$	300
T3	$200<T\leqslant300$	200
T4	$135<T\leqslant200$	135
T5	$100<T\leqslant135$	100
T6	$85<T\leqslant100$	85

（4）设备保护等级（EPL）。这是《爆炸性环境　第1部分：设备　通用要求》（GB 3836.1—2010）新引入的标记内容。Ⅰ类设备EPL分为Ma、Mb两级，Ⅱ类设备的EPL分为Ga、Gb、Gc 3级，Ⅲ类设备的EPL分为Da、Db、Dc 3级。其中，带a级别的设备具有“很高”的保护等级，该等级具有足够的安全程度，使设备在正常运行过程中、在预期的故障条件下或者在罕见的故障条件下不会成为点燃源。对Ma级来说，甚至在气体突然出现设备带电的情况下也不可能成为点燃源。

2）防爆标志举例

无设备保护等级的防爆标志举例如下。

（1）ⅡB类隔爆型，温度组别为T3组，标志为：Ex d ⅡB T3。

（2）ⅡA类本质安全型ia，温度组别为T5，标志为：Ex ia ⅡA T5。

（3）主体采用增安型内装ⅡC类隔爆部件，温度组别为T4组，标志为：Ex e d ⅡC T4。

（4）ⅡC类隔爆、浇封与增安复合型，且内含ib级本安关联电路，温度组别为T5，标志为：Ex d e mb [ib] ⅡC T5。

（5）对只允许使用于一种爆炸性气体或蒸气环境中的电气设备，其标志可用该气体或蒸气的化学分子式或名称表示，这时可不必注明防爆级别与温度组别。如Ⅱ类用于氨气环境的隔爆型电气设备的标志为：Exd Ⅱ（NH_3）或Exd Ⅱ（氨）。

（6）对于Ⅱ类电气设备的标志，可以标温度组别，也可以标最高表面温度或两者都标出。如最高温度125℃的工厂用增安型：eⅡT4；eⅡ（125℃）或eⅡ（125℃）T4。对于Ⅲ类电气设备的标志，标最高表面温度时前面还需加符号T。

（7）既适用于Ⅰ类又适用于ⅡB 类 T3 组的隔爆型设备，标志为：Exd Ⅰ/ⅡB T3。

有设备保护等级的防爆标志举例如下。

（1）ⅡB 类隔爆型，温度组别为 T3 组，保护等级为 Gb，标志为：Ex d ⅡB T3 Gb。

（2）ⅢC 类正压型，最高表面温度低于 120℃，保护等级为 Db，外壳防护等级为 IP65，标记为：Ex p ⅢC T120℃ Db IP65。

3. 防爆电气设备的选型

防爆电气设备的选型涉及的因素很多，原则是场所决定防爆型式，爆炸性混合物的类别与级别决定设备的类别和级别。因此，在选择电器设备前，首先必须了解设备使用场所的危险介质及其所处的区域，从实际情况出发，根据爆炸危险环境的等级、爆炸危险物质的级别和组别以及设备的使用条件和电火花形成的条件，选择相应的电气设备。选用时应遵循以下原则。

（1）应根据电气设备使用环境的区域、电气设备的种类、防护级别和使用条件等选择电气设备。如对于 1 区爆炸性气体危险场所用电气设备，可选择本质安全型（ib）、隔爆型（d）、正压型（p）、充砂型（q）、油浸型（o）、增安型（e）、浇封型（mb）或适用于 0 区的本质安全型（ia）、浇封型（ma）和专为 0 区设计的特殊型（s）的电气设备，而不宜选择专用于 2 区的 n 型。此外，1 区场所不宜选用壳体内经常会形成点燃源的设备和高压设备，0 区场所一般只能选用 ia 或 ma 产品，必要时还可考虑选择双重防爆产品。对于温升不稳定的设备一般不宜使用在 1 区爆炸危险场所，必要时应选择采用隔爆型或正压型防爆技术的电气设备。

（2）所选用的防爆电气设备的类别和级别不应低于该危险环境内爆炸性混合物的类别和级别。如某爆炸危险场所物质类别和级别为ⅡB，则可选择ⅡB 或ⅡC 设备，但不能选择选择ⅡA。如果物质的类别和级别为ⅡC，则只能选用ⅡC 设备。同理，在选择设备温度组别时，也必须依据危险气体的温度组别来确定。如设备使用场所爆炸性物质的温度组别是 T5，则可优先选用 T5 设备，也可选用 T6 设备。当爆炸性危险场所存在两种以上爆炸性物质时，应按危险程度较高的等级来选择电气设备。

（3）所选用的防爆电气设备必须是符合国家标准安全法规及相关标准并有国家检验部门防爆合格证的产品。

（4）设备选型应考虑设备使用场所的环境温度、空气湿度、海拔高度、日光辐射、风沙、地震等环境因素以及应具有的外壳防护等级，其结构应满足电气设备在规定的运行条件下不会降低防爆性能的要求。例如，防爆电气设备规定的一般环境条件是-20～40℃，环境温度过高或过低都需采取特殊的设计，并在通过防爆检验机构的特别试验验证后方可使用。此外，还应防止外部因素（化学作用、机械作用和热、电气、潮湿等）对防爆性能的影响。对于户外使用的防爆电气设备，其外壳防护等级不得低于 IP54。

（5）选择防爆电气设备，还应考虑维护方便，并对设备的可靠性、寿命、价格、运转费用、耗能、维修时的备件等作全面分析衡量，以确保设备选型具有经济性、合理性和安全可靠性。

爆炸性气体环境电气设备选型典型例子见表 6-6。

表 6-6　爆炸性气体危险环境电气设备选型

类别 电气设备	爆炸危险环境分区											
	0 区	1 区					2 区					
	本质安全	本质安全	隔爆	正压	油浸	增安	本质安全	隔爆	正压	油浸	增安	无火花型
鼠笼形感应电动机			○	○		△		○	○		○	○
开关、断路器			○					○				
熔断器			△					○				
控制开关及按钮	○	○	○		○		○	○				
操作箱、操作柜			○	○				○	○			
固定式灯			○					○			○	
移动式灯			△					○				

注：○表示适用，△表示尽量避免采用。

6.3.2　防爆电气线路

在爆炸危险环境中，电气线路安装位置的选择、敷设方式的选择、导体材质的选择、连接方法的选择等均应根据环境的危险等级进行。

（1）敷设位置。电气线路应当敷设在爆炸危险性较小或距离释放源较远的位置。

（2）敷设方式。爆炸危险环境的电气线路主要采用防爆钢管配线和电缆配线，在敷设时的最小截面、接线盒、管子连接要求等方面应满足对应爆炸危险区域的防爆技术要求。

（3）隔离密封。敷设电气线路的沟道以及保护管、电缆或钢管在穿过爆炸危险环境等级不同的区域之间的隔墙或楼板时，应采用非可燃性材料严密堵塞。

（4）导线材料选择。爆炸危险环境危险等级 1 区的范围内，配电线路应采用铜芯导线或电缆。在有剧烈振动处应选用多股铜芯软线或多股铜芯电缆。煤矿井下不得采用铝芯电力电缆。

爆炸危险环境危险等级 2 区的范围内，电力线路应采用截面积 4 mm^2 及以上的铝芯导线或电缆，照明线路可采用截面积 2.5 mm^2 及以上的铝芯导线或电缆。

（5）允许载流量。1 区、2 区绝缘导线截面和电缆截面的选择，导体允许载流量不应小于熔断器熔体额定电流和断路器长延时过电流脱扣器整定电流的 1.25 倍。引向低压笼型感应电动机支线的允许载流量不应小于电动机额定电流的 1.25 倍。

6.4　电气防火防爆措施

电气防火防爆措施是一项综合性的措施，其他防火防爆措施对于防止电气火灾和爆炸也同样有效。

6.4.1　综合防火防爆技术

综合防火防爆技术主要包括以下几个方面。

（1）限制形成爆炸性混合物。包括采取密闭作业、防止泄漏、防止可燃物堆积等措施。

（2）使用安全装置。包括成分控制装置、温度控制装置、阻火器、水封、安全阀、逆止阀、压力表、紧急停车装置、监测装置、信号装置、报警装置等自动装置。

（3）消除点火源。包括控制各种引燃源的措施。

（4）惰化和稀释。包括用氮气、二氧化碳等代替空气，强化通风等措施。

（5）耐燃结构和抗爆结构。包括建筑的耐燃结构，容器和设备的抗爆结构。

（6）隔离和间距。包括防油堤、防爆墙等设施及保持防火、防爆间距。

（7）泄压。包括容器、厂房的泄压、泄爆设计。

6.4.2　电气防火防爆的基本措施

根据电气火灾和爆炸形成的原因，防火和防爆的措施应从改善场所的环境入手，消除或减少爆炸性混合物。根据使用场所条件，合理选择电气设备的类型、容量，安装相应的保护装置，同时加强对电气设备的维护、管理，排除各种引起火灾和爆炸的火源。

1. 消除或减少爆炸性混合物

消除或减少爆炸性混合物属一般性防火防爆措施。例如，采取封闭式作业，防止爆炸性混合物泄漏；清理现场积尘，防止爆炸性混合物积累；设计正压室，防止爆炸性混合物侵入；采取开式作业或通风措施，稀释爆炸性混合物；在危险空间充填惰性气体或不活泼气体，防止形成爆炸性混合物；安装报警装置等。

在爆炸危险环境，如有良好的通风装置，则能降低爆炸性混合物的浓度，从而降低环境的危险等级。电气设备的通风应满足下列要求。

（1）通风系统应用非燃烧性材料制作，结构应坚固，连接应紧密。

（2）通风系统内不应有阻碍气流的死角。

（3）电气设备应与通风系统联锁，运行前必须先通风。

（4）进入电气设备和通风系统内的气体不应含有爆炸危险物质或其他有害物质。

（5）通风系统排出的废气，一般不应排入爆炸危险环境。

（6）对闭路通风的正压型电气设备及其通风系统，应供给清洁气体以补充漏损，保持系统内的正压。

（7）电气设备外壳及其通风、充气系统内的门或盖子上，应有警告标志或联锁装置，防止运行中错误打开。

（8）用于事故排风系统的电动机开关，应设在事故情况下便于操作的地方。

2. 电气设备的选择和合理布置

为了防止出现电气引燃源，应根据爆炸危险环境的特征和危险物的级别和组别选用电气设备和电气线路，并合理布置爆炸危险区域的电气设备，重点考虑以下几点。

（1）室外变电站、配电站与建筑物、堆场、储罐的防火间距应满足《建筑设计防火规范》（GB 50016—2014）的规定，必要时可加防火墙。

（2）装置的变电站、配电室应满足有关标准的规定，例如，《石油化工企业设计防火规范》（GB 50160—2008）规定：装置的变电站、配电室应布置在装置的一侧，位于爆炸危险区域范围以外，并且位于甲类设备全年最小频率风向的下风侧。在可能散发比空气密度大的可燃气体的装置内，变电站、配电室的室内地面应比室外地坪高 0.6 m 以上。

（3）《爆炸和火灾危险环境电力装置设计规范》（GB 50058—2014）还规定：10 kV 以下的变电站、配电室，不应设在爆炸和火灾危险场所的下风向。变电站、配电室与建筑物相毗连时，其隔墙应是非燃烧材料；毗连的变电站、配电室的门应向外开，并通向无火灾爆炸危险场所方向。

（4）露天变电装置、配电装置不应设置在易于沉积可燃粉尘或可燃纤维的地方。

（5）开关、插销、熔断器、电热器具、照明器具、电焊设备和电动机等电气设备，均应根据需要适当避开易燃物或易燃建筑构件，以防止电火花或危险温度引起火灾。

3. 电气设备的安全运行

由于电气设备运行中产生的火花和危险温度是引起火灾的主要原因，因此保持电气设备的安全运行对于防火防爆炸有重要的意义。保持电气设备安全运行包括以下几项。

（1）电气设备线路的电压、电流、温度等参数不得超过额定允许值，导线的载流量应在规定范围内。

（2）电气设备线路应定期进行绝缘试验，必须保持绝缘良好。

（3）在有气体或蒸气爆炸性混合物的场所，电气设备最高表面温度和温升应符合要求。在有粉尘或纤维爆炸性混合物的场所，电气设备表面温度一般不应超过 125℃。

（4）应保持电气设备整洁，尤其在纤维、粉尘爆炸混合物场所的电气设备，要定期清扫，以免堆积的脏污和灰尘导致火灾危险。

（5）防止导线接头氧化和接触不良。

（6）执行安全操作规程，不发生误操作事故。

（7）在爆炸危险场所，如有通风装置的，应保持良好的通风。通风过程排出的废气，一般不应排入爆炸危险区域。

4. 爆炸危险环境的接地和接零

爆炸危险环境的接地、接零比一般环境要求高，特别要注意以下几个方面。

（1）在爆炸危险环境，必须将所有设备的金属部分、金属管道以及建筑物的金属结构全部接地（或接零），并连接成连续整体，以保持电流途径不中断。接地（或接零）干线宜在爆炸危险环境的不同方向且不少于两处与接地体相连，连接要牢固，以提高可靠性。

（2）单相设备的 N 线（工作零线）应与 PE（保护零线）分开，相线和 N 线均应装设短路保护装置，并装设双极开关同时操作相线和 N 线。

（3）爆炸性气体环境 1 区、2 区内的所有电气设备，爆炸性粉尘环境 10 区内的所有电气设备，均应使用专门的接地（或接零）线，而金属管线、电缆的金属包皮等只能作为辅助接地（或接零）线。爆炸性气体环境 2 区内的照明器具和爆炸性粉尘环境 11 区内的所有电气设备，允许利用连接可靠的金属管线或金属构件作为接地（或接零）线，但不得利用输送爆炸危险物质的管道。

（4）在不接地配电网中，必须装设一相接地时或严重漏电时能自动切断电源的保护装置或能发出声、光双重信号的报警装置。在变压器中性点直接接地的配电网中，为提高可靠性，缩短短路故障持续时间，系统的单相短路电流应大一些，最小单相短路电流不得小于该段线路熔断器额定电流的 5 倍或低压断路器瞬时（或短延时）动作电流脱扣器整定电流的 1.5 倍。

本章小结

电气设备使用不当，或电气设备本身发生故障，都有可能引起火灾或爆炸等事故。引起电气火灾和爆炸的原因（电气引燃源）主要有电气设备的过热、电火花和电弧等。

对危险物质进行分类、分级、分组，目的在于便于对不同的危险物质，采取有针对性的防范措施；对不同危险环境进行分区，目的是便于根据危险环境特点正确选用电气设备、电气线路及照明装置等的防护措施。

在易发生火灾危险的场所，应按国家有关技术规范选用封闭型、防尘型、防滴型或防爆型电器设备。应熟悉防爆电气设备的类型和选用，了解防爆电气线路安装位置、敷设方式、导体材质、连接方法等选择。

电气防火防爆的基本措施主要有消除或减少爆炸性混合物、隔离和间距、消除引燃源、爆炸危险环境接地和接零四个方面。

练习与思考

一、单项选择题

1.【2014 年】天然气的组分为甲烷、乙烷、丙烷和丁烷。与纯甲烷气体比较，天然气的爆炸可能性（　　）。

A. 低于甲烷　　B. 高于甲烷

C. 与甲烷一样　　D. 随甲烷比例减小而降低

2.【2013 年】电气装置运行时产生的危险温度、电火花（含电弧）是引发电气火灾的两大类原因。电火花的温度高达数千摄氏度，是十分危险的引火源。下列常用低压电器中，正常运行和正常操作时不会在空气中产生电火花的电器是（　　）。

A. 螺旋式熔断器　　B. 接触器

C. 空气断路器　　D. 继电器

3. 爆炸性环境用电气设备与爆炸危险物质的分类相对应，被分为Ⅰ类、Ⅱ类、Ⅲ类。其中Ⅲ类电气设备是（　　）的电气设备。

A. 用于煤矿甲烷气体环境　　B. 用于爆炸性粉尘环境

C. TN-S 系统　　D. 用于煤矿甲烷以外的爆炸性气体环境

4. 防爆型电气设备有隔爆型、增安型、充油型、充砂型、本质安全型、正压型、无火花型等类型。本质安全型设备的标志是（　　）。

A. i　　B. e　　C. d　　D. p

5.【2011 年】爆炸危险场所电气设备的类型必须与所在区域的危险等级相适应。因此，必须正确划分区域的危险等级。对于气体、蒸气爆炸危险场所，正常运行时，预计周期性出现或偶然出现爆炸性气体、蒸气或薄雾的区域，应将其危险等级划分为(　　)区。

A. 0　　B. 1　　C. 2　　D. 20

6. 乙炔气体具有爆炸极限范围宽、爆炸下限低、点火能量小的特点，极易导致火灾爆炸事故。乙炔站房内的电器必须应用（　　）型电器。

A. 防尘　　B. 防水　　C. 防火　　D. 防爆

二、多项选择题

1.【2014 年】电气装置的危险温度以及电气装置上发生的电火花或电弧是两个重要的电气引燃源。电气装置的危险温度指超过其设计运行温度的异常温度。下面 5 种电气装置中，正常运行于操作时会在空气中产生电火花的有（　　）。

A. 节能灯　　B. 控制按钮　　C. 插座　　D. 接触器

E. 绝缘电线

2.【2013 年】不同爆炸危险环境应选用相应等级的防爆设备。爆炸危险场所分级的主要依据有（　　）。

A. 爆炸危险物出现的频繁程度　　B. 爆炸危险物出现的持续时间

C. 爆炸危险物释放源的等级　　D. 电气设备的防爆等级

E. 现场通风等级

3.【2012 年】电气火灾爆炸是由电气引燃源引起的火灾和爆炸。电气引燃源中形成危险温度的原因有：短路、过载、漏电、散热不良、机械故障、电压异常、电磁辐射等。下列情形中，属于因过载和机械故障形成危险温度的有（　　）。

A. 电气设备或线路长期超设计能力超负荷运行

B. 交流异步电动机转子被卡死或者轴承损坏

C. 运行中的电气设备发生绝缘老化和变质

D. 电气线路或设备选型和设计不合理

E. 交流接触器分断时产生电火花

4.【2011 年】电气设备在异常状态产生的危险温度和电弧（包括电火花）都可能引燃成灾甚至直接引起爆炸。下列电气设备的异常状态中，可能产生危险温度的有（　　）。

A. 线圈发生短路　　B. 集中在某一点发生漏电

C. 电源电压过低　　D. 在额定状态下长时间运行

E. 在额定状态下间歇运行

三、简答题

1. 电气引燃源有哪些？

2. 爆炸危险物质有哪些？

3. 爆炸性气体环境危险区域划分有哪些步骤？

4. 防爆电气设备的分类有哪些？

5. 电器防火防爆基本措施有哪些？

参考文献

崔政斌,石跃武 . 2010.防火防爆技术[M]. 北京:化学工业出版社.

崔政斌,王明明 . 2009.机械安全技术[M]. 第2版 . 北京:化学工业出版社.

胡兴志,王纪坤 . 2009.机电安全技术[M]. 北京:煤炭工业出版社.

贾福音 . 2013.机械安全技术[M]. 徐州:中国矿业大学出版社.

李悦,杨海宽 . 2004.电气安全工程[M]. 北京:化学工业出版社.

梁慧敏,张奇,白春华 . 2010.电气安全工程[M]. 北京:北京理工大学出版社.

苗金明,焦宇 . 2013.安全生产技术[M]. 北京:清华大学出版社.

钮英建 . 2009.电气安全工程[M]. 北京:中国劳动社会保障出版社.

田宏 . 2013.机械安全技术[M]. 北京:国防工业出版社.

王海福,冯顺山.2004.防爆学原理[M].北京:北京理工大学出版社.

王祥,郑发正 . 2007.石油库(站)防雷技术及案例剖析[M]. 北京:中国石化出版社.

王信群,黄冬梅,梁晓瑜 . 2014.火灾爆炸理论与预防控制技术[M]. 北京:冶金工业出版社.

温卫中 . 2006.电气安全工程[M]. 太原:山西科学技术出版社.

吴宗之 . 2011.安全生产技术[M]. 北京:中国大百科全书出版社.

夏兴华 . 2012.电气安全工程[M]. 北京:人民邮电出版社.

徐格宁,袁化临 . 2008.机械安全工程[M]. 北京:中国劳动社会保障出版社.

杨柳春.2013.油库电工技术应用与电气安全[M].北京:中国石化出版社.

张斌 . 2012.机械电气安全技术[M]. 北京:化学工业出版社.

张庆河,李盈康 . 2015.电气与静电安全[M]. 北京:中国石化出版社.

张应立,周玉华 . 2009.机械安全技术实用手册[M]. 北京:中国石化出版社.